JN027016

族/周期				13	14	15	16	17	8	
									2He ヘリウム 4	1
				5B ホウ素 11	6C 炭素 12	7N 窒素 14	8O 酸素 16	9F フッ素 19	10Ne ネオン 20	2
10	11	12		13Al アルミニウム 27	14Si ケイ素 28	15P リン 31	16S 硫黄 32	17Cl 塩素 35.5	18Ar アルゴン 40	3
28Ni ニッケル 59	29Cu 銅 64	30Zn 亜鉛 65		31Ga ガリウム 70	32Ge ゲルマニウム 73	33As ヒ素 75	34Se セレン 79	35Br 臭素 80	36Kr クリプトン 84	4
46Pd パラジウム 106	47Ag 銀 108	48Cd カドミウム 112		49In インジウム 115	50Sn スズ 119	51Sb アンチモン 122	52Te テルル 128	53I ヨウ素 127	54Xe キセノン 131	5
78Pt 白金 195	79Au 金 197	80Hg 水銀 201		81Tl タリウム 204	82Pb 鉛 207	83Bi ビスマス 209	84Po ポロニウム 210	85At アスタチン 210	86Rn ラドン 222	6
110Ds ダームスタチウム 269	111Rg レントゲニウム 272									7

63Eu ユウロピウム 152	64Gd ガドリニウム 157	65Tb テルビウム 159	66Dy ジスプロシウム 163	67Ho ホルミウム 165	68Er エルビウム 167	69Tm ツリウム 169	70Yb イッテルビウム 173	71Lu ルテチウム 175
95Am アメリシウム 243	96Cm キュリウム 247	97Bk バークリウム 247	98Cf カリホルニウム 252	99Es アインスタイニウム 252	100Fm フェルミウム 257	101Md メンデレビウム 258	102No ノーベリウム 259	103Lr ローレンシウム 262

新Aクラス
中学理科問題集
1分野

4訂版

開成学園教諭 ———————— 有山　智雄
開成学園教諭 ———————— 奥脇　　亮
開成学園教諭 ———————— 齊藤　幸一
開成学園教諭 ———————— 森山　剛之
共著

昇龍堂出版

まえがき

　この本は，中学で学ぶ理科のうち，1分野で学習することがらについてまとめたものです。

　1分野とは，物理と化学の分野です。物理では光・音・力・熱・電流・磁界・運動といった身のまわりの現象の規則性を調べ，化学では原子・分子・イオンなどの粒子の考え方を基礎に物質の性質や変化を調べます。ともに理科の基礎となる大切な分野ですが，君たちは難しく感じていませんか。これは，学校の授業や実験の後に，じゅうぶんな問題演習をしないことが大きな原因になっています。

　この本は，1分野の苦手意識を取り除き，実力を養うための問題集です。問題は基礎的なものから難しいものへと順序よく配列し，授業で学んだことの確認から定期試験や高校入試の対策まで，幅広く対応できるように構成されています。

　中学で学ぶ内容は，学習指導要領で範囲が定められています。1分野を理解するには，いろいろな知の道具が必要となりますが，現在の学習指導要領の範囲では，この道具が圧倒的に不足しています。この問題集では，学習指導要領の範囲にとらわれずに，1分野の理解を助ける道具をたくさん使って，わかりやすく記述しました。確実な理解と積み重ねられた知識が結びついて，考える力を育てます。

　教科書にない内容でも，積極的に取り組んでください。

　君たちに，理科の学習を通して，身のまわりの現象を理科の目で見ることができ，新聞やテレビなどの理科に関係のある話題を自分自身で判断できる人になってもらいたいと思います。

　さあ，ノートを用意して，始めましょう。

著者

本書の使い方と特徴

　この問題集を自習する場合には，以下の特徴をふまえて，計画的・効果的に学習することを心がけてください。

　また，学校でこの問題集を使用する場合には，ご担当の先生がたの指示にしたがってください。

1. 「まとめ」は，教科書で学習する基本事項や，その節で学ぶ基礎的なことがらを，簡潔にまとめてあります。また，教科書で扱う範囲をこえたことがらを学んでいくときに，基礎となる知識もまとめてあります。

2. 「基本問題」は，教科書やその節の内容が身についているかを確認するための問題です。

3. 「例題」は，その分野の典型的な問題を精選しました。
　「ポイント」で考える上で重要な点を示し，「解説」でていねいに説明してあります。

4. 「演習問題」は，例題で学習した内容を確実に身につけるための問題です。やや難しいものもはいっていますが，自分の力で挑戦してください。

5. 「進んだ問題の解法」および「進んだ問題」は，やや高度な内容です。ていねいな解説をそえました。

6. 「解答編」を別冊にしました。
　正解だった問題でも，解説を読むことにより，より一層理解が深まります。

　本書には「進んだ問題」など，教科書で扱う範囲をこえたものもあります。ただ単に高校での学習内容を先に修得するのが目的ではなく，中学校の理科をより深く理解するために必要な内容として加えました。

答案作成にあたって

1 測定値と有効数字

　測定の結果得られた数値を**測定値**という。測定値は，最小目盛りの $\dfrac{1}{10}$ まで目分量で読んだものを表しているから，数値の末位のところに誤差を必ずふくんでいる。このように末位にだけ誤差をふくむ数値を**有効数字**とよぶ。

　右の図のように，ある物体の長さを測定して，14.3cm という測定値が得られたとすると，末位である $\dfrac{3}{10}$ cm のところは目分量で読んでいることになる。また，測定に使った定規の最小目盛りは，1cm であることがわかる。

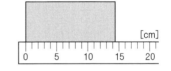

　測定器で直接はかる量は有効数字で表すことができ，14.3cm のように，3けたの数値が得られたとき，有効数字3けたとよぶ。有効数字のけた数は，測定器の最小目盛りによって決まってくる。

　有効数字のけた数をはっきり示すためには，指数が使われる。ある物体の長さを測定したとき，17.4m という測定値が得られたとする。この測定値の有効数字は3けたであるが，単位を cm に換算すると，17.4m＝1740cm となり有効数字が3けたなのか4けたなのかわかりにくい。そこで，有効数字が3けたであることをはっきり示すために，

$$1740\text{cm}＝1.74×1000\text{cm}＝1.74×10^3\text{cm}$$

より，$1.74×10^3$cm という形で表す。このように，**有効数字は整数部分が一の位である小数と，10 の累乗との積で表すと，けた数がはっきりする。**

2 測定値のかけ算・わり算

　横 17.4m，縦 8.2m の長方形の面積を，

$$17.4\,[\text{m}]×8.2\,[\text{m}]＝142.68\,[\text{m}^2]$$

という計算で求めることができる。横は 17.4

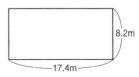

m で有効数字 3 けた，縦は 8.2 m で有効数字 2 けたであり，誤差をふくむ末位の数値に注意して，かけ算を行うと，右の図のようになる。計算結果の 142.68 の十の位の 4 は，すでに誤差をふくんでいることになるので，有効数字を考えると，140 m² となる。したがって，17.4 m は有効数字 3 けた，8.2 m は有効数字 2 けたなので，いちいち図のような確認をしなくても，計算結果の 142.68 m² の 3 けた目である 2 を四捨

$$\begin{array}{r} 1\,7.\boxed{4} \\ \times\quad 8.\boxed{2} \\ \hline \boxed{3\;4\;8} \\ 1\,3\boxed{9\;2} \\ \hline 1\,4\,2.\boxed{6\;8} \end{array}$$

□内が誤差をふくむ数値

五入して，140 m²，または，1.4×10^2 m² と答える。このとき，1.4×10^2 m² と答えると，有効数字が 2 けたであることがはっきりする。**有効数字どうしのかけ算・わり算では，計算後，有効数字のけた数の小さいほうに合わせる。**

ただし，9.2 g の物体 4 個の質量を求める計算では，**4 個は測定値ではないので 4.00… と考えてよく**，計算結果の 3 けた目を四捨五入して，

$$9.2\,[\text{g}]\times4=36.8\,[\text{g}]\fallingdotseq37[\text{g}]=3.7\times10\,[\text{g}]$$

したがって，37 g，または，3.7×10 g と有効数字 2 けたで答える。

（わり算の例）

$$5.0000\,[\text{g}]\div3.00\,[\text{cm}^3]=1.666\,[\text{g/cm}^3]\fallingdotseq1.67\,[\text{g/cm}^3]$$

　　有効数字　　　　有効数字　　　　4けた目　　　　　有効数字
　　　5けた　　　　　3けた　　　　　四捨五入　　　　　3けた

3 測定値のたし算・ひき算

17.85 m と 8.2 m という 2 つの測定値を，有効数字を考えずにたすと，

$$17.8\boxed{5}\,[\text{m}]+8.\boxed{2}\,[\text{m}]=26.\boxed{05}\,[\text{m}]\quad（□内が誤差をふくむ数値）$$

と計算できる。有効数字を考えて，計算結果の小数第 2 位を四捨五入して，26.1 m，または，2.61×10 m と答える。**有効数字どうしのたし算・ひき算では，計算後，有効数字のけた数ではなく，有効数字の末位が最も高いものに合わせる。**

（ひき算の例）

$$17.85\,[\text{m}]-8.2\,[\text{m}]=9.65\,[\text{m}]\fallingdotseq9.7\,[\text{m}]$$

　　有効数字　　　　有効数字　　　　小数第2位　　　　有効数字
　　小数第2位　　　小数第1位　　　を四捨五入　　　　小数第1位

㊟問題文中に答えについて有効数字や位の指示があるときは，その指示を優先する。

目次

身のまわりの物質

1——物質の分類と密度　　解答編 p.1

1 物質と物質の分類

(1)物質　物体（形や大きさのあるもの）をつくる材料となるものを**物質**という。

> 例 コップ（物体）はガラス（物質）でできている。
> くぎ（物体）は鉄（物質）でできている。

(2)純物質と混合物

純物質　1種類の物質からできている純粋な物質を**純物質**という。

混合物　2種類以上の物質が混じり合っているものを**混合物**という。

(3)物質の性質による分類

①有機物と無機物

　有機物　炭素をふくむ物質を**有機物**という。有機物を燃やすと，二酸化炭素と水が生成する（有機物の燃焼→p.39）。

> 例 砂糖，紙，木，ロウ，プラスチック

　無機物　炭素をふくまない物質を**無機物**という。

> 例 鉄，銅，アルミニウム，硫黄，食塩（塩化ナトリウム），水
> 注 炭素，一酸化炭素，二酸化炭素，炭酸カルシウム（石灰石）などは，炭素をふくむが有機物ではなく，無機物に分類される。

②金属と非金属

　金属　電気をよく通す，熱が伝わりやすい，特有のかがやき（金属光沢）がある，細い線やうすい板に加工しやすい（延性・展性がある）などの性質をもつ物質のなかまを**金属**という。

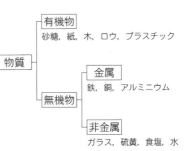

例 鉄，銅，アルミニウム

注 鉄やニッケルは磁石につくが，アルミニウムなど磁石につかない金属もある。

非金属 金属以外の物質を**非金属**という。

例 ガラス，硫黄，食塩，水，有機物

2 物質の区別

(1)**物質を区別する方法** 物質を区別するには，形や状態を観察する，加熱したり水に入れたりしたときのようすを観察する，電気をよく通すかどうか，磁石につくかどうかを調べる，体積や質量（上皿てんびんや電子てんびんではかる物質の量）を調べる，薬品を使って調べるなどの方法がある。

注 質量については，「4 章 身のまわりの現象」でくわしく学習する（→p.129）。

いろいろな物質の密度（20℃）

物質	密度 [g/cm³]
エタノール	0.789
水	1.00
アルミニウム	2.70
鉄	7.87
銅	8.96
水銀	13.5
金	19.3

(2)**密度** 物質 1cm³ あたりの質量を**密度**という。

$$密度 \; [g/cm^3] = \frac{質量 \; [g]}{体積 \; [cm^3]}$$

注 温度が一定ならば密度の値は物質の種類によって決まっており，物質を区別する手がかりとなる。

---

*基本問題** 1 物質と物質の分類——

*問題1 次の物質について，後の問いに答えよ。

水　　砂糖　　鉄　　食塩　　硫黄　　石灰石　　プラスチック
アルミニウム　　酸素　　ガラス

(1) 上の物質の中から，有機物をすべて選べ。

(2) 上の物質の中から，金属をすべて選べ。また，金属に共通な性質を 3 つ書け。

✳基本問題✳✳ ② 物質の区別─────────────────

✳**問題2** 右の図のように，ガスバーナーを分解して，
しくみを調べた。
(1) 図の A，B の名称を答えよ。
(2) 図を見て，次の文の（　　）にあてはまる記号を
入れよ。
　　① ガスを出すときは，（　ア　）を（　イ　）の向
　　きに回す。
　　② 黄色の炎を青色の炎にするには，（　ウ　）を
　　（　エ　）の向きに回す。

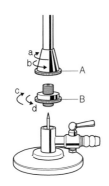

✳**問題3** 身のまわりにある3種類の物質 A〜C を区別するために，次の実験を
行った。
　［実験1］図1のように，集気びんの中で物質 A を燃やした後，集気びんに石
　　灰水を入れて，ふたをしてよく振ると白くにごった。
　［実験2］図2のような装置を使って，○の位置に物質 B を置くと豆電球がつ
　　いた。
　［実験3］図3のように，水を入れた試験管に物質 C を入れ，よく振ったら水
　　にとけた。
　　物質 A〜C は食塩，ペットボトルを細かくしたもの，スチールウール（鉄）
　のいずれかである。物質 A〜C はそれぞれ何か。

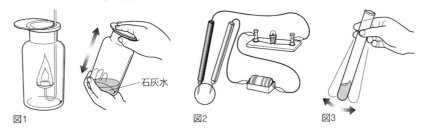

図1　　　　　　　　　　　　図2　　　　　　　　　　　図3

＊問題4 上皿てんびんを使って銅粉4gをはかりとるとき，正しいはかり方を示したものはどれか。ア〜エから選べ。

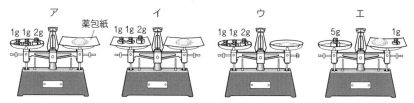

＊問題5 水を入れたメスシリンダーを水平な台の上に置いたところ，右の図のようになった。このメスシリンダーの数値の単位はmlであった。次の問いに答えよ。ただし，1mlは1cm³である。

(1) このメスシリンダーの最小目盛りはいくらか。

(2) 目盛りを読むとき，目の高さはア，イのどちらに合わせたらよいか。

(3) メスシリンダーにはいっている水の体積は何cm³か。

＊問題6 金属Aと金属Bの密度を求めるために，質量と体積をそれぞれ測定した。表1は，その測定結果を示したものである。

(1) 上皿てんびんで金属Aの質量を測定したところ，金属Aとつり合ったときの分銅の種類と個数は，表2のようになった。金属Aの質量は何gか。

表1

	金属A	金属B
質量 [g]		40.9
体積 [cm³]	9.6	15.2

表2

分銅の種類	200mg	500mg	2g	10g	50g
分銅の個数	2	1	2	2	1

(2) 水を40.0cm³入れたメスシリンダーに，図1のように，金属Bを沈めて，その体積を求めた。図2の中で，メスシリンダーの水面の位置として正しいものはどれか。ア〜エから選べ。

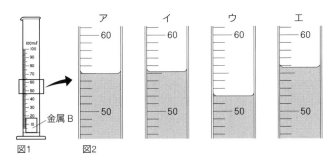

図1　図2

(3) この測定結果から，金属Bの密度は何g/cm³か。四捨五入して小数第1位まで答えよ。

(4) 密度について述べた次の文の中で，正しいものはどれか。ア～エから選べ。
　ア. 密度は物質1gあたりの物質の体積で，温度に関係なく決まっている。
　イ. 密度は物質1gあたりの物質の体積で，温度によって変わる。
　ウ. 密度は物質1cm³あたりの物質の質量で，温度に関係なく決まっている。
　エ. 密度は物質1cm³あたりの物質の質量で，温度によって変わる。

＊問題7　体積 V［cm³］，質量 M［g］の金属がある。この金属の密度 d［g/cm³］はどのように表されるか。また，この金属1gの体積はどのように表されるか。V，M，d の全部または一部を用いた式で表せ。

＊問題8　体積がちょうど100cm³の金の棒がある。この棒の質量は何gか。ただし，金の密度は19.3g/cm³である。

＊問題9　右の図は，鉄とアルミニウムの体積と質量の関係を表したグラフである。鉄とアルミニウムの密度は，それぞれ何g/cm³か。四捨五入して小数第1位まで答えよ。

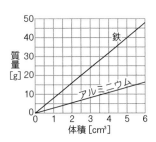

◀例題1──物質の体積と質量の関係（密度）

次の問いに答えよ。

(1) 上皿てんびんとメスシリンダーを使って，ある金属の密度を求める実験を行った。体積を測定するために，$50.8\,cm^3$ の水のはいったメスシリンダーに，この金属を沈めて，水面の目盛りを読みとると $56.6\,cm^3$ であった。つぎに，上皿てんびんで，この金属の質量を測定すると $45.6\,g$ であった。この金属の密度は何 g/cm^3 か。四捨五入して小数第1位まで答えよ。

(2) 固体 A～E について，体積と質量をそれぞれ測定した。右の図の点 A～E はその測定結果を表したものである。たとえば点 A は，固体 A の体積が $2.0\,cm^3$ で，質量が $14.0\,g$ であることを表している。また，直線 l は，水の体積と質量の関係を表したグラフである。

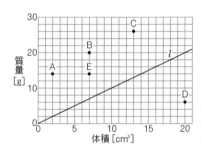

① 固体 A～D の中に，固体 E と同じ物質が1つある。それはどれか。

② 固体 A～E の中で，密度が水のそれに最も近いものはどれか。

[ポイント] 密度 $[g/cm^3] = \dfrac{質量\,[g]}{体積\,[cm^3]}$

▷解説◁ (1) 密度は $1\,cm^3$ あたりの質量である。

この金属の質量は $45.6\,g$ であり，その体積は，$56.6\,[cm^3] - 50.8\,[cm^3] = 5.8\,[cm^3]$ である。

したがって，この金属の密度は，$\dfrac{45.6\,[g]}{5.8\,[cm^3]} = 7.86\,[g/cm^3] \fallingdotseq 7.9\,[g/cm^3]$

(2) ① 物質に固有な密度の値が同じならば，同じ物質と考えられる。**原点と点 E を結ぶ直線上にある物質の密度は，固体 E と同じである。**したがって，この直線上にある固体 C は，固体 E と密度が同じである。

② 水の密度は，$\dfrac{10\,[g]}{10\,[cm^3]} = 1.0\,[g/cm^3]$ である。

固体の密度と，水の密度との差が最も小さいものを選ぶ。

固体 A の密度は，$\dfrac{14.0\,[g]}{2.0\,[cm^3]} = 7.0\,[g/cm^3]$

固体 A の密度と水の密度との差は，$7.0\,[g/cm^3] - 1.0\,[g/cm^3] = 6.0\,[g/cm^3]$

固体 B の密度は，$\dfrac{20.0\ [\mathrm{g}]}{7.0\ [\mathrm{cm}^3]}=2.85\ [\mathrm{g/cm}^3]≒2.9\ [\mathrm{g/cm}^3]$

固体 B の密度と水の密度との差は，$2.9\ [\mathrm{g/cm}^3]-1.0\ [\mathrm{g/cm}^3]=1.9\ [\mathrm{g/cm}^3]$

固体 C の密度は，$\dfrac{26.0\ [\mathrm{g}]}{13.0\ [\mathrm{cm}^3]}=2.0\ [\mathrm{g/cm}^3]$

固体 C の密度と水の密度との差は，$2.0\ [\mathrm{g/cm}^3]-1.0\ [\mathrm{g/cm}^3]=1.0\ [\mathrm{g/cm}^3]$

固体 D の密度は，$\dfrac{6.0\ [\mathrm{g}]}{20.0\ [\mathrm{cm}^3]}=0.3\ [\mathrm{g/cm}^3]$

固体 D の密度と水の密度との差は，$0.3\ [\mathrm{g/cm}^3]-1.0\ [\mathrm{g/cm}^3]=-0.7\ [\mathrm{g/cm}^3]$

固体 E の密度は，$\dfrac{14.0\ [\mathrm{g}]}{7.0\ [\mathrm{cm}^3]}=2.0\ [\mathrm{g/cm}^3]$

固体 E の密度と水の密度との差は，$2.0\ [\mathrm{g/cm}^3]-1.0\ [\mathrm{g/cm}^3]=1.0\ [\mathrm{g/cm}^3]$

◁解答▷ (1) 7.9 g/cm³　　(2) ① C　　② D

◀演習問題▶

◀問題10　台所にあるグラニュー糖，食塩，かたくり粉（デンプン）はいずれも白色の粉末である。この 3 つの物質を見分ける実験について，次の問いに答えよ。

(1) 右の図のように，金網の上にこの 3 つの粉末を別々に入れたアルミニウムはくの容器を置き，弱火で長時間加熱した。観察される現象をそれぞれ選べ。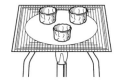

ア．蒸発してなくなる。

イ．とけて液体になる。

ウ．とけてから黒くこげる。

エ．白色の粉末のままである。

オ．黒くこげる。

(2) (1)の実験によって，3 つの物質を見分けることができる。(1)以外の実験で 3 つの物質を見分ける方法を説明せよ。ただし，味をみる方法を使ってはいけない。なお，いくつかの実験を組み合わせてもよい。

◀**問題11** 4種類の金属 A～D について，次の実験を行った。これらの金属は，アルミニウム，鉄，銅，鉛のいずれかである。

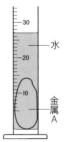

金属	密度 [g/cm³]
アルミニウム	2.70
鉄	7.87
銅	8.96
鉛	11.3

［実験1］1mℓ 目盛りのメスリンダーに水を入れて，目盛りを読むと 20.0mℓ であった。この中に 79g の金属 A のかたまりを沈めたところ，上の図のようになった。

［実験2］それぞれの金属に磁石を近づけたところ，金属 C だけが磁石に引きつけられた。

(1) それぞれの金属の密度は上の表のとおりである。金属 A は何か。物質名を答えよ。

(2) 金属 C は何か。物質名を答えよ。

◀**問題12** 水を 20cm³ 入れたメスリンダーに，図1のように，砂状のガラス細片を入れ，水面とガラス細片の上面の変化を調べた。ガラス細片の質量をいろいろ変えて測定した結果，図2のように，水面についてはA，ガラス細片の上面についてはBのグラフを得た。ただし，1mℓは1cm³である。

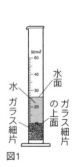

図1

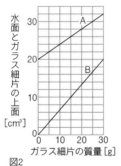

図2

(1) グラフ A の傾きがグラフ B の傾きと異なるのはなぜか。その理由を簡潔に説明せよ。

(2) グラフから，このガラスの密度は何g/cm³か。また，計算式も書け。

◀問題13 6種類の固体 A〜F について，体積と
質量を測定した。右の図は，その測定結果を表
したグラフであり，A39.30 は，固体 A の質量
が 39.30g であることを示している。

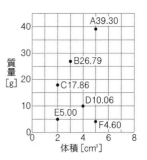

(1) 固体 A の 1cm³ あたりの質量は何 g か。四
捨五入して小数第1位まで答えよ。

(2) 固体 A〜F の中で，同じ物質のものはどれ
とどれか。

(3) 図の中に，水に浮くものと沈むものを区別
する直線をかき入れよ。

(4) 固体 A〜F の中で，密度が最も大きいものはどれか。

(5) 固体 A〜F の中で，水に浮くものはどれか。

◀問題14 密度 0.79g/cm³ のエタノール 100cm³ と，密度 1.0g/cm³ の水 100
cm³ を混ぜて密度 0.94g/cm³ の混合物をつくった。このとき，混合物の体積
は何 cm³ か。四捨五入して整数で答えよ。

◀問題15 空気の密度を求めるために，次の実験を行った。
［実験］① 図1のように，空気のはいったスプレーのあき缶に，さらに空気を
つめこむ。
② 図2のように，缶全体の質量をはかる。
③ 図3のように，缶から空気を押し出して，体積
をはかる。
④ 再び缶全体の質量をはかる。
右の表は，その実験結果を示したものである。メス

実験	測定値
②のとき	98.13 g
③のとき	625 cm³
④のとき	97.38 g

シリンダーに集めた空気の密度は何 g/l か。ただし，1l は 1000cm³ である。

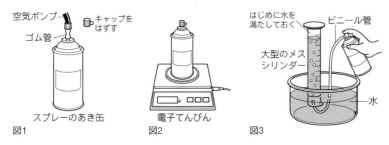

空気ポンプ　キャップを
はずす
ゴム管

スプレーのあき缶
図1

電子てんびん
図2

はじめに水を
満たしておく　ビニール管
大型のメス
シリンダー
水
図3

2──物質の状態変化

解答編 p.4

1 状態変化

(1)**状態変化** 物質は固体，液体，気体の
いずれかの状態をとり，加熱や冷却に
よってその状態を変える。このような
変化を**状態変化**という。

(2)**状態変化と体積・質量** 物質が状態変
化をするとき**体積は変化するが，質量
や物質を構成している粒そのものは変
化しない。**

いっぱんに，固体から液体に状態変
化をするとき，体積は大きくなる。

㊟水は例外で，体積は小さくなる。

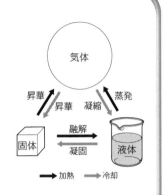

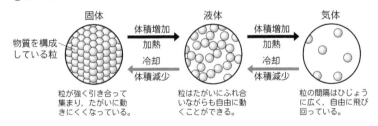

固体　　　　　　　　　　液体　　　　　　　　　　気体

物質を構成
している粒

体積増加
加熱
冷却
体積減少

体積増加
加熱
冷却
体積減少

粒が強く引き合って
集まり，たがいに動
きにくくなっている。

粒はたがいにふれ合
いながらも自由に動
くことができる。

粒の間隔はひじょう
に広く，自由に飛び
回っている。

2 融点と沸点

(1)**融点** 固体を加熱して
とかし，液体にする状
態変化を**融解**といい，
融解が始まる温度を**融
点**という。

(2)**沸点** 液体を加熱して
いくと，液体の内部か
らも蒸発がおこり，気
体の泡が出てくる。こ

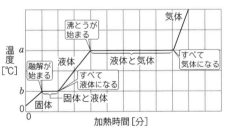

沸点は *a*℃，融点は *b*℃である。
状態変化をしている間は，熱は粒の間隔を広げるため
に使われ，加熱を続けても温度は変化しない。

の状態変化を**沸とう**という。沸とうが始まる温度を**沸点**という。

㊟沸点以下でも，液体の表面からは蒸発がおこっている。

(3)**物質の区別と融点・沸点**　純物質の融点や沸点は，物質の質量に関係なく，**物質の種類によって決まっている**。したがって，密度と同じように，物質を区別する手がかりとなる。

　注 パラフィンなどの混合物では，固体の融解や液体の沸とうが始まっても，温度は一定にならず，上がり続ける。

3 **蒸留**

　物質によって沸点がちがうことを利用して，液体の混合物を分離する方法を**蒸留**という。

　例 海水を蒸留すると，純粋な水が得られる。

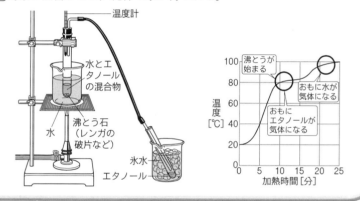

---

*基本問題**1 状態変化

*問題16　物質は加熱や冷却によって，その状態を変える。物質の次の状態を何というか。
(1) 形も体積も変わりにくい状態
(2) 形は変わりやすいが，体積は変わりにくい状態
(3) 形も体積も変わりやすい状態

*問題17　次の文の（　）にあてはまる語句を入れよ。
　約1cm³のエタノールを，ポリエチレンの袋に入れ，口を輪ゴムでしっかりしばってバットに入れ，その上から熱湯をかける。エタノールが（　ア　）から（　イ　）になり，（　ウ　）が大きくなって，袋は（　エ　）む。このとき，エタノールの（　オ　）は変化していない。

＊問題18 状態変化について，次の問いに答えよ。

(1) 右の図の矢印 A〜F にあてはまる状態変化を，次の中から選べ。ただし，同じものがはいることがある。

| 凝固 | 融解 | 凝縮 | 昇華 | 蒸発 |

(2) 加熱したときの変化を表す矢印はどれか。A〜F からすべて選べ。

＊問題19 次の文の（　）にあてはまる語句を入れよ。

(1) 同じ物質でも状態が変化すると，その密度は変化する。いっぱんに，密度は（　ア　）の状態のとき最も大きい。

(2) 水と氷の密度を比べると，（　イ　）のほうが大きい。このことは，（　ウ　）を（　イ　）の中に入れると（　ウ　）が浮くことからわかる。

＊基本問題＊＊ ②融点と沸点────────────────────

＊問題20 次の問いに答えよ。

(1) 固体を加熱したとき，固体がとけて液体に変化する温度を何というか。

(2) 液体を加熱したとき，沸とうが始まる温度を何というか。

(3) 純物質では，(1)，(2)の温度を測定することで，どのようなことがわかるか。

＊基本問題＊＊ ③蒸留────────────────────────

＊問題21 右の図のような装置を使って，水 7cm³ とエタノール 3cm³ の混合物を沸とうさせ，試験管 A に液体が 2cm³ くらいたまったら，試験管 B に取りかえて液体を 2cm³ くらいためる。同じようにして，試験管 C にも 2cm³ くらいためる。

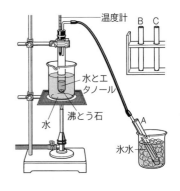

(1) 試験管 A に多くふくまれている物質は何か。物質名を答えよ。

(2) 試験管 C に多くふくまれている物質は何か。物質名を答えよ。

(3) 液体の混合物を沸とうさせ，ふくまれる物質の沸点のちがいを利用して，生じた気体を別の容器に導き冷やすと，再び液体が得られる。このようにして混合物を分離する方法を何というか。

◀例題2──物質の加熱と温度変化

ある純物質を一定の強さで熱し続けた。右
の図は，このときの加熱時間と温度変化の関
係を表したグラフである。

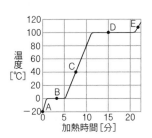

(1) 融解が始まったのは，加熱を始めてから
約何分後か。

(2) この物質がとけ始めてから全部液体に変
わるまでに，約何分かかったか。

(3) この物質の融点は何℃か。

(4) 熱し方は変えずに，この物質の質量を半分に減らすと，融点はどうなる
か。

(5) 加熱を始めてから15分後あたりでは，熱し続けても温度が変わらないの
はなぜか。

(6) 図のA～Eでは，この物質はおもにどのような状態になっているか。ア
～カからそれぞれ選べ。

　　ア．固体　　　イ．液体　　　ウ．気体　　　エ．固体と液体が混じった状態

　　オ．固体と気体が混じった状態　　　カ．液体と気体が混じった状態

(7) この物質は何か。物質名を答えよ。

[ポイント] 純物質の状態変化がおこっているときには，加熱しても温度は変化しない。

▷解説◁ (1) Aは固体の状態である。この固体を一定の強さで熱し続けると，温度は少し
　ずつ高くなり，やがて融点に達して融解が始まる。とけている間は一定の温度が続く。
　温度が一定になり始めたのは，加熱を始めてから約1分後である。

(2) 温度が一定になっている時間は，加熱を始めてから5分後にとけ終わることから，

　　　5[分]－1[分]＝4[分]

(3) 融点は，融解が始まる温度である。したがって，この物質の融点は，グラフがはじめに
　水平になった温度であり，0℃である。

(4) 純物質の融点や沸点は，その物質の質量に関係しない。

(5) この物質は5分後に全部液体になっている。その後も加熱され，液体の状態のまま温度
　が少しずつ高くなっていく。グラフが再び水平になり始めたときが，沸とうを始めたと
　きである。沸とうしている間は一定の温度が続く。

(6) Aは固体の状態で，加熱を始めれば，熱を吸収して温度が高くなっていく状態。Bは
　固体がとけているときで，固体と液体が混じっている状態。Cは液体の状態で，熱を吸
　収して温度が少しずつ高くなっていく状態。Dは沸とうしているときで，液体と気体が

混じっている状態。E は気体の状態。

㊟ 実際には，C でも液体の表面から蒸発はおこっている。

(7) **物質には固有の融点と沸点があり，物質を区別する手がかりになる。**水の融点は 0℃，沸点は 100℃ である。

◁**解答**▷ (1) 約1分後　　(2) 約4分　　(3) 0℃　　(4) 変化しない。

　　　　 (5) 沸とうしているから。　(6) A.ア　　B.エ　　C.イ　　D.カ　　E.ウ

　　　　 (7) 水

◀演習問題▶

◀**問題22** 固体のパラフィンの質量を上皿てんびんではかったら 50.0g であった。これをビーカーに入れ，ビーカーごと温水に入れてとかしたところ，図1のような液体になり体積は 76.5cm³ であった。

液体　　　固体
図1　　　図2

つぎに，室内で放置したら，図2のような固体になり中央部がくぼみ，体積は液体のときより 12.5cm³ 減少した。

(1) パラフィンが液体から固体に変化するとき，固体の体積は，液体の体積の何倍になるか。四捨五入して小数第2位まで答えよ。

(2) 図2のように，パラフィンが液体から固体になったとき，中央部がくぼむのはなぜか。その理由をア〜エから選べ。

　ア. パラフィンは周辺部からかたまり，かたまった部分の密度が大きいため。

　イ. パラフィンは中央部からかたまり，かたまった部分の密度が小さいため。

　ウ. パラフィンは周辺部からかたまり，かたまった部分の密度が小さいため。

　エ. パラフィンは中央部からかたまり，かたまった部分の密度が大きいため。

(3) パラフィンがとけ始めてから，まだ固体が残っている状態では，加熱時間と温度変化の関係はどうなるか。ア〜エから選べ。

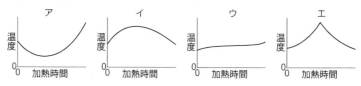

◀問題23 4種類の固体の物質
A〜Dを別々の試験管にとり，
栓をせずにそのまま水のはいっ
たビーカーに入れ，試験管内に
水がはいらないようにしながら，
ガスバーナーで水が沸とうする
まで加熱した。このとき，4種
類の物質の中で1種類は最後ま
でまったくとけなかった。

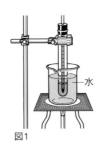
図1

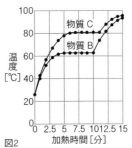
図2

つぎに，それぞれの試験管に温度計をさしこみ，ゆっくり冷やして，とけた
物質も固体にもどした。このようにしてつくった4本の試験管を，図1のよう
に，水のはいった別々のビーカーに入れ，ガスバーナーでゆっくり加熱して，
物質の状態変化とそのときの温度変化を調べた。表1はその結果を示したもの
である。これら4種類の物質のうち1つは塩化ナトリウム（食塩）であること
がわかっている。

(1) 表2は物質の融点に
関するデータである。
物質AとCは表2の
物質のいずれかである。
物質AとCは何か。
物質名をそれぞれ答えよ。

表1

物質A	とけたが，一定の融点を示さなかった。
物質B 物質C	実験結果をまとめると図2のようになった。
物質D	水が沸とうした後もまったくとけなかった。

(2) 物質Bは，加熱時間が2.5分，7.5
分および12.5分のとき，どのような
状態となっているか。

(3) 物質Bの質量をふやし，その他は同
じ条件で実験を行うと，物質Bのグ
ラフはどうなるか。ア〜エから選べ。
ア. 一定となる温度（63℃）がもっと
高くなる。

表2

物質	融点 [℃]
塩化ナトリウム（食塩）	801
アルミニウム	660
ナフタレン	81
パルミチン酸	63
パラジクロロベンゼン	54
パラフィン	30〜60

イ. 一定となる温度（63℃）がもっと低くなる。

ウ. 一定温度（63℃）を示している時間がもっと長くなる。

エ. 一定温度（63℃）を示している時間がもっと短くなる。

◀**問題24** 右の表は，ア～カの物質の1気圧のもとにおける融点と沸点を示している。これを見て，次の問いの答えをア～カから選べ。ただし，1気圧のもとで考えるものとする。

(1) 80℃のとき液体である物質はどれか。

(2) －150℃のとき気体である物質はどれか。

(3) －5℃のとき液体で，－10℃のとき固体である物質はどれか。

物質	融点[℃]	沸点[℃]
ア	－7.2	59.5
イ	－200.9	－195.8
ウ	－114.5	78.3
エ	－77.7	－33.3
オ	0	100
カ	－116.3	34.5

◀**問題25** 水とエタノールを50cm³ずつ混ぜ合わせた混合物を，枝つきフラスコを使って，一定の火力で蒸留した。

(1) 図1は，枝つきフラスコを使った蒸留装置であるが，この図には誤ったところが3か所ある。正しい図をかけ。

(2) 混合物の中に沸とう石を入れる理由を10字以内で説明せよ。

(3) 図2は，この実験の加熱時間と温度変化を表したグラフである。この実験について述べた次の文の中で，正しいものはどれか。ア～カから選べ。

ア．枝つきフラスコの中にある液体のエタノールの濃度は，Cのとき最も小さい。

イ．B付近で試験管に出てくる液体は，純粋なエタノールである。

ウ．BC間で試験管に出てくる液体の量は50cm³である。

エ．沸とうしているのはBC間とDE間である。

オ．AB間ではエタノールは蒸発しているが，水は蒸発していない。

カ．E付近で試験管に出てくる液体は，ほぼ純粋な物質である。

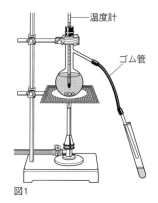

図1

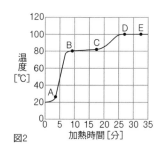

図2

3——気体

解答編 p.6

①気体の製法

(1)酸素

①二酸化マンガンにうすい過酸化水素水を加える。

②レバー（牛などの肝臓）をオキシドール（うすい過酸化水素水）に入れる。

③ジャガイモの小片をオキシドールに入れる。

酸素の製法・集め方

(2)二酸化炭素

①石灰石，大理石，貝殻，卵の殻（主成分は炭酸カルシウム）などに，うすい塩酸を加える。

②炭酸水素ナトリウム（重曹）を加熱する。

③湯の中に発泡入浴剤を入れる。

④酢の中にベーキングパウダー（主成分は炭酸水素ナトリウム）を入れる。

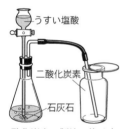

二酸化炭素の製法・集め方

(3)水素

①亜鉛，マグネシウム，鉄などの金属に，うすい塩酸やうすい硫酸などを加える。

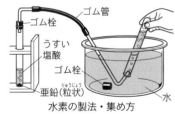

水素の製法・集め方

(4)アンモニア

①固体の塩化アンモニウムと水酸化カルシウムを混ぜて加熱する。

②固体の塩化アンモニウムと水酸化ナトリウムを混ぜて水を少し加える。

㊟水酸化ナトリウムは水にとけて発熱する。

③アンモニア水を加熱する。

(5)窒素

①亜硝酸ナトリウムと塩化アンモニウムの混合物に水を加えて加熱する。

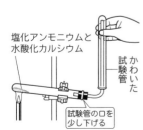

アンモニアの製法・集め方

②気体の集め方（捕集法）

気体を集める（捕集する）には，水にとけやすいかとけにくいか，空気と比べて密度が大きい（空気より重い）か小さい（空気より軽い）かなど，気体の性質に適した方法で行う。

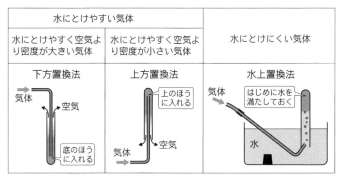

水にとけやすい気体		水にとけにくい気体
水にとけやすく空気より密度が大きい気体	水にとけやすく空気より密度が小さい気体	水にとけにくい気体
下方置換法	上方置換法	水上置換法

③気体の性質

	色	におい	水に対するとけやすさ	空気と比べた密度	気体の集め方	その他の性質
酸素	ない	ない	とけにくい	空気より密度がわずかに大きい	水上置換	物質を燃やすはたらきがある。
二酸化炭素	ない	ない	少しとける	空気より密度が大きい	水上置換または下方置換	水溶液は酸性を示す。石灰水を白くにごらせる。
水素	ない	ない	とけにくい	空気より密度がひじょうに小さい	水上置換	酸素と混ぜて火をつけると爆発音を発して燃える。
アンモニア	ない	特有な刺激臭	ひじょうにとけやすい	空気より密度が小さい	上方置換	水溶液はアルカリ性を示す。
窒素	ない	ない	とけにくい	空気より密度がわずかに小さい	水上置換	燃えない。
塩素	黄緑色	特有な刺激臭	とけやすい	空気より密度が大きい	下方置換	水溶液は酸性を示す。漂白作用，殺菌作用がある。
二酸化硫黄	ない	特有な刺激臭	とけやすい	空気より密度が大きい	下方置換	水溶液は酸性を示す。

✻基本問題✻✻ 1 気体の製法

✻問題26 次の表の（　）にあてはまる物質名を入れよ。

気体	気体の製法
水素	マグネシウム，亜鉛，鉄などの金属に（　ア　）や（　イ　）を加える。
酸素	二酸化マンガンにうすい（　ウ　）を加える。
（　エ　）	① 石灰石，大理石，貝殻，卵の殻（主成分は（　オ　））などに，うすい塩酸を加える。 ② 炭酸水素ナトリウムを加熱する。
（　カ　）	① 固体の塩化アンモニウムと水酸化カルシウムを混ぜて加熱する。 ② （　カ　）水を加熱する。

✻基本問題✻✻ 2 気体の集め方（捕集法）

✻問題27 次の問いに答えよ。
(1) 右の図のア～ウのような集
め方をそれぞれ何というか。
(2) 次の性質をもつ気体を集め
るには，どの方法が適切か。
ア～ウから選べ。
① 水にとけやすく，空気より密度の小さい気体
② 水にとけやすく，空気より密度の大きい気体
③ 水にとけにくい気体，または水に少ししかとけない気体

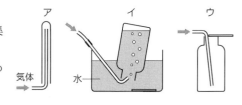

✻基本問題✻✻ 3 気体の性質

✻問題28 次の4種類の気体を見分ける方法と結果について表の空らんをうめよ。

気体	方法	結果
酸素		
水素		
アンモニア		
二酸化炭素		

◆例題3──アンモニアの発生と性質

　固体の塩化アンモニウムと水酸化ナトリウムを混ぜて水を少し加えると，気体が発生する。図1のように，この気体をかわいた丸底フラスコに集めた。

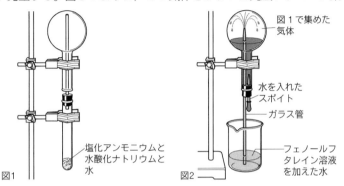

塩化アンモニウムと
水酸化ナトリウムと
水

図1

図1で集めた
気体

水を入れた
スポイト

ガラス管

フェノールフ
タレイン溶液
を加えた水

図2

(1) 発生した気体は何か。物質名を答えよ。
(2) 図1の装置を使って，気体を集めたのはなぜか。その理由を2つ簡潔に説明せよ。
(3) 図2のように，気体を集めた丸底フラスコに，スポイトの水を入れると，ビーカーの水が噴水のようにフラスコの中にはいった。これは，丸底フラスコの中の気体にどのような性質があるためか。
(4) (3)で，丸底フラスコの中にはいった水を赤色リトマス紙につけると，何色に変化するか。

［ポイント］アンモニアは水にひじょうにとけやすく，空気より密度が小さい。

▷解説◁ (1) 固体の塩化アンモニウムと水酸化ナトリウムを混ぜて水を少し加えると，アンモニアが発生する。水酸化ナトリウムが水にとけるときに熱が発生し，加熱しなくても，この反応を進める。
(2) アンモニアは水にひじょうにとけやすく，水上置換法はできない。空気より密度が小さいので，上方置換法で集める。
(3) 丸底フラスコの中に水が噴水のようにはいったのは，アンモニアが水にひじょうにとけやすいことによる。わずかの水にでも多量のアンモニアがとけるので，**丸底フラスコ内の圧力が下がり，ビーカーの水が吸いこまれる**。
(4) アンモニアの水溶液はアルカリ性を示し，赤色リトマス紙を青色に変える。

◁解答▷ (1) アンモニア　　(2) 空気より軽い。水にひじょうにとけやすい。
　　　　(3) 水にひじょうにとけやすい性質　　(4) 青色

◀演習問題▶

◀問題29 4種類の気体 A～D は，次のような操作で発生する。

気体 A は，二酸化マンガンにうすい過酸化水素水を加えると発生する。

気体 B は，マグネシウムにうすい硫酸を加えると発生する。

気体 C は，固体の塩化アンモニウムと水酸化カルシウムを混ぜて加熱すると発生する。

気体 D は，硫黄を燃やすと発生する。

気体 A～D について述べた次の文の中で，正しいものはどれか。ア～オから 2 つ選べ。

ア.気体 A と B を混ぜて火をつけると，爆発音を発して燃える。

イ.気体 B は上方置換法で，気体 C は下方置換法で集める。

ウ.気体 B と D は空気より密度がわずかに大きい。

エ.気体 C は水にひじょうにとけやすく，水溶液はアルカリ性を示す。

オ.気体 D は褐色で，特有な刺激臭がある。

◀問題30 5種類の気体 A～E を，□の中の原料の物質を使って発生させる実験を行った。この実験について，次の問いに答えよ。ただし，必要な実験装置はそろっており，1 回だけ使うことができる。また，原料の物質は何回使ってもよい。

A.二酸化炭素　　B.二酸化硫黄　　C.酸素　　D.水素　　E.アンモニア

石灰石　　亜鉛　　二酸化マンガン　　水酸化カルシウム
過酸化水素水　　塩酸　　塩化アンモニウム

(1) どの原料の物質を使っても発生しない気体はどれか。A～E から選べ。

(2) 気体を発生させた後も，量が減らない原料の物質はどれか。

(3) 鍾乳洞を形成する原因となる気体は何か。A～E から選べ。

(4) 下の図の中から必要な実験器具を使って，アンモニアの発生と捕集の装置の図をかけ。ただし，スタンドやクランプなどの支持器具は省略してよい。

ガスバーナー　ガラス板　集気びん　試験管　導管　導管　水のはいった水そう

◀問題31 酸素，水素，二酸化炭素，アンモニアの4種類の気体について，次の問いに答えよ。

(1) これらの気体を発生させるときに反応させる物質をA群から2つずつ，発生させる方法をB群から，捕集法をC群から1つずつ選べ。

[A群]
ア．塩化アンモニウム　　イ．炭素の粉末　　　ウ．うすい塩酸
エ．水酸化カルシウム　　オ．酸化銅　　　　　カ．亜鉛
キ．二酸化マンガン　　　ク．オキシドール（うすい過酸化水素水）

[B群]　　　　　　　　　　　　　　　　　[C群]

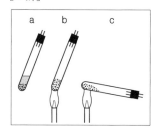
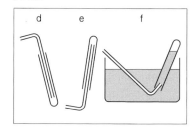

(2) (1)の実験で4種類の気体をそれぞれ試験管A〜Dに捕集してゴム栓をしたが，いずれも無色であったので区別がつかなくなってしまった。これらを見分けるために，次の実験を行った。

[実験] この4本に操作1を行うと，結果①，②から，試験管Aには二酸化炭素が，試験管Bにはアンモニアがはいっていることがわかった。試験管C，Dは同じ結果③であったので，この2本にさらに操作2を行うと，結果④，⑤から，試験管Cには酸素が，試験管Dには水素がはいっていることがわかった。

この実験の手順を次の図に示した。操作1，2として適切な方法，および，そのときの結果①，②，④，⑤を簡潔に説明せよ。

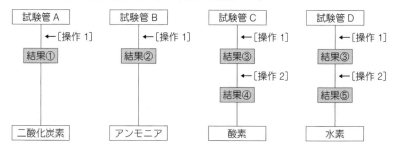

◀問題32 下の図は，ある気体を空気から取り出す装置である。

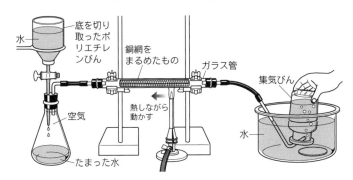

(1) 集気びんに集まる気体は何か。物質名を答えよ。

(2) 水を滴下させるのはなぜか。その理由を簡潔に説明せよ。

(3) 銅網を入れるのはなぜか。その理由を簡潔に説明せよ。

4――水溶液

解答編 p.8

1 溶解と溶液

物質が液体にとけることを**溶解**といい，とけてできた液体を**溶液**，とけている物質を**溶質**，とかしている液体を**溶媒**という。水が溶媒である溶液を**水溶液**という。

溶液は混合物であるが透明（色のついたものもある）であり，こさはどの部分も同じで，時間がたっても下のほうがこくなることはない。

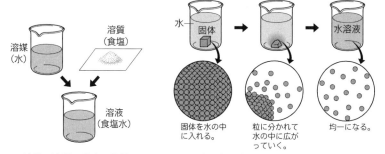

溶媒・溶質と溶液の関係

固体が水に溶解していくときのモデル

固体を水の中に入れる。

粒に分かれて水の中に広がっていく。

均一になる。

2 水溶液の性質と区別

(1)**色・においを調べる。**

[例]硫酸銅水溶液は青色を示す。

アンモニア水は特有な刺激臭がある。

(2)**水を蒸発させ，溶質を調べる。**

[例]食塩水や砂糖水からは，それぞれ食塩や砂糖が出てくる。

(3)**リトマス紙やBTB溶液で，酸性・中性・アルカリ性を調べる。**酸性の水溶液にマグネシウムなどの金属を入れると，水素が発生する（酸・アルカリ→p.95）。

	酸性	中性	アルカリ性
リトマス紙	青色→赤色	変化なし	赤色→青色
BTB溶液	黄色	緑色	青色

(4)**沈殿（水溶液の中から水にとけきれない固体として出てきたもの）のできる変化で調べる。**

例 塩素をふくむ食塩水や水道水に硝酸銀水溶液を加えると，白色の沈殿（塩化銀）ができる。

例 石灰水に二酸化炭素を通すと，白色の沈殿（炭酸カルシウム）ができる。

(5)**炎色反応で調べる。**水溶液にとけている物質の種類により，水溶液を炎の中に入れると，炎が特有の色になる。

いろいろな物質の炎色反応

物質	炎の色
塩化ナトリウム	黄色
塩化カリウム	赤紫色
塩化カルシウム	赤橙色
塩化バリウム	黄緑色
塩化銅	青緑色
塩化ストロンチウム	深赤色

③濃度と溶解度

(1)**溶液の濃度** 溶液の濃度の表し方の1つに，**質量パーセント濃度**がある。

$$質量パーセント濃度 [\%] = \frac{溶質の質量 [g]}{溶媒の質量 [g] + 溶質の質量 [g]} \times 100$$

(2)**飽和水溶液と溶解度** 物質がそれ以上とけることのできない水溶液を，その物質の**飽和水溶液**という。

100 g の水に，ある物質をとかして飽和水溶液にしたとき，とけた物質の質量の数値を**溶解度**という。**溶解度は水の温度や物質の種類によって決まっている。**

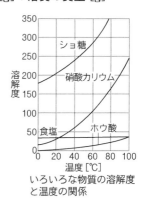

いろいろな物質の溶解度と温度の関係

(3)**結晶と再結晶** いくつかの平面で囲まれた規則正しい形をした固体を**結晶**という。結晶の形は物質によって決まっている。

一度水にとかした物質を，再び結晶として取り出すことを**再結晶**という。水溶液から結晶を取り出すには，水溶液を**冷却し溶解度を減少させたり，水を蒸発させればよい。**いっぱんに，再結晶によって物質はより純粋になる。

おもな結晶

食塩

ミョウバン

硫酸銅

*基本問題**①溶解と溶液────────────────

*問題33 次の文の（　　）にあてはまる語句または物質名を入れよ。ただし，同じものがはいることがある。

　　物質が液体にとけることを（　ア　）といい，とけてできた液体を（　イ　），とけている物質を（　ウ　），とかしている液体を（　エ　）という。水が（　オ　）である（　カ　）を水溶液という。

　　食塩水では食塩が（　キ　）で，水が（　ク　）である。炭酸水では気体の（　ケ　）が（　コ　）である。

*基本問題**②水溶液の性質と区別────────────────

*問題34 次の文は，5種類の水溶液について述べたものである。（　　）にあてはまる語句または物質名を入れよ。ただし，同じものがはいることがある。

(1) うすいアンモニア水は，無色透明で，特有な（　ア　）臭（鼻をさすようなにおい）があり，赤色リトマス紙を（　イ　）に変え，フェノールフタレイン溶液を無色から（　ウ　）に変える。加熱すると，水蒸気のほかに（　エ　）が発生する。

沸とう石
炭酸水
石灰水
図1

(2) 炭酸水は，無色透明でにおいはない。図1のように加熱すると，水蒸気のほかに（　オ　）が発生し，この気体を石灰水に通すと（　カ　）。

(3) 食塩水は，無色透明でにおいはなく，図2のように，スライドガラスの上に1，2滴とって，小さな炎でおだやかに加熱してかわかすと（　キ　）が残る。また，図3のように，ろ紙に食塩水をつけて炎の中に入れると，（　ク　）色の炎が見られる。

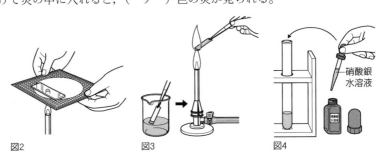

図2　　　　　　　図3　　　　　　　図4

硝酸銀水溶液

図4のように，食塩水に硝酸銀水溶液を加えると（　ケ　）が生じて白色の沈殿ができる。

(4) 砂糖水は，無色透明でにおいはなく，図5のように，スプーンに入れて加熱を続けると黒色の物質ができる。この黒色の物質は（　コ　）である。

(5) うすい塩酸は，無色透明で（　サ　）臭がある液体で，（　シ　）色リトマス紙の色を変え，硝酸銀水溶液を加えると（　ス　）を生じる。また，くぎ（鉄）を入れると，気体の（　セ　）が発生する。塩酸は（　ソ　）が水にとけたものである。

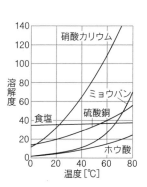

図5

---

*基本問題** ③濃度と溶解度

*問題35 溶液の濃度について，次の問いに答えよ。

(1) 溶質の質量が，溶液全体の質量の何％にあたるかで表す濃度を，何というか。

(2) W [g] の水に，w [g] の溶質をとかした。この水溶液の濃度は何％か。

(3) 10 g の食塩を水にとかして，食塩水の質量を 100 g にした。この食塩水の濃度は何％か。

*問題36 右のグラフを見て，次の問いに答えよ。

(1) 次の文の（　）にあてはまる語句または数字を入れよ。

（　ア　）g の水にある物質をとかして飽和水溶液にしたとき，とけた物質の質量の数値を（　イ　）という。

(2) 60℃ で水に最もとけにくい物質は何か。

(3) 水の温度が変わっても，とける量があまり変わらない物質は何か。

(4) 水溶液を冷却することで，結晶を取り出すのに最も適している物質はどれか。

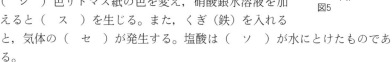

＊問題37 次の問いに答えよ。

(1) 固体を速くとかすには，いっぱんに次のどの方法が正しいか。ア〜ウから選べ。

　ア. 固体をくだいて粉末にする。

　イ. 溶媒を冷却して温度を低くする。

　ウ. 固体を溶媒に入れた後，静かに置いておく。

(2) 硝酸カリウムの水溶液から結晶を取り出すには，どのような方法があるか。2つ書け。

＊問題38 下の写真は，再結晶によって水溶液から取り出した結晶である。

(1) 食塩の結晶はどれか。ア〜エから選べ。

(2) 青色の結晶はどれか。ア〜エから選べ。

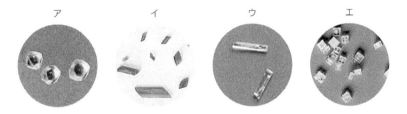

　　　　ア　　　　　　　イ　　　　　　　ウ　　　　　　　エ

＊問題39 右の図は，硝酸カリウムの溶解度を表したグラフである。

　50℃の硝酸カリウムの飽和水溶液185.2gを20℃に冷却すると，約何gの硝酸カリウムの結晶が出てくるか。

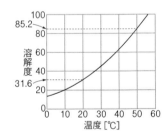

＊**問題40** 砂糖，食塩，かたくり粉（デンプン）のはいっている容器を，実験中に誤ってひっくり返してしまい，3種類の粉末が混ざってしまった。そこで，混合物を水の中に入れてよくかき混ぜた後，水にとけなかった物質をろ紙を使って，液体と固体に分けた。この方法をろ過という。

(1) ろ過の方法として正しいものはどれか。ア〜エから選べ。

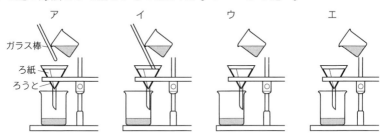

ガラス棒
ろ紙
ろうと

ア　　　イ　　　ウ　　　エ

(2) ろ過をした後，ろ紙に残った物質は何か。物質名を答えよ。

◀**例題4**──**水溶液の性質**

　5種類の水溶液 A〜E がある。それらは，うすいアンモニア水，炭酸水，食塩水，砂糖水，うすい塩酸である。これらを使って，次の実験を行った。

［実験1］右の図のように，水溶液 A〜E を加熱して水を蒸発させると，A は白色の固体が残り，D は褐色になり，やがて黒色に変化した。

［実験2］水溶液 A〜E を赤色リトマス紙につけると，E だけが赤色リトマス紙を青色に変えた。

［実験3］水溶液 A〜E にそれぞれ亜鉛を入れると，B から活発に無色の気体が発生した。

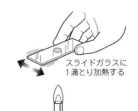

スライドガラスに
1滴とり加熱する

(1) うすいアンモニア水，食塩水，うすい塩酸は，それぞれ水溶液 A〜E のうちのどれか。

(2) 石灰水を入れると白くにごるのは，水溶液 A〜E のうちのどれか。

(3) 実験3で発生した気体は何か。物質名を答えよ。

［ポイント］**うすいアンモニア水はアルカリ性を示し，炭酸水とうすい塩酸は酸性を示す。**

▷**解説**◁(1) うすいアンモニア水，炭酸水，うすい塩酸は，それぞれ気体のアンモニア，二酸化炭素，塩化水素が水にとけたものである。これらの水溶液を加熱すると気体が出ていき，あとには何も残らない。

食塩水，砂糖水は，それぞれ水に食塩（塩化ナトリウム），砂糖（ショ糖）がとけたものである。これらの水溶液を加熱して水を蒸発させると，食塩や砂糖が残る。このうち，砂糖を加熱するとこげて褐色になり，さらに加熱すると水と炭素に分解される。したがって，水溶液 A は食塩水，水溶液 D は砂糖水である。

リトマス紙に反応するのは酸性の物質やアルカリ性の物質である。酸性の物質として，炭酸水，うすい塩酸がある。酸性の水溶液を青色リトマス紙につけると，赤色に変化する（実際は，炭酸水では塩酸ほど変化は明確ではない）。赤色リトマス紙につけても赤色のままである。アルカリ性の物質として，うすいアンモニア水がある。アンモニア水は赤色リトマス紙を青色に変える。食塩水や砂糖水は中性でリトマス紙の色を変えない。したがって，水溶液 E はうすいアンモニア水である。

亜鉛と反応して，勢いよく水素を発生するのはうすい塩酸である。炭酸水はほとんど反応しない。したがって，水溶液 B はうすい塩酸である。

(2) 残った C が炭酸水であり，石灰水を入れると白くにごる。

(3) うすい塩酸の中に亜鉛を入れると，水素を発生しながら亜鉛は塩化亜鉛となる。

◁**解答**▷ (1)（うすいアンモニア水）E （食塩水）A （うすい塩酸）B (2) C

(3) 水素

◀演習問題▶

◀**問題41** 5つの容器に物質 A〜E が，それぞれ1種類ずつはいっている。これらは，かたくり粉（デンプン），砂糖（ショ糖），食塩（塩化ナトリウム），重曹（炭酸水素ナトリウム），石灰石（炭酸カルシウム）であるが，見かけが似ているので，区別するために次の実験を行った。

［実験1］物質 A〜E のごく少量（約0.5g）を薬さじでとり，10cm³ の水がはいっている試験管5本に，それぞれ加えると C, E だけ白くにごり，粉末が底にたまったが，ほかのものはとけた。

［実験2］実験1の物質 A, B, D の水溶液に，それぞれリトマス紙をつけると，D だけ赤色リトマス紙が青色に変わり，ほかのものは変化がなかった。

［実験3］物質 A〜E の少量を，それぞれアルミニウムはくに包んで，ガスバーナーで加熱すると，A, E は黒くこげ，B, C, D は変化が見られなかった。

［実験4］実験1の物質 C, E の水溶液に，それぞれヨウ素溶液を加えると，E は変色した。

(1) 実験1から判断して，物質 A, B, D は，次のどのグループと考えられるか。ア〜エから選べ。

ア．かたくり粉，砂糖，食塩

イ．食塩，重曹，石灰石

ウ. 砂糖, 食塩, 重曹

エ. かたくり粉, 重曹, 石灰石

(2) 実験2からどのようなことが推測されるか。ア～エから選べ。

　ア. 物質Dは水にとけ, アルカリ性を示す。

　イ. 物質Dは水にとけ, 酸性を示す。

　ウ. 物質Dは水にとけ, 中性を示す。

　エ. 物質Dは水にとけ, 二酸化炭素を発生させる。

(3) 実験1, 3, 4から判断して, 物質Cは何か。物質名を答えよ。

◀問題42 5種類の水溶液A～Eがある。これらは塩化銅, アンモニア, 水酸化カルシウム, 塩化水素, 水酸化ナトリウムのうすい水溶液である。この5種類の水溶液の性質について調べたところ, 次のとおりであった。

　① 5種類の水溶液のうち, 水溶液Dだけが有色であった。

　② 5種類の水溶液のうち, 水溶液Aと水溶液Cにだけ刺激臭があった。ほかのものは無臭であった。

　③ 水溶液Aはマグネシウムリボンを入れると, 激しく反応して気体を発生した。

　④ 水溶液Eを少し試験管にとって二酸化炭素を通すと, 白色の沈殿ができた。

(1) 水溶液A～Eをそれぞれ少しずつ試験管にとり, フェノールフタレイン溶液を加えたときに, 赤色に変わるものはどれか。A～Eからすべて選べ。

(2) 水溶液A～Eをそれぞれ蒸発皿にとり加熱して水を蒸発させたとき, 後の蒸発皿に何も残らないものはどれか。A～Eからすべて選べ。

(3) ④で生じた白色の沈殿と同じ物質をふくむものはどれか。ア～カから3つ選べ。

　ア. ハマグリの貝殻

　イ. 冬季のグラウンドにまく凍結防止剤

　ウ. 大理石

　エ. 彫刻に使う石コウ

　オ. 鍾乳洞の鍾乳石

　カ. グラウンドにラインを引くときに用いる消石灰

◀例題5──飽和水溶液の溶解度と質量パーセント濃度

15℃ の塩化ナトリウムの飽和水溶液 50g の中には，塩化ナトリウムが 13.2g とけている。

(1) 15℃ の水 500g には，塩化ナトリウムを何gまでとかすことができるか。四捨五入して整数で答えよ。

(2) 15℃ の塩化ナトリウムの飽和水溶液の質量パーセント濃度は何％か。

[ポイント] 質量パーセント濃度 $[\%] = \dfrac{溶質の質量\,[g]}{溶液の質量\,[g]} \times 100$

▷解説◁ (1) 水溶液の質量 [g]＝水の質量 [g]＋溶質の質量 [g] である。

15℃ の塩化ナトリウムの飽和水溶液 50g の中には，塩化ナトリウムが 13.2g とけているから，15℃ で 13.2g の塩化ナトリウムをとかしている水の質量は，

50 [g]－13.2 [g] = 36.8 [g] である。

塩化ナトリウムのとける質量は水の質量に比例する。500g の水にとける塩化ナトリウムの質量を x [g] とすると，$\dfrac{塩化ナトリウムの質量}{水の質量}$ は一定であるから，

$$\dfrac{13.2\,[g]}{36.8\,[g]} = \dfrac{x\,[g]}{500\,[g]}$$

これを解いて，$x = 500\,[g] \times \dfrac{13.2\,[g]}{36.8\,[g]} = 179.3\,[g] \fallingdotseq 179\,[g]$

(別解) 求める塩化ナトリウムの質量を x [g] とすると，水 500g に x [g] の塩化ナトリウムをとかした水溶液の質量は（500＋x）[g] である。

塩化ナトリウム水溶液の質量パーセント濃度は 50g のときも（500＋x）[g] のときも同じであり，$\dfrac{塩化ナトリウムの質量}{水溶液の質量}$ は一定であるから，

$$\dfrac{13.2\,[g]}{50\,[g]} = \dfrac{x\,[g]}{(500+x)\,[g]}$$

$$13.2(500+x) = 50x$$

これを解いて，$x = 179.3\,[g] \fallingdotseq 179\,[g]$

(2) 質量パーセント濃度は，溶質の質量が水溶液全体の質量の何％になるかで表すから，

$$質量パーセント濃度\,[\%] = \dfrac{塩化ナトリウムの質量\,[g]}{塩化ナトリウム水溶液の質量\,[g]} \times 100$$

$$= \dfrac{13.2\,[g]}{50\,[g]} \times 100 = 26.4\,[\%]$$

◁解答▷ (1) 179g　　(2) 26.4％

◀演習問題▶

◀問題43 次の問いに答えよ。

(1) 質量パーセント濃度が4％の硝酸カリウムの水溶液が100gある。この水溶液にさらに硝酸カリウムを加え，すべてを完全にとかして20％の水溶液にするには，硝酸カリウムを何g加えればよいか。

(2) 質量パーセント濃度が4％の食塩水と，20％の食塩水を混ぜて，10％の食塩水を100gつくるには，20％の食塩水が何g必要か。

◀問題44 いっぱんに，水にとける物質は，一定量の水に対し，水温が高いほどよくとける。ビーカーに50℃の水100gを入れ，物質Aを200g加えてよく混ぜたところ，物質Aの一部がとけて150gがとけないで残った。つぎに，このビーカーを加熱して80℃にすると，物質Aの一部がとけて50gがとけないで残った。この80℃の水溶液100gを取り出し，50℃まで冷やすと物質Aは，何gとけないで出てくるか。

◀問題45 下の表は，硝酸カリウムの溶解度を示したものである。20℃で質量パーセント濃度が20％の硝酸カリウム水溶液60gには，硝酸カリウムをあと何gとかすことができるか。四捨五入して小数第1位まで答えよ。

温度[℃]	0	20	40	60	80	100
溶解度	13.3	31.6	63.9	110	169	246

◀問題46 右の図は，4種類の物質の溶解度を表したグラフである。

(1) これらの物質の中で，高い温度でつくった飽和水溶液を冷却しても結晶を取り出しにくいものはどれか。

(2) 硝酸カリウム40gと，塩化カリウム20gを混ぜた混合物がある。これを水50gに入れて加熱したとき，全部とかすには何℃以上にしなければならないか。ア～オから最も近いものを選べ。

ア. 20℃ 　　イ. 30℃ 　　ウ. 40℃ 　　エ. 50℃ 　　オ. 60℃

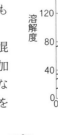

5——混合物の分離
解答編 p.11

[1] 混合物の分離

　身のまわりには純物質より混合物が多い。物質を研究する**化学では，混合物から純物質を取り出す方法を見つけなければならない。**これまで学習してきた方法をまとめてみよう。

(1)**蒸留**　物質によって沸点がちがうことを利用して，液体の混合物を分離する（蒸留→p.11）。

　[例]水とエタノールの混合物を蒸留して，エタノールを取り出す。

(2)**再結晶**　一度水にとかした物質を，再び結晶として取り出す（結晶と再結晶→p.25）。

　[例]食塩水から再結晶によって食塩を取り出す。

(3)**ろ過**　ろ紙を使って，溶液にとけない固体を溶液から取り出す（ろ過→p.29，問題40）。

　[例]デンプンが混じった水をろ過して，デンプンを取り出す。

---

*基本問題**[1]混合物の分離─────

***問題47**　混合物について述べた次の文の中で，誤りのあるものはどれか。ア〜オから選べ。

　ア. 混合物は，純物質が任意の割合で混じっている。

　イ. 混合物は物質の状態変化を利用して，純物質に分離できる。

　ウ. 混合物も物質であるから，密度・融点・沸点などは一定の値を示す。

　エ. 混合物は純物質が混じっているだけであるから，純物質の性質を失わない。

　オ. 混合物には，いろいろな水溶液のほかに，空気・花こう岩などもある。

***問題48**　混合物から物質を分離するには，純物質の性質のちがいを利用する。次の文の（　）にあてはまる語句を入れよ。

　(1) 食塩水から食塩を取り出すには，水が気体になりやすいことを利用し，食塩水を蒸発皿に入れて加熱し，水を（　ア　）させる。

　(2) 硫黄の粉末と鉄粉の混合物を分離するには，鉄の（　イ　）を利用する。

　(3) 食卓塩にふくまれる炭酸マグネシウムを取り出すには，炭酸マグネシウム

が水に（　ウ　）ことを利用し，食卓塩に水を加えて（　エ　）する。

(4) 少量の食塩をふくむ硝酸カリウムを純粋にするには，硝酸カリウムが温度のちがいによって（　オ　）の差が大きいことを利用し，硝酸カリウムを（　カ　）させる。

(5) ワインや，みりんからエタノールを取り出すには，エタノールとその他の物質との（　キ　）のちがいを利用し，ワインや，みりんを（　ク　）する。

◀例題6——固体の混合物の分離
　粉ごなにつぶされた食塩と石灰石（炭酸カルシウム）の混合物がある。
(1) 最も簡単に分離するには，どのようにすればよいか。
(2) 分離が完全に行われたかどうかを知るには，どのような実験をすればよいか。

[ポイント]食塩を水にとかし，硝酸銀水溶液を加えると白くにごる。石灰石（炭酸カルシウム）はうすい塩酸と反応して二酸化炭素が発生する。

▷解説◁ (1) 混合物は2種類以上の純物質が，それらの性質を失わず，任意の割合で混じっている。食塩と石灰石のいちじるしいちがいは，水にとけるかどうかである。20℃の水100gに食塩は36.0gとけるが，石灰石はわずかに0.0013〜0.0035gしかとけない。
　　混合物を水に入れる。食塩は水にとけるが石灰石はとけないで沈殿しているから，ろ過する。ろ紙上には石灰石が残り，ろ紙を通過したろ液の中には食塩がふくまれている。ろ紙上の石灰石に洗じょうびんから純粋な水を何回も注ぎかけ，石灰石の表面についている食塩水をよく洗い流して，石灰石を得る。ろ液の食塩水を蒸発皿に入れ，加熱して水を蒸発させると，再結晶した食塩を得る。

(2) 食塩，石灰石の検出には，これらの物質の性質を利用すればよい。他の薬品を加えて変化がおこるかどうか，また炎色反応などを調べる。
　　取り出した石灰石を水に入れ，その上ずみ液に硝酸銀水溶液を加えてみる。食塩が残っていれば**食塩が硝酸銀と結びついて白くにごる**。食塩については，うすい塩酸を加えてみる。石灰石（炭酸カルシウム）が残っていれば，**炭酸カルシウムがうすい塩酸と反応して二酸化炭素が発生する**。

◁解答▷ (1) 混合物を水にとかして，ろ過し，ろ液を蒸発させる。
　　　　 (2) 石灰石の粉末を水に入れ，その上ずみ液に硝酸銀水溶液を加える。食塩の結晶にはうすい塩酸を加える。

◀**演習問題**▶

◀**問題49** 食塩とナフタレンの混合物がある。ナフタレンは水にとけないが，エタノールにはとける。食塩はエタノールにとけない。この性質を利用して食塩とナフタレンを分離するには，どのようにすればよいか。

◀**問題50** 食塩に白い砂が混じっている混合物がある。この混合物を使って，図1〜3のような実験を行った。

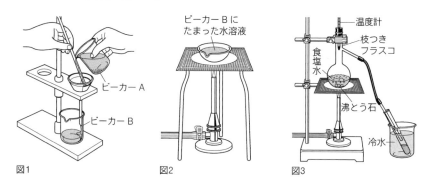

図1　　　図2　　　図3

(1) この混合物をビーカー A に入れ，水をじゅうぶんに加えてよくかき混ぜてから，まず図1のような操作で白い砂を取り出し，つぎに図2のような操作で食塩を取り出す。図1，図2の方法をそれぞれ何というか。

(2) 図3のような装置を使って，食塩水を一定の強さで加熱し，沸とうした後も熱し続けた。このときの加熱時間と温度変化の関係をグラフに表すと，どうなるか。ア〜オから選べ。

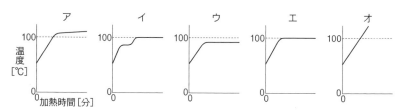

★進んだ問題★

★問題51 食塩，パラジクロロベンゼン，石灰石の粉末，物質 X の混合物がある。この混合物を，右の図のように操作していくと，物質 X は最後に沈殿として残った。

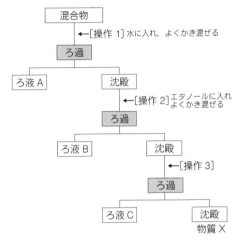

(1) ろ液 A，および，ろ液 B には何がふくまれているか。物質名をすべて答えよ。

(2) ろ液 B から，ろ液にふくまれている物質を取り出すには，どのようにしたらよいか。35字以内で説明せよ。

(3) 操作3として適切な方法はどれか。ア～エから選べ。

　ア．うすい塩酸に入れて，よくかき混ぜる。

　イ．硝酸銀水溶液に入れて，よくかき混ぜる。

　ウ．水酸化ナトリウム水溶液に入れて，よくかき混ぜる。

　エ．エタノールに入れて，よくかき混ぜる。

(4) 次の物質の中で，物質 X にあてはまるものはどれか。ア～ウから選べ。

　ア．鉄粉　　　　　イ．アルミニウムの粉末　　　　ウ．銅粉

(5) ろ液 C には何がふくまれているか。物質名をすべて答えよ。

化学変化と原子・分子

1 化学変化

　物質が変化して，別の種類の物質になる変化を**化学変化**，または**化学反応**という。

2 化合

(1)**化合**　2種類以上の物質が結びついて，もとの物質とは性質の異なる1種類の物質ができる化学変化を**化合**という。化合によってできた物質を**化合物**という。

　　例 鉄＋硫黄──→硫化鉄　　　　銅＋硫黄──→硫化銅
　　　　銅＋塩素──→塩化銅　　　　水素＋酸素──→水

(2)**混合物と化合物**　混合物は2種類以上の物質が混じり合っているだけであり，混合前のそれぞれの物質の性質を示すが，化合物は，反応する前の物質と異なる性質を示す。

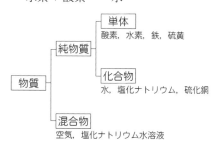

3 分解

(1)**分解**　1種類の化合物が，まったく性質の異なる2種類以上の別の物質に分かれる化学変化を**分解**という。

(2)**分解の方法**　物質を分解するには熱を加えたり（熱分解），電圧をかけたり（電気分解）する。

　　例 炭酸水素ナトリウム──→炭酸ナトリウム＋水＋二酸化炭素
　　　　　　　　　　　　（熱分解）

　　　　酸化銀──→銀＋酸素
　　　　　　（熱分解）

　　　　水──→水素＋酸素
　　　（電気分解）

(3)単体と元素

①**単体**　それ以上ほかの物質に分解できない物質を**単体**という。

　　例酸素，水素，鉄，銅，銀，硫黄

②**元素**　単体は，1種類の基本的な成分から構成されている物質であり，化合物は，2種類以上の基本的な成分から構成されている物質である。この**物質を構成する基本的な成分**を，**元素**という。水素，酸素，炭素，鉄など現在約110種類の元素があることが知られている（元素の周期表→見返し）。また，**いっぱんに，単体の物質名と単体を構成する元素名は同じ**である。

4 燃焼

(1)燃焼　物質が激しく熱や光を出しながら酸素と化合することを**燃焼**という。燃焼後の物質の質量は，燃焼前の物質より，化合した酸素の質量分だけ増加する。

　　例炭素＋酸素──→二酸化炭素＋ 熱・光

　　　水素＋酸素──→水＋ 熱・光

　　　硫黄＋酸素──→二酸化硫黄＋ 熱・光

　　注化学変化にともなって，出てくる熱や光を＋ 熱・光 で示した。

(2)金属の燃焼

　　例マグネシウム＋酸素──→酸化マグネシウム＋ 熱・光

　　　鉄＋酸素──→酸化鉄＋ 熱・光

(3)有機物の燃焼　ロウ・エタノール・砂糖などの有機物には，**炭素と水素が元素としてふくまれる**ので，燃焼すると，**二酸化炭素と水（水蒸気）**が生成する。

　　例ロウ＋酸素──→二酸化炭素＋水＋ 熱・光

　　　エタノール＋酸素──→二酸化炭素＋水＋ 熱・光

　　　砂糖＋酸素──→二酸化炭素＋水＋ 熱・光

5 酸化・還元

(1)酸化　物質が酸素と化合することを**酸化**という。酸化によってできた物質を**酸化物**という。燃焼は激しい酸化で，鉄がさびるのはゆるやかな酸化である。

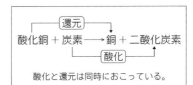

酸化と還元は同時におこっている。

　　例銅＋酸素──→酸化銅

(2)**還元** 酸化物が酸素をうばわれる化学変化を**還元**という。

　　例酸化銅＋炭素──→銅＋二酸化炭素

　　　酸化鉄＋水素──→鉄＋水

6**化学変化と熱の出入り**

　化学変化には熱の出入りがある。この熱を**反応熱**という。熱を放出する反応を**発熱反応**，熱を吸収する反応を**吸熱反応**という。酸とアルカリとの中和反応も発熱反応である（中和→p.96）。

＊基本問題＊＊1化学変化————

＊問題1 次の変化は状態変化，化学変化のどちらか。

(1) 氷がとけて，水になる。

(2) 水を加熱して，水蒸気を発生させる。

(3) 石灰水に二酸化炭素を通すと，白色の沈殿が生成する。

(4) 鉄にうすい塩酸を加えて，水素を発生させる。

(5) 砂糖をかわいた試験管に入れて加熱し，とかす。

(6) 砂糖をかわいた試験管に入れて加熱し，炭素と水にする。

＊基本問題＊＊2化合————

＊問題2 右の図のように，硫黄のはいっている試験管を加熱しながら，中に銅線をさしこんだところ，銅線が真っ赤になって変化した。

(1) 変化前の銅線と変化後の物質では，どちらの質量が大きいか。

(2) 変化後の物質は何か。物質名を答えよ。

(3) この実験では，銅と硫黄が結びついて別の物質に変化した。このような化学変化を何というか。

＊基本問題＊＊③分解

＊問題3 右の図のように，かわいた試験管に酸化銀の
粉末を入れて加熱すると，発生した気体がガラス管の
先から出ていき，白色の固体が残った。

酸化銀の粉末

(1) 発生した気体は何か。物質名を答えよ。

(2) 試験管に残った物質は何か。物質名を答えよ。

(3) 加熱後に試験管に残った物質の質量は，加熱前の
酸化銀に比べてどのように変化したか。

(4) 酸化銀を加熱したときにおこる化学変化を何というか。

(5) 加熱しているときの炎のようすを，図にかき入れよ。

＊問題4 次の問いに答えよ。

(1) 次の物質の中で，単体はどれか。ア〜オからすべて選べ。

ア．酸化水銀 　　　　イ．硫黄 　　　　ウ．マグネシウム

エ．砂糖 　　　　オ．ダイヤモンド

(2) 物質A──→物質B＋物質C の式は，物質Aが別の物質Bと物質Cに分
解したことを表している。物質Aと物質Bについて述べた次の文の中で，
正しいものはどれか。ア〜カからすべて選べ。

ア．物質Aは単体である。

イ．物質Aは化合物である。

ウ．物質Aは単体であるか化合物であるかわからない。

エ．物質Bは単体である。

オ．物質Bは化合物である。

カ．物質Bは単体であるか化合物であるかわからない。

＊基本問題＊＊④燃焼

＊問題5 燃焼について述べた次の文の中で，正しいものはどれか。ア〜オから
すべて選べ。

ア．燃焼は，物質が酸素を発生しながら，激しく熱や光を出すことである。

イ．燃焼は，物質が酸素と化合して，二酸化炭素と水を生成することである。

ウ．燃焼は，物質が酸素と化合して，二酸化炭素を生成することである。

エ．燃焼は，物質が激しく熱や光を出しながら酸素と化合することである。

オ．燃焼は，物質が激しく熱や光を出しながら分解することである。

＊問題6 次の実験について，後の問いに答えよ。

図1　図2

［実験1］図1のように，燃焼さじにエタノール
を入れ，火をつけた後，かわいた集気びんの中
に入れてガラス板でふたをした。しばらくする
と火が消え，びんの内側の一部が白くくもった。
燃焼さじを集気びんから取り出した後，その白
くくもったところに，①塩化コバルト紙をつけ
ると青色から赤色に変化した。つぎに，集気びんに石灰水を入れてよく振る
と，②石灰水は白くにごった。

［実験2］図2のように，スチールウールをガスバーナーで加熱して，③完全燃
焼させたところ，④燃焼前と後では質量，色，手ざわりが変化した。

(1) 次の式は，エタノールの燃焼を表したものである。アには下線部①からわ
かる物質名を，イには下線部②からわかる物質名を入れよ。

　　　エタノール＋酸素──→（　ア　）＋（　イ　）

　　また，実験1からエタノールにふくまれていることがわかる元素は何か。
元素名を2つ答えよ。

(2) 下線部③で，スチールウールが完全燃焼してできた物質は何か。物質名を
答えよ。

(3) 下線部④で，燃焼後の物質の質量，色，手ざわりは，燃焼前のスチールウー
ルに比べてどのように変化したか。

＊基本問題＊＊⑤酸化・還元────────────────────

＊問題7 右の図のように，
酸化銅と炭素を混ぜ合わせ
て試験管に入れ加熱すると，
①気体が発生して，石灰水
は白くにごり，②赤褐色の
固体が残った。

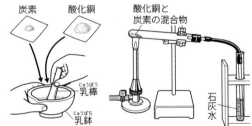

炭素　酸化銅　酸化銅と
炭素の混合物

乳棒　石灰
乳鉢　水

(1) 下線部①の発生した気
体は何か。物質名を答えよ。

(2) 下線部②の赤褐色の固体は何か。物質名を答えよ。

(3) 加熱中に炭素におこる化学変化を何というか。

(4) 加熱中に酸化銅におこる化学変化を何というか。

＊問題8 次の問いに答えよ。

(1) 次の□□にあてはまる語句または物質名を入れよ。

物質 ア を水素と反応させると，酸化と イ という化学変化がおこり，銅と水が生成する。

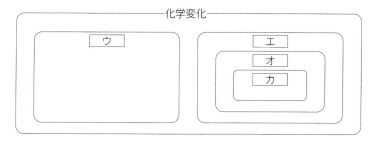

(2) 次の図は，化学変化を分解，化合，燃焼，酸化に分類したものである。図の□□に，「分解」「化合」「燃焼」「酸化」のいずれかを入れよ。

化学変化

ウ

エ
オ
カ

＊基本問題＊＊ ⑥化学変化と熱の出入り

＊問題9 化学変化には反応によって，熱を発生する発熱反応と，熱を吸収する吸熱反応がある。次の化学変化の中で，熱し続けないと反応が止まる吸熱反応はどれか。ア〜エから選べ。

ア．炭酸水素ナトリウムの分解

イ．ロウの燃焼

ウ．マグネシウムと塩酸との反応

エ．鉄と硫黄との化合

◀例題1──酸化銅と砂糖の酸化・還元

酸化銅の粉末と砂糖をよく混ぜ合わせて，かわいた試験管 A に入れる。右の図のような装置を使って，ガラス管の先を石灰水の中に入れておく。混合物のはいった試験管 A を熱し続けたところ，石灰水は白くにごり，試験管 A の口の近くに水滴ができた。

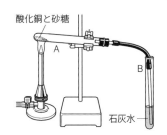

酸化銅と砂糖
A
B
石灰水

(1) 酸化銅に砂糖を加えて加熱したのは，どのような化学変化を利用するためであるか。ア～エから選べ。

　　ア．中和反応　　イ．沈殿の生成する反応　　ウ．酸化と還元　　エ．触媒

(2) 酸化銅の黒色は実験後，何色に変化したか。

(3) 石灰水が白くにごったことから，どのようなことがわかるか。

(4) 試験管 A の口の近くに水滴ができたのはなぜか。考えられる理由をア～エからすべて選べ。

　　ア．酸化銅か砂糖が水をふくんでいた。

　　イ．砂糖にふくまれる元素の1つが，酸素と結びつき水ができた。

　　ウ．砂糖が熱せられ，水とほかの物質に分解した。

　　エ．試験管 B の石灰水が逆流してはいった。

(5) この実験から，砂糖にはどのような元素がふくまれていると考えられるか。元素名を2つ答えよ。

[ポイント]炭素をふくむ物質を酸化すると，二酸化炭素が生成し，水素をふくむ物質を酸化すると，水が生成する。

▷解説◁ 物質を分解していくと，それ以上分解できない物質になる。それ以上分解できない物質は単体とよばれるが，単体は1種類の基本的な成分から構成されている。この基本的な成分を，元素という。水は電気分解すると水素と酸素に分かれるが，水素と酸素はこれ以上分解することができない単体である。したがって，水には水素と酸素という元素がふくまれている。また，砂糖は有機物であり，炭素と水素と酸素という元素がふくまれている。

　酸化銅と砂糖を混ぜ合わせて加熱すると，砂糖にふくまれる炭素や水素は，酸化銅にふくまれる酸素や砂糖にふくまれる酸素と結びついて，二酸化炭素と水が生成する。

　　　　酸化銅＋砂糖──→銅＋二酸化炭素＋水

(1) 酸化銅は酸素を失い，銅になる。酸化物が酸素をうばわれる化学変化を還元という。ま

た，砂糖にふくまれる炭素や水素は，酸化銅にふくまれる酸素と化合して，それぞれ二酸化炭素と水になる。物質が酸素と化合する化学変化を酸化という。

(2) 空気中では，銅の粉末は赤褐色に見える。銅線や銅板は表面をみがくと銅色の金属光沢があらわれるが，これをすりつぶして粉末にすると，赤褐色になる。

(3) 石灰水が白くにごったのは，水酸化カルシウムと，発生した二酸化炭素とが反応して，水にとけにくい炭酸カルシウムが生成したからである。

(4) ア．酸化銅や砂糖がじゅうぶんに乾燥していないと，中にふくまれていた水分が蒸発することもある。

　イ．酸化銅と砂糖を混ぜ合わせて加熱すると，銅と二酸化炭素と水が生成する。

　ウ．砂糖だけを強く加熱すると，炭素と水に分解される（日常生活では，このことを「こげる」といっている）。

(5) 砂糖に酸素がふくまれていることは，これだけの実験では説明できない。

◁解答▷ (1) ウ　　(2) 赤褐色

　　　　(3) 二酸化炭素が発生して，炭酸カルシウムが生成した。

　　　　(4) ア，イ，ウ　　(5) 炭素，水素

◀演習問題▶

◀問題10　鉄粉14gと硫黄の粉末8gを混ぜ合わせて2つに分け，2本の試験管A，Bに入れて，次の実験を行った。

［実験1］試験管Aはそのままで，試験管Bは加熱した（加熱した後の試験管をCとする）。

［実験2］試験管A，Cともに試験管の外からフェライト磁石を近づけた。

［実験3］試験管A，Cともにうすい塩酸を入れると，2本とも気体が発生した。

(1) 実験1で，試験管Bを加熱する位置として最も適切なところはどこか。図のア〜エから選べ。

(2) 実験1で，混合物が赤くなると，加熱するのをやめても反応が進んだ。その理由を簡潔に説明せよ。

(3) 実験1で，試験管Bの混合物は完全に反応して，黒色の物質になった。この黒色の物質は何か。物質名を答えよ。

(4) 実験2で，磁石に引きつけられる試験管は，試験管A，Cのどちらか。

(5) 実験3で，試験管A，Cからそれぞれ発生した気体は何か。物質名を答えよ。また，その気体はそれぞれどのようなにおいがするか。

◀**問題11** 図1のような装置を使って，かわいた試験管 A に炭酸水素ナトリウムを入れて加熱すると，気体と液体が生成し，試験管 A に白色の固体が残った。

(1) 試験管 A の口を少し下げて加熱するのはなぜか。

(2) 気体の発生が止まったところで，ガラス管を石灰水からぬいた後に加熱をやめるのはなぜか。

(3) 発生した気体は何か。物質名を答えよ。

(4) 石灰水はどのように変化するか。

(5) 図2のように，加熱後の試験管 A の口についた液体に青色の塩化コバルト紙をつけると，何色に変化するか。

(6) 図3のように，加熱前の炭酸水素ナトリウムと加熱後の物質をそれぞれ水にとかし，フェノールフタレイン溶液を加えると，何色に変化するか。

(7) 炭酸水素ナトリウムは，私たちの家庭ではどのような使われ方をしているか。例を1つあげよ。

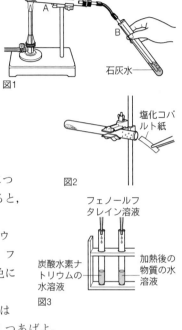

◀**問題12** 図1のような装置（一部が省略されている）を使って，炭酸アンモニウムを弱火で加熱し，発生する気体をフェノールフタレイン溶液，BTB溶液，石灰水の順に通したところ，フェノールフタレイン溶液は赤色に変化し，石灰水は白くにごった。

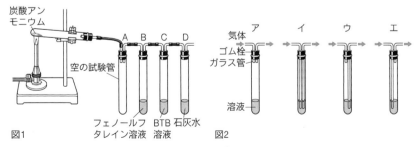

(1) 図1の試験管 B，C，D の中のガラス管は，どのようになっているか。図2

のア〜エから選べ。

(2) 空の試験管 A の役割は何か。ア〜エから選べ。

　ア.発生した気体の逆流を防ぐ。

　イ.発生した気体の勢いをやわらげる。

　ウ.気体以外の生成物の流出を防ぐ。

　エ.加熱をやめたときにおこる溶液の逆流を防ぐ。

(3) BTB 溶液は何色に変化したか。

(4) この実験で発生する気体に関係のあるものはどれか。ア〜カからすべて選べ。

　ア.可燃性の気体である。

　イ.卵の殻にうすい塩酸を加えると，発生する。

　ウ.黄緑色の気体である。

　エ.水の電気分解により生成する。

　オ.こい塩酸を近づけると，白煙を生成する。

　カ.二酸化マンガンにオキシドールを加えると，発生する。

◀問題13　右の図のような装置を使って，少量の水酸化ナトリウムをとかした水に電圧をかけると，陽極（＋極），陰極（－極）にそれぞれ気体が発生した。

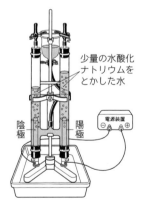

少量の水酸化ナトリウムをとかした水

陰極　陽極　電源装置

(1) 水に少量の水酸化ナトリウムをとかすのはなぜか。その理由をア〜エから選べ。

　ア.水が酸性になるのを防ぐため。

　イ.水にとけている二酸化炭素を吸収させるため。

　ウ.発生した気体が水にとけるのを防ぐため。

　エ.電流を流れやすくするため。

(2) 陽極側にたまった気体に，火のついた線香を入れるとどうなるか。

(3) 陰極側にたまった気体に，マッチの火を近づけるとどうなるか。

(4) 陽極に発生した気体は何か。物質名を答えよ。

(5) 陰極に発生した気体は何か。物質名を答えよ。

(6) 上の図より，陽極と陰極にそれぞれ発生した気体の体積の比は，同じ温度，同じ圧力（同温・同圧）のもとでいくらか。最も簡単な整数比で答えよ。

(7) このように電流のはたらきによって水がおこす化学変化を何というか。

(8) 水にはどのような元素がふくまれているか。元素名を 2 つ答えよ。

◀問題14　18世紀の化学者たちは、「燃える物質にはフロギストン（燃素）というものがふくまれている。燃焼とは、図1のように、物質からフロギストンが出ることで、後に残る灰はそのぬけがらである。」と考えていた。

　このフロギストン説に対して、18世紀の後半、フランスのラボアジエは、「金属の燃焼ではぬけがらのほうが重い。フロギストン説はおかしい！」と考えた。そして、図2のような実験を行い、「燃焼とは、物質が空気中の酸素と結びつく現象である。」ということを証明してみせた。

　彼はレトルトに水銀4オンス（約122.4g）を入れ、12日間水銀がたえず沸とうし続ける温度に加熱した。すると2日目に、小さく赤い粒子がレトルト中の水銀面に浮かぶのが認められた。その後しだいにその数がふえていった。12日後、赤い粒子の数が変わらなくなったので、ガラス鐘に残った空気を取り出して火のついたろうそくを入れてみると、ろうそくの火はすぐに消えてしまった。

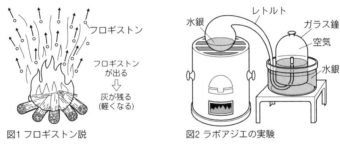

図1 フロギストン説　　　　　　　図2 ラボアジエの実験

　このラボアジエの実験を参考にして、次の実験を行った。

［実験1］図3のような装置を組み立てた。変圧器の電圧を上げて、丸底フラスコ内のスチールウールを燃焼させた後、丸底フラスコを室温まで冷やした。

［実験2］図4のように、水のはいった水そうにその丸底フラスコを逆さまにして入れ、ピンチコックを開けた。

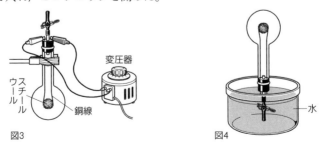

図3　　　　　　　　　　　　　　　図4

(1) ピンチコックを開けると，どのようなことがおこったか。その結果と理由
をそれぞれ簡潔に説明せよ。

(2) 実験2で，当時のフロギストン説が正しいと考えた場合には，どのような
実験結果が得られるか。15字以内で説明せよ。

◀問題15　かいろを使った次の実験について，後の問いに答
えよ。ただし，かいろの中身は，鉄粉，活性炭（炭の粉），
水，食塩とする。

かいろ

［実験1］かいろの中身を取り出してビーカーに入れ，さ
らに水を加えて，よくかき混ぜてから □ をして，
固体と水溶液に分けた。固体をじゅうぶんな量のうすい
塩酸に入れたところ，ある気体が発生したが，反応しないで残った固体もあっ
た。

［実験2］上の図のように，質量のわかっているかいろを容器に入れてふたを
したところ，かいろが発熱した。容器全体が冷めてから，かいろを取り出し
て質量を測定した。

(1) 実験1の文の □ にあてはまる操作を入れよ。

(2) 実験1の下線部の気体は何か。物質名を答えよ。

(3) 次の文は，実験2の結果について述べたものである。（　）にあてはまる
語句または物質名を入れよ。

　　発熱したかいろの質量は，発熱する前のかいろの質量に比べて（　ア　）
した。また，かいろが発熱したのは，中身を構成する物質の中の（　イ　）
が容器内の（　ウ　）と化合したからである。

◀**問題16** 鉄くぎを空気中に放置しておくと，しだいにさびていき赤くなる。これは，くぎが空気中の酸素と化合したためであるが，同じ金属でもプラチナ製のネックレスはいつまでもさびずに金属光沢を保っている。このことから，物質によって酸素との化合のしやすさが異なると予想できる。

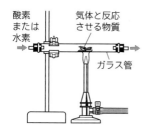

水素，炭素，銅，およびマグネシウムの4種類の物質について，次の実験を行い，酸素との化合のしやすさを調べた。

[実験1] 上の図のような装置を使って，酸素の中で銅片，マグネシウム片を加熱すると，どちらも色が変化した。この結果，どちらの物質も酸素と反応することがわかった。

[実験2] 実験1で得られた物質を，上の図のような装置を使って水素の中で加熱すると，<u>1種類の物質だけ色が変化し</u>，もとの金属の色にもどったが，もう一方は白色のままであった。また，ガラス管の出口に青色の塩化コバルト紙をつけると，色が変化した。

[実験3] 二酸化炭素を入れた集気びんを用意し，点火したマグネシウム片をびんの中に入れると，明るい光を放ちながら反応し，白色の物質と黒色の物質が生成した。

[実験4] 赤熱したコークス（炭素）に高温の水蒸気を通すと，2種類の気体が発生し，その中の1つは一酸化炭素であった。

(1) 実験1で，銅から生成した物質は何色か。

(2) 実験2の下線部でおこる化学変化を何というか。

(3) 実験2で，塩化コバルト紙は何色に変化したか。

(4) 実験1〜4の結果から，水素，炭素，銅，およびマグネシウムを，酸素と化合しやすい順に並べかえよ。

(5) 次の文の中で，正しいものはどれか。ア〜エからすべて選べ。

　　ア. 銅と酸素の化合物をマグネシウムと混ぜ合わせて加熱すると，金属の銅が得られる。

　　イ. 上の図の装置の中に銅を入れ，一酸化炭素の中で加熱すると，銅の色が変化する。

　　ウ. 沸とう水を入れた試験管にマグネシウムを入れ，試験管の口に火を近づけると，水素が燃える。

　　エ. 二酸化炭素と水素の混合気体を加熱した後，塩化コバルト紙を入れると，赤色に変化した。

★進んだ問題★

★**問題17** 都市ガスの主成分は，無色無臭で，水にとけないメタンという気体である。実験室にあるガスバーナーを使って次の実験を行い，メタンの性質や反応について調べた。都市ガスは純粋なメタンであるとして，次の問いに答えよ。ただし，答えはすべて有効数字2けたで表せ。また，いずれの場合においても，水の密度は$1g/cm^3$，水1gの温度を1℃上げるのに必要な熱量は4.2Jとする。

[実験1] ガスバーナーのガスに空気が混じらないように，ガス調節ねじだけを回して，一定の流量でガスを流し，図1のように水上置換法で集めたところ，20秒間に$80cm^3$捕集できた。

[実験2] ガスバーナーに点火し，ガスの流量を一定に保ったまま完全燃焼するように空気を入れた。図2のように炎の上にガラス板をかざしたところ，ガラス板がくもった。さらに，図3のように，炎の上に集気びんを逆さまにしてしばらく置き，その後集気びんに石灰水を入れて振ったところ，白くにごった。

[実験3] 実験1と同じ流量でガスを完全燃焼させ，図4のように，ビーカー中の水$75cm^3$を120秒間加熱したところ，水の温度は27℃から65℃に上昇した。

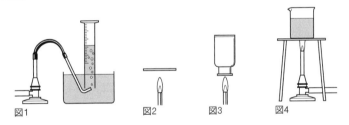

図1　　　　　図2　　　図3　　　図4

(1) この実験から，メタンにはどのような元素がふくまれていると考えられるか。元素名を2つ答えよ。

(2) 実験3で，メタンの燃焼によって120秒間に発生した熱量は何kJか。ただし，ビーカーなどの温度を1℃上げるのに必要な熱量は125Jで，その他はすべてビーカー中の水に吸収されたものとする。

(3) 実験3で，120秒間にガスバーナーに流れたメタンの質量は何gか。ただし，メタンの密度は$0.00065g/cm^3$である。

(4) メタンが燃焼したときに発生した熱量は，メタン1gあたり何kJか。

2──化学変化と物質の量

解答編 p.17

1 質量保存の法則

化学変化の前後で物質全体の質量は変わらない。これを**質量保存の法則**という。

1774年ラボアジェ（フランス）が精密なてんびんを使って実験し，発見した。

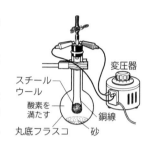

(1)**燃焼と質量**　右の図のように，密閉した丸底フラスコに酸素を満たし，その中でスチールウールを燃やすと，スチールウールは酸素と化合し，酸化鉄が生成する。

このとき，スチールウールは丸底フラスコ内の酸素とだけ化合するため，燃焼の前後で物質全体の質量は変わらない。

（スチールウールの質量）＋（容器の中の酸素の質量）＝（酸化鉄の質量）

⊕密閉していない容器では，化合した空気中の酸素の質量分だけ物質全体の質量が増加する。

(2)**気体の発生と質量**　下の図のように，密閉したプラスチックの容器の中で，うすい塩酸と石灰石を混ぜ合わせると，二酸化炭素が発生する。このとき，反応の前後で物質全体の質量は変わらない。

⊕密閉していない容器では，発生した気体が逃げる分だけ物質全体の質量は減少する。

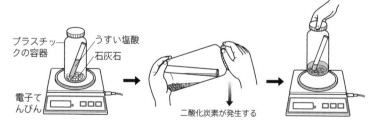

(3)**沈殿の生成と質量**　塩化ナトリウム水溶液に硝酸銀水溶液を加えると，塩化銀の白色の沈殿が生成する。このとき，反応の前後で物質全体の質量は変わらない。

⊕密閉していない容器でも，沈殿生成の場合には，外へ逃げる物質も外からはいってくる物質もないため，質量保存の法則が成り立つ。

②化合する物質の質量の比（定比例の法則）

化合する物質の質量の比は，つねに一定である。これを**定比例の法則**という。

1799 年プルースト（フランス）によって提唱された。

(1)**銅の酸化**　銅と酸素が化合するとき，銅の質量と酸素の質量の比は一定である。

（銅の質量）：（酸素の質量）＝ 4：1

(2)**マグネシウムの酸化**　マグネシウムと酸素が化合するとき，マグネシウムの質量と酸素の質量の比は一定である。

（マグネシウムの質量）：（酸素の質量）＝ 3：2

(3)**水の合成と電気分解**

①水素と酸素が化合して水が合成されるとき，水素の質量と酸素の質量の比は一定である。

（水素の質量）：（酸素の質量）＝ 1：8　となり，

同温・同圧での体積の比は，

（水素の体積）：（酸素の体積）＝ 2：1　となる。

②水を電気分解するとき，発生する水素と酸素の同温・同圧での体積の比は一定である。

（水素の体積）：（酸素の体積）＝ 2：1　となり，

質量の比は，

（水素の質量）：（酸素の質量）＝ 1：8　となる。

＊基本問題＊＊①質量保存の法則──────────

＊問題18　下の図のように，硫酸銅水溶液と塩化バリウム水溶液を別々の容器に入れ，全体の質量をはかる。つぎに，硫酸銅水溶液のはいった容器に塩化バリ

硫酸銅　塩化バリウム
水溶液　水溶液

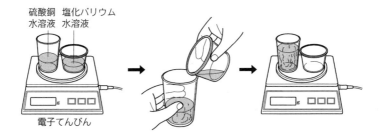

電子てんびん

ウム水溶液を入れると，化学変化がおこって，白色の沈殿が生成する。反応が終わったら，再び全体の質量をはかる。

(1) 化学変化の前後で物質全体の質量はどうなるか。

(2) この実験から，フランスのラボアジェによって発見された「ある法則」を確かめることができる。

　①「ある法則」とは何か。法則名を答えよ。

　②「ある法則」とはどのようなことか。25字以内で説明せよ。

*問題19　次の問いに答えよ。

(1) 水 18g を電気分解してできた水素と酸素の質量の和は何gか。

(2) 4.00g の酸素の中で 2.43g のマグネシウムを燃焼させたところ，酸化マグネシウムが生成し 2.40g の酸素が残った。生成した酸化マグネシウムの質量は何gか。

*基本問題**②化合する物質の質量の比（定比例の法則）─────────────

*問題20　図1のような実験装置を使って，スチールウールを加熱し，スチールウールと化合する酸素の質量を調べた。図2は，スチールウールと酸素が化合したときの質量の関係を表したグラフである。

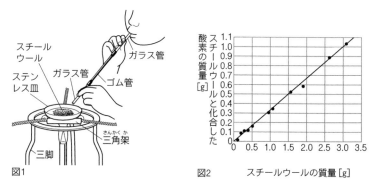

図1　　　　　　　　　　図2　　スチールウールの質量〔g〕

(1) グラフが原点を通る直線になっていることから，スチールウールの質量と，スチールウールと化合した酸素の質量との間にはどのような関係があると考えられるか。

(2) いっぱんに，2つの物質が化合して化合物をつくるとき，それらの物質の質量の間にはどのような決まりがあるか。

◀例題2──金属酸化物の還元と定比例の法則

　下の図のように，底のぬけた試験管に酸化銅5.00gを正確にはかって入れる。つぎに，かわいた水素ガスを通しながら，試験管の中の酸化銅を加熱する。酸化銅は水素に還元されて，銅と水蒸気（水）ができる。酸化銅が完全に銅に変化したら，加熱するのをやめ，しばらく水素を通しながら試験管を冷やした後，銅の質量を正確にはかる。

　酸化銅の質量をいろいろ変えて，同じ操作を行った。右の表は，この実験結果を示したものである。

酸化銅の質量 [g]	1.00	2.00	2.99	4.00
銅の質量 [g]	0.80	1.60	2.38	3.20

(1) この実験結果を表すグラフをかけ。また，酸化銅の質量と銅の質量との間にはどのような関係があるか。

(2) 酸素は，銅と水素のどちらと化合しやすいか。

(3) 酸化銅にふくまれる銅の質量と，酸化銅にふくまれる酸素の質量の比はいくらか。最も簡単な整数比で表せ。

(4) 塩化カルシウムのはいった管全体の質量を，加熱の前後ではかると，変化しているのはなぜか。

(5) 塩化カルシウムのはいった管から出てくる気体は何か。物質名を答えよ。

［ポイント］（酸化銅の質量）＝（銅の質量）＋（酸素の質量）

▷解説◁ (2) 酸化銅は銅と酸素の化合物で，黒色である。加熱した酸化銅に水素を通すと，酸化銅は水素に還元されて，銅色の銅と水蒸気（水）ができる。酸化銅にふくまれる酸素は水素と化合し，酸化銅にふくまれる銅は酸素を失う。

　　　酸化銅＋水素 ──→ 銅＋水

　この反応からわかるように，**銅と水素では，水素のほうが酸素と化合しやすい。**

(3) 実験結果の表から，酸化銅2.00gにふくまれる銅の質量は1.60gであり，酸素の質量は，2.00 [g]－1.60 [g]＝0.40 [g] である。

　したがって，（銅の質量）：（酸素の質量）＝1.60 [g]：0.40 [g]＝4：1

(4) **塩化カルシウムは，水を吸収し，乾燥剤としてはたらく。**

(5) 酸化銅が水素と反応して銅に変化した後も，しばらく水素を通しているので，酸化銅と

反応しない水素が，塩化カルシウムのはいった管から出てくる。

◁解答▷ (1) 右の図，比例

(2) 水素

(3) 4 : 1

(4) 酸化銅にふくまれる酸素が，水素と化合して水蒸気（水）となり，その水が塩化カルシウムに吸収されたから。

(5) 水素

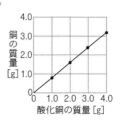

◀演習問題▶

◀問題21 0.20 g の銅粉をステンレス皿全体に広げるように入れ，図1のようにガスバーナーで加熱し，じゅうぶん反応させた。ステンレス皿が冷えてから，銅粉が反応してできた黒色の酸化銅の質量をはかると 0.25 g であった。

続いて，0.40 g，0.60 g，0.80 g，1.00 g，1.20 g，1.40 g の銅粉についても，同じ操作を行った。

次の表は，その実験結果を示したものである。

図1

銅粉の質量 [g]	0.20	0.40	0.60	0.80	1.00	1.20	1.40
酸化銅の質量 [g]	0.25	0.50	0.75	1.00	1.25	1.50	1.75

(1) 銅粉をステンレス皿全体に広げてから，加熱したのはなぜか。その理由を簡潔に説明せよ。

(2) 図2に，縦軸の目盛りと，銅の質量と，銅と化合した酸素の質量との関係を表すグラフを，かき入れよ。

(3) 銅と酸素が化合するとき，銅の質量と酸素の質量の比はいくらか。最も簡単な整数比で答えよ。

図2

(4) 2.40 g の銅粉についても，同じ操作を行ったが，加熱がじゅうぶんでなかったため，加熱後の物質全体の質量は 2.90 g であった。このとき，酸化されずに残っている銅の質量は何 g か。

◀問題22 マグネシウムが酸化されて酸化マグネシウムを生成する。このような金属の酸化について調べるために、マグネシウムの粉末を使って、次の実験を行った。

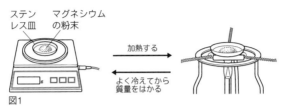

ステンレス皿　マグネシウムの粉末

加熱する

よく冷えてから質量をはかる

図1

［実験］① ステンレス皿の質量をはかった後、マグネシウムの粉末0.3gをはかりとった。

② はかりとったマグネシウムの粉末をステンレス皿に広げ、中のほうまで酸素とじゅうぶん反応するように、かき混ぜながらガスバーナーで加熱した。

③ よく冷えてから、ステンレス皿をふくめた全体の質量をはかった。

④ ②～③の操作を、質量が一定になるまでくり返した。

⑤ はかりとるマグネシウムの粉末の質量を0.6g, 0.9gにして、②～④と同じ操作をそれぞれ行った。

図2は、このときの加熱した回数と、加熱後の物質全体の質量との関係を表したグラフである。

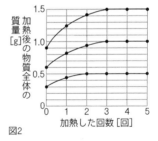

図2

(1) 酸化マグネシウムは何色か。

(2) この実験で、加熱した回数が3回あたりをこえると、質量が一定になったのはなぜか。その理由を簡潔に説明せよ。

(3) マグネシウムの質量と、マグネシウムと化合した酸素の質量の比はいくらか。グラフから求め、最も簡単な整数比で答えよ。

(4) マグネシウムの粉末1.2gを1回加熱したところ、加熱後の物質全体の質量は1.8gであった。このとき、酸化されずに残っているマグネシウムの質量は何gか。

(5) この実験では、ステンレス皿の代わりに鉄皿を用いるのは適切ではない。その理由を簡潔に説明せよ。

◀**問題23** うすい塩酸と石灰石（炭酸カルシウム）を使っ
て，次の実験を行った。

図1

［実験1］6つの三角フラスコに，同じ濃度のうすい塩酸
を40cm³ずつ入れ，電子てんびんで質量をはかった。
つぎに，図1のように，そのうちの1つの三角フラス
コに，くだいて粉にした石灰石0.5gを加えたところ，
気体が出る反応がおこった。じゅうぶんに反応させて
から，再び電子てんびんで，三角フラスコをふくめた全体の質量をはかった。

［実験2］他の5つの三角フラスコに石灰石をそれぞれ1.0g，1.5g，2.0g，2.5
g，3.0g加えて，実験1と同じ操作を行った。
次の表は，その実験結果を示したものである。

反応前	うすい塩酸と三角フラスコの質量 [g]	113.8	114.1	113.8	113.7	113.9	113.5
	石灰石の質量 [g]	0.5	1.0	1.5	2.0	2.5	3.0
反応後	三角フラスコをふくめた全体の質量 [g]	114.1	114.7	114.7	114.9	115.6	115.7

(1) 上の表をもとに，石灰石の質量と，反応前後の三角フラスコをふくめた全体の質量の差の関係を表すグラフを，図2にかき入れよ。

(2) 石灰石5.0gがすべて反応するためには，この実験で使ったうすい塩酸が何cm³必要か。

(3) 図3のように，密閉したプラスチックの容器にうすい塩酸と石灰石を入れ，容器を傾けて反応させると，反応前後の全体の質量の差はどうなるか。「発生した気体」という言葉を使い，理由をふくめて簡潔に説明せよ。

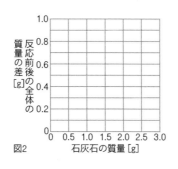
図2

図3

◀**問題24** 図1のように，同じ濃度のうすい塩酸 10cm³ がはいった5本の試験
管に，それぞれ0.1g，0.2g，0.3g，0.4g，0.5g のマグネシウムを入れると，
気体が発生した。図2は，このときの加えたマグネシウムの質量と，発生した
気体の体積の関係を表したグラフである。

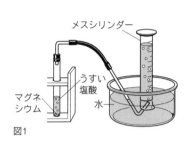

図1

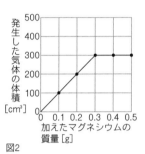

図2

(1) マグネシウムの質量が 0.3g 以上になると，発生した気体の体積が一定に
なったのはなぜか。その理由を簡潔に説明せよ。

(2) この実験で，加えたマグネシウムの質量と，
反応せずに残ったマグネシウムの質量の関係
を表すグラフを，図3にかき入れよ。

(3) 0.7g のマグネシウムを，この実験で使った
うすい塩酸 15cm³ の中に入れたとき，発生
する気体の体積は何cm³か。

(4) (3)の実験で，反応せずに残ったマグネシウ
ムの質量は何gか。

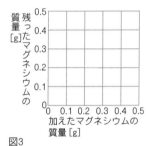

図3

★進んだ問題★

★**問題25** 右の図のような装置を使っ
て，水素と酸素をいろいろな体積の
比で混ぜ合わせて 10.0 cm³ とした
気体に，点火装置で電気火花を飛ば
し，化合させる実験を行った。下の
表は，実験 A〜I の反応前の混合気
体 10.0 cm³ 中の水素および酸素の
体積と，反応後に残った気体の体積
を同温・同圧のもとで測定した値を
示したものである。

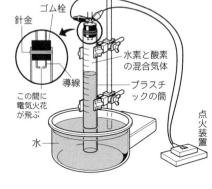

　この実験について，次の問いに答
えよ。ただし，反応後に残った気体は，水素か酸素のどちらかであり，水蒸気
の体積は無視できるものとする。なお，1 l は 1000 cm³ である。

体積＼実験	A	B	C	D	E	F	G	H	I
反応前の水素の体積 [cm³]	9.0	8.0	7.0	6.0	5.0	4.0	3.0	2.0	1.0
反応前の酸素の体積 [cm³]	1.0	2.0	3.0	4.0	5.0	6.0	7.0	8.0	9.0
残った気体の体積 [cm³]	7.1	3.9	1.0	0.9	2.5	4.1	5.4	7.0	8.6

(1) この実験結果から，反応前の混合気体 10.0 cm³ 中の酸素の体積と，反応後
に残った気体の体積の関係を表すグラフをかけ。

(2) (1)のグラフより，反応後に水素も酸素も残らないようにするには，混合気
体 10.0 cm³ 中に，酸素を約何 cm³ 入れて実験したらよいか。

(3) 実験 A〜I のうち，水素が残ったものはどれか。あてはまるものをすべて
選べ。

(4) 実験 E で，化合した酸素の体積は何 cm³ か。

(5) 水素と酸素の密度は，この実験時と同温・同圧のもとで，それぞれ
0.082 g/l，1.3 g/l である。この実験で化合した水素と酸素の質量の比を，
(水素の質量)：(酸素の質量)＝1：A としたとき，A の値はいくらか。四捨
五入して小数第 1 位まで答えよ。

3──原子・分子と化学反応式　　解答編 p.21

①原子と分子

(1)**原子**　すべての物質は，その物質を構成している基本的な成分である元素に対応する，小さい粒子から成り立っている。この粒子を**原子**という。各元素の原子は，それぞれ一定の大きさと質量をもっている。原子の考えは，1803 年ドルトン（イギリス）によって提唱された。

(2)**原子の性質**

①それ以上分けることができない。

②原子の種類によって，大きさと質量が異なる。

③異なる種類の原子に変化したり，消滅したり，新しく生成したりしない。

(3)**原子の大きさ**　原子 1 個の大きさは直径 $\dfrac{1}{10^8} \sim \dfrac{1}{10^7}$ cm でひじょうに小さく，質量は $\dfrac{1}{10^{24}} \sim \dfrac{1}{10^{22}}$ g である。

(4)**元素記号（原子の種類を表す記号）**　元素は，**元素記号**を用いて表す。元素記号は世界共通に用いられる。原子は，各元素に対応して実在する粒子であり，元素記号を用いて表す。

おもな元素と元素記号

非金属元素	水素	H	窒素	N	リン	P
	炭素	C	酸素	O	硫黄	S
	塩素	Cl	ヨウ素	I	アルゴン	Ar
金属元素	ナトリウム	Na	アルミニウム	Al	鉄	Fe
	マグネシウム	Mg	カルシウム	Ca	銅	Cu
	亜鉛	Zn	銀	Ag	バリウム	Ba

単体が金属の性質を示す元素を金属元素，金属元素以外の元素を非金属元素という。

(5)**周期表**　現在約 110 種類の元素が発見されている。それらの元素を原子の質量の小さい順に並べると，化学的に性質の似た元素が周期的に現れてくる。化学的に性質の似た元素が縦の列になるように配列した表を，**元素の周期表**という（元素の周期表→見返し）。周期表の縦の列を族という。

(6)**分子**　水素や酸素などの気体の物質は，原子が1個ずつばらばらに存在するのではなく，いくつかの原子が結びついた粒子が単位になって存在する。この単位粒子を**分子**という。分子の考えは，1811年アボガドロ（イタリア）によって提唱された。

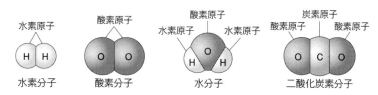

(7)**原子の結合のカギと分子**　原子は，ほかの原子と結びついて分子をつくるとき，その原子の種類によって固有の結びつく能力がある。下の図は，ほかの原子と結びつく能力を結合のカギとして，原子をモデルで表したものである。原子が結びついて分子ができるとき，結合のカギはすべてつながれて，結合のカギが余らないように結びつく。

	水素原子	酸素原子	窒素原子	炭素原子
原子のモデル	Ⓗ—	—Ⓞ—	—Ⓝ—	—Ⓒ—
結合のカギの数	1	2	3	4

② **物質のつくりと化学式**

(1)**化学式**　単体は1種類の原子でできており，化合物は2種類以上の原子が一定の割合で結びついた（定比例の法則が成り立つ）ものである。元素記号を用いて，単体や化合物を表したものを**化学式**という。化学式は，物質をつくっている原子の種類と原子の数または数の比を表している。

(2)**分子でできている物質を表す化学式（分子式）**　分子でできている物質の多くは，非金属元素からなる単体や化合物である。

①**単体**

	水素分子	酸素分子	窒素分子
分子のモデル	Ⓗ〜Ⓗ	Ⓞ〜Ⓞ	Ⓝ〜Ⓝ
分子式	H_2	O_2	N_2

分子式の右下の小さな数字は，結びついている原子の個数を表す。

②化合物

	水分子	二酸化炭素分子	アンモニア分子
分子のモデル	H～O～H	O～C～O	H～N～H / H
分子式	H_2O	CO_2	NH_3

	メタン分子	エタノール分子
分子のモデル	H／H／C／H／H	H／H／H／C／C／O／H／H／H
分子式	CH_4	C_2H_6O

(3)**分子をつくらない物質を表す化学式（組成式）** 分子をつくらない物質の多くは，金属や，金属元素と非金属元素からなる化合物である。

①**単体** 鉄は，分子という単位粒子はなく，多数の鉄原子が規則正しく集まって結びついているので，鉄の原子1個で代表させ

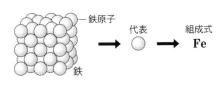

て，Fe と書く。化学式は元素記号と同じになり，**組成式**という。

[例]鉄 Fe，銅 Cu，マグネシウム Mg，銀 Ag，炭素 C

②**化合物** 塩化ナトリウムは，分子という単位粒子はなく，多数のナトリウム原子と多数の塩素原子が，原子の数の比で1：1

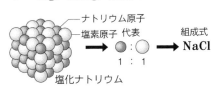

で規則正しく集まって結びついているから，ナトリウム原子1個と塩素原子1個で代表させて，NaCl と書く。

[例]塩化ナトリウム NaCl，塩化銅 $CuCl_2$，塩化亜鉛 $ZnCl_2$，
　　酸化マグネシウム MgO，酸化銅 CuO，酸化銀 Ag_2O，
　　硫化鉄 FeS

注分子をつくらない化合物も，結合のカギとカギをつなぐ考え方を使うと，組成式における原子の数の比を知る手がかりが得られる。いっぱんに，結合のカギの数は元素の周期表の族によって決まっている。

1族　17族

↓

NaCl
塩化ナトリウム

元素の周期表の族と結合のカギの数

族	おもな原子	結合のカギの数
1族	H, Li, Na, K	1
2族	Mg, Ca, Sr, Ba	2
13族	B, Al	3
14族	C, Si	4
15族	N, P	3
16族	O, S	2
17族	F, Cl, Br, I	1

表にない族の結合のカギの数は複雑になるので省略した。また，同じ原子でも物質中でカギの数が変わる場合もある。

③化学反応式

化学式を用いて，化学変化を表した式を**化学反応式**という。

(1)化学反応式のつくり方

例水素と酸素が化合して水になる。

a. 反応する物質（反応物質）を左辺に，生成する物質（生成物質）を右辺に書き，──→で結ぶ。

水素 + 酸素 ──→ 水

b. それぞれの物質を化学式で表す。

$H_2 + O_2 \longrightarrow H_2O$

c. 左辺と右辺で原子の種類と数が等しくなるように，化学式の前に係数をつける。

まず，右辺の H_2O は，酸素原子 O の数が左辺の O_2 より1個少ないので，右辺の水分子 H_2O を1個ふやし，$2H_2O$ とする。

$H_2 + O_2 \longrightarrow 2H_2O$

つぎに，左辺の H_2 は，水素原子 H の数が右辺の $2H_2O$ より2個少ないので，左辺の水素分子 H_2 を1個ふやし，$2H_2$ とする。

$2H_2 + O_2 \longrightarrow 2H_2O$

㊟ $2H_2 + O_2 \longrightarrow 2H_2O$ の化学反応式から，2個の水素分子と1個の酸素分子が過不足なく反応し，2個の水分子が生成することがわかる。

㊟化学変化は原子の結びつき方が変化するだけで，反応の前後で原子が消滅したり，新しく生成したりしないので，質量保存の法則が成り立つ。

(2)化学反応と基

①**基**　2種類以上の原子が強く結びついた原子の1団（原子団）で，化学変化のさいに原子団のまま組み変わり，1つの原子のようにふるまう粒子の集まりを**基**という。

[例]マグネシウム Mg に硫酸 H_2SO_4 を加えると，水素 H_2 が発生し，硫酸マグネシウム $MgSO_4$ が生成する。

$$Mg \ + \ H_2SO_4 \longrightarrow \ MgSO_4 \ + \ H_2$$
マグネシウム　　　硫酸　　　　硫酸マグネシウム　　水素

㊟この場合，SO_4 が基である。

②基と結合のカギの数

	水酸基	硝酸基	炭酸水素基	アンモニウム基	硫酸基	炭酸基
記号	OH	NO₃	HCO₃	NH₄	SO₄	CO₃
基のモデル	(OH)~	(NO₃)~	(HCO₃)~	(NH₄)~	~(SO₄)~	~(CO₃)~
結合のカギの数	1	1	1	1	2	2

③基をふくむ化合物

分子でできている化合物

[例]硝酸 HNO_3，硫酸 H_2SO_4，炭酸 H_2CO_3

分子をつくらない化合物

[例]水酸化ナトリウム NaOH，水酸化カルシウム $Ca(OH)_2$，硝酸カリウム KNO_3，炭酸水素ナトリウム $NaHCO_3$，塩化アンモニウム NH_4Cl，硫酸ナトリウム Na_2SO_4

H₂SO₄　　　　　NaOH
硫酸　　　　　水酸化ナトリウム

＊基本問題＊＊①原子と分子——————————————————————

＊問題26 次の文の（　）にあてはまる語句を入れよ。
(1) イギリスのドルトンは（　ア　）の法則や，化合する物質の質量の比はつ
ねに（　イ　）であることを説明するために，物質は（　ウ　）という，そ
れ以上（　エ　）ことのできない粒子からできているという考えを提唱した。
(2) 同じ種類の原子は，大きさや質量が（　オ　）く，異なる種類の原子は，
大きさや質量が（　カ　）なる。
(3) 化学変化で，（　ウ　）は異なる種類の（　ウ　）に変化したり，消滅した
り，新しく（　キ　）したりしない。原子の（　ク　）が変わるだけである。
(4) イタリアのアボガドロは，水素や酸素などの気体の物質は，原子が1個ず
つばらばらに存在するのではなく，（　ウ　）が結びついた単位粒子である
（　ケ　）が存在すると考えた。

＊問題27 次の原子を元素記号で書け。
(1) 水素　　　　　(2) 酸素　　　　　(3) 炭素　　　　　(4) 窒素
(5) 塩素　　　　　(6) 硫黄　　　　　(7) ナトリウム　　(8) カルシウム
(9) アルミニウム　(10) マグネシウム　(11) 銀　　　　　　(12) 銅

＊基本問題＊＊②物質のつくりと化学式——————————————————

＊問題28 次の文の（　）にあてはまる語句または記号を入れよ。
(1) 元素記号を用いて，単体や（　ア　）を表したものを（　イ　）という。
（　イ　）は，物質をつくっている原子の（　ウ　）と原子の（　エ　）ま
たは（　エ　）の比を表している。
(2) 単体である水素分子の化学式は，水素原子2個からできているので，水素
の元素記号（　オ　）を用いて（　カ　）と表す。水素原子が2個あるとき
には（　キ　）と表し，水素分子が2個あるときには（　ク　）と表す。
(3) 鉄，炭素の単体には（　ケ　）という単位粒子はなく，それぞれ多数の鉄
原子または炭素原子が，規則正しく集まって結びついている。これらの物質
の化学式は，それぞれの原子1個で代表させて（　コ　），（　サ　）と表す。
(4) 二酸化炭素分子は，炭素原子1個と酸素原子2個が結びついてできている
ので，化学式は（　シ　）と表す。
(5) 塩化ナトリウムは，水のように（　ケ　）という単位粒子がないので，化
学式は，ナトリウム原子1個と塩素原子1個で代表させて（　ス　）と表す。

*問題29　例にならって，次の分子を，原子どうしの結合のカギのようすがわかるようにモデルを用いて表せ。また，その化学式を答えよ。

(例) 水　(H)～(O)～(H)　H₂O

(1) 水素　　　　(2) 二酸化炭素　　(3) アンモニア　　(4) メタン

*問題30　見返しの元素の周期表を参考にして，次の化合物を化学式で書け。

(1) 塩化カルシウム　　　　　　(2) 酸化アルミニウム
(3) 硫化ナトリウム　　　　　　(4) ヨウ化カリウム

基本問題　③化学反応式─────────────────────────

*問題31　図1のような分子のモデルを用いて，
水の変化を図2と図3に表した。
(1) 図2と図3の変化をそれぞれ何というか。
(2) 図2と図3の変化のちがいを説明せよ。

図1　水素分子　酸素分子　水分子

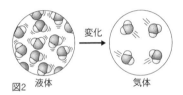

図2　液体　変化　気体

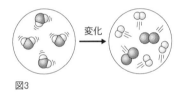

図3　変化

*問題32　マグネシウムが燃焼すると，酸化マグネシウムが生成する。a～dの手順にしたがって，この反応の化学反応式を完成させた。(　)にあてはまる化学式または数字を入れよ。ただし，同じものがはいることがある。

a. 反応物質を左辺に，生成物質を右辺に書き，⟶ で結ぶ。

| マグネシウム＋酸素 ⟶ 酸化マグネシウム |

b. それぞれの物質を化学式で表す。

| Mg ＋(ア) ⟶ MgO |

c. 反応前後のO原子の数を合わせるために，MgOの前に係数をつける。

| Mg ＋(ア) ⟶ (イ)MgO |

d. 反応前後のMg原子の数を合わせるために，Mgの前に係数をつける。

| (ウ)Mg ＋(ア) ⟶ (イ)MgO |

*問題33 次の化学反応式において，左辺と右辺で原子の種類と数が等しくなるように，（　）にあてはまる数字を入れよ。ただし，同じものがはいることがある。

(1)（　ア　）$Ag_2O \longrightarrow$（　イ　）$Ag + O_2$

(2) $Zn +$（　ウ　）$HCl \longrightarrow ZnCl_2 + H_2$

(3)（　エ　）$NaHCO_3 \longrightarrow Na_2CO_3 + H_2O + CO_2$

(4) $CH_4 +$（　オ　）$O_2 \longrightarrow CO_2 + 2H_2O$

*問題34 例にならって，次の化学変化を，図1の原子のモデルを用いて表せ。

図1

（例）$2CuO + C \longrightarrow 2Cu + CO_2$

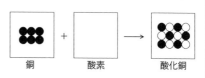

(1) $C + O_2 \longrightarrow CO_2$

(2) $Fe + S \longrightarrow FeS$

(3) $CuO + H_2 \longrightarrow Cu + H_2O$

◀例題3──銅の酸化と化学反応式

右の図は，銅粉を酸素の中で加熱したときの化学変化を，モデルで表したものである。

(1) 酸素のモデルを，図にかき入れよ。

(2) (1)の酸素のモデルを，分子の数をふくめた化学式で書け。

(3) 銅が酸素と結びついて酸化銅になる化学変化を何というか。

(4) 次の化学反応式は，図の化学変化を表したものである。（　）にあてはまる化学式を入れよ。

　　$2Cu +$（　ア　）$\longrightarrow 2$（　イ　）

(5) 銅原子100個がすべて酸化銅になるためには，酸素分子は何個必要か。

［ポイント］酸素分子は酸素原子2個からできている。

▷解説◁ (1) 銅などの純粋な金属は，分子という単位粒子はなく，多数の銅原子が規則正しく集まって結びついている。

　　銅原子のモデルが●で，酸化銅のモデルが●○で表されているから，酸素原子のモデルは○となる。酸素分子は2個の酸素原子が結びついてできているから，酸素分子のモデルは○○となる。

　　化学変化では，原子が消滅したり，新しく生成したりしないから，反応の前後で原子の種類と数は同じでなければならない。6個の銅原子がすべて酸化銅になるためには，酸素原子は6個必要である。すなわち，酸素分子は3個必要となる。

(2) 酸素分子の数は，化学式の前に係数をつけて表す。

(3) 銅が酸素と化合する化学変化を酸化という。

(4) 銅原子のモデル●，酸素原子のモデル○を，それぞれ元素記号 Cu と O を用いて表す。

(5) $2Cu + O_2 \longrightarrow 2CuO$ から，2個の銅原子は，1個の酸素分子と化合して，2個の酸化銅になる。100個の銅原子では50個の酸素分子が必要である。

◁解答▷ (1)

(2) $3O_2$　　(3) 酸化，または，化合

(4) ア.O_2　　イ.CuO　　(5) 50個

◀演習問題▶

◀問題35 エタノールについて，次の問いに答えよ。

(1) 次の文の（　）にはあてはまる数字を，□□□にはあてはまる物質名を入れよ。

　　図1は，原子のモデルを用いて，エタノール分子をモデルで表したものである。

　　図2は，単体の水素や炭素が完全燃焼するときの化学変化を，モデルで表したものである。エタノール分子が完全燃焼するとき，図1，図2から，水分子が（　ア　）個と石灰水をにごらせる□イ□分子が（　ウ　）個できるといえる。したがって，エタノール分子1個が完全燃焼するとき，空気中から（　エ　）個の酸素分子を取り入れると考えられる。

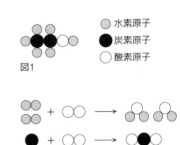

○ 水素原子
● 炭素原子
○ 酸素原子

図1

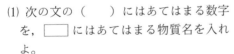

図2

(2) エタノール C_2H_6O が完全燃焼したときの化学反応式を書け。

◀**問題36**「すべての気体は，同温・同圧・同体積のもとでは，同じ数の分子を
ふくむ」。これをアボガドロの法則という。下の図の ○, ◉, ⊗ はそれぞれ異
なる種類の原子1個を表している。また，◉○のように2個以上の原子が結び
ついた粒子は，気体分子である。ただし，□ は同温・同圧における同じ体積
を，□□ は □ の2倍の体積を表している。

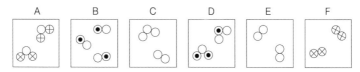

(1) 混合気体はどれか。A〜F からすべて選べ。

(2) 1つだけアボガドロの法則からはずれているものがある。それはどれか。
A〜F から選べ。

(3) 化合物はどれか。A〜F からすべて選べ。

(4) 次の①，②は，気体どうしが反応してそれぞれ1種類の気体分子を生成す
る化学変化を，モデルで表したものである。□ の中に分子のモデルをかき
入れよ。

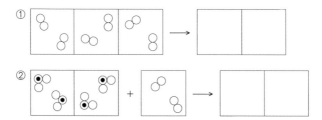

★**進んだ問題**★

★**問題37** 表1は，元素の周期表の一部である。表1の番号で示した各元素につ
いて，次の問いに答えよ。ただし，この番号は，原子番号という各元素につけ
られた固有の番号であり，周期表で元素が並んでいる順序を表している。

表1 元素の周期表の一部

1																	He
Li	Be											B	6	7	8	F	Ne
11	12											Al	Si	P	16	17	Ar
K	20	Sc	Ti	V	Cr	Mn	26	Co	Ni	29	Zn	Ga	Ge	As	Se	Br	Kr

表2 各物質にふくまれる元素と各元素の特徴

原子番号 ＼ 物質	水	アンモニア	石灰石	食塩	塩酸	硫酸	エタノール
1	○	○			○	○	○
6			○				○
7		○					
8	○		○		○	○	○
11				○			
16						○	
17				○	○		
20			○				
12	単体は銀白色の固体						
26	単体は磁石に引きつけられる固体						
29	単体は赤色をおびた固体						

(1) 表2は各物質にふくまれる元素を○印で示し，各元素の特徴を簡単にまとめたものである。表2から次の原子番号の元素が何であるかを考え，それぞれの元素記号を答えよ。

① 原子番号7　　　　　② 原子番号11　　　　　③ 原子番号16

④ 原子番号17　　　　　⑤ 原子番号20

(2) 次の化学変化において，下線部の物質は何か。化学式を答えよ。

① 原子番号26の元素の単体の粉末と，原子番号16の元素の単体の粉末をよく混ぜ合わせ，試験管に入れて加熱すると，激しく反応して熱が発生し，黒色の固体を生成した。この黒色の固体にうすい塩酸を加えると，特有なにおいの<u>気体</u>が発生した。

② 原子番号29の元素の単体の粉末を，ステンレス皿にとって加熱すると，<u>黒色の固体</u>が生成した。

③ 原子番号12の元素の単体に，うすい硫酸を加えると，<u>気体</u>が発生した。

④ 原子番号20の元素の水酸化物の水溶液に，原子番号6と原子番号8の元素の化合物の気体を通すと，白色の<u>沈殿</u>が生成した。

4——化学変化と物質の質量

解答編 p.25

① 原子量・分子量・式量

(1)**原子量**　（炭素原子 1 個の質量）:（他の原子 1 個の質量）$= 12 : X$ と

したときの X の値を，他の原子の原子

量という。したがって，原子の質量の

比は，原子量の比になる。原子量の値

は，周期表で調べることができる。

周期表の見方

[例]酸素の原子量を求める。

（炭素原子 1 個の質量）:（酸素原子 1 個の質量）

$=$（炭素の原子量）:（酸素の原子量）$= 12 : 16$

[注]この場合，酸素の原子量を求めるので $12 : 16$ を $3 : 4$ にしてはいけない。

(2)**分子量**　分子を構成する各原子の原子量の和を，分子量という。した

がって，分子の質量の比は，分子量の比になる。分子式から分子量を

求めることができる。

[例]H_2O の分子量を求める。

（水素の原子量）$\times 2 +$（酸素の原子量）$\times 1 = 1 \times 2 + 16 \times 1 = 18$

(3)**式量**　組成式を構成する各原子の原子量の和を，式量という。分子式

から分子量を求めるように，組成式から式量を求めることができる。

[例]$NaCl$ の式量を求める。

（ナトリウムの原子量）$\times 1 +$（塩素の原子量）$\times 1$

$= 23 \times 1 + 35.5 \times 1 = 58.5$

[注]この問題集の元素の周期表（→見返し）では，塩素の原子量のみ 35.5

と小数第 1 位まで表してある。

② 反応する物質の質量の比

(1)**反応する物質の質量の比と原子量・分子量・式量**

[例]マグネシウムと酸素が化合するとき，マグネシウムの質量と酸素

の質量の比を求める。

マグネシウム ＋ 酸素 ──→ 酸化マグネシウム

a. 周期表で，マグネシウムの原子量と酸素の原子量を調べる。

マグネシウムの原子量 24，酸素の原子量 16

b. 酸化マグネシウムの化学式を調べ，マグネシウム原子の数と酸

素原子の数の比を求める。

酸化マグネシウムの化学式 MgO

（マグネシウム原子の数）:（酸素原子の数）＝1:1

c. マグネシウムの質量と酸素の質量の比を求める。

（マグネシウムの原子量×数）:（酸素の原子量×数）

＝（24×1）:（16×1）＝3:2

したがって,（マグネシウムの質量）:（酸素の質量）＝3:2

㊟この場合, 質量の比を求めるので, 最も簡単な整数比で答える。

(2)反応する物質の質量の比の利用

例 12g のマグネシウムと化合する酸素の質量を求める。

マグネシウムの質量と酸素の質量の比は3:2であるから, 酸素の質量を x [g] とすると,

12 [g]:x [g]＝3:2　　これを解いて, x＝8 [g]

(3)化学反応式の利用

例 48g のマグネシウムが酸素と化合してできる酸化マグネシウムの質量を求める。

$$2Mg + O_2 \longrightarrow 2MgO$$

（マグネシウムの質量）:（酸化マグネシウムの質量）

＝{2×（マグネシウムの原子量）}:{2×（酸化マグネシウムの式量）}

（酸化マグネシウムの質量）

$$= （マグネシウムの質量）×\frac{2×（酸化マグネシウムの式量）}{2×（マグネシウムの原子量）}$$

$$=48 [g]×\frac{\{2×（24×1+16×1）\}}{（2×24）}=80 [g]$$

＊基本問題＊＊1 原子量・分子量・式量

＊問題38 炭素原子1個の質量と窒素原子1個の質量の比は, 6:7 である。窒素の原子量を求めよ。

＊問題39 元素の周期表（→見返し）の原子量を使って, 次の物質の分子量または式量を求めよ。

(1) 酸素 O_2　　　　　　　　(2) 二酸化炭素 CO_2

(3) 塩化カルシウム $CaCl_2$　　(4) 酸化銅 CuO

＊**基本問題＊＊**②反応する物質の質量の比────────────

＊**問題40** 銅と酸素が化合するとき，銅の質量と酸素の質量の比はいくらか。元素の周期表（→見返し）の原子量を使って求め，最も簡単な整数比で答えよ。ただし，酸化銅の化学式は CuO である。

　　　銅＋酸素──→酸化銅

＊**問題41** 次の化学反応式と元素の周期表（→見返し）の原子量を使って，4.8g のマグネシウムと化合する酸素の質量を求めよ。

　　　$2Mg + O_2 \longrightarrow 2MgO$

◀**例題4──周期表と原子量**

　現在，約（　①　）種類の元素が発見されているが，それらの元素を原子の質量の小さい順に並べると，化学的に性質の似た元素が周期的に現れてくる。化学的に性質の似た元素が縦の列になるように配列した表を，元素の（　②　）表という。表1は，その一部を示したものである。

表1

族\周期	1	2		13	14	15	16	17	18
1	₁H 水素 1								₂He ヘリウム 4
2	₃Li リチウム 7	₄Be ベリリウム 9		₅B ホウ素 11	₆C 炭素 12	₇N 窒素 14	₈O 酸素 16	9	₁₀Ne ネオン 20
3	₁₁Na ナトリウム 23	₁₂Mg マグネシウム 24		₁₃Al アルミニウム 27	₁₄Si ケイ素 28	₁₅P 31	₁₆S 硫黄 32	₁₇Cl 塩素 35.5	₁₈Ar アルゴン 40
4	₁₉K カリウム 39	₂₀Ca カルシウム 40							

　まず，周期表のそれぞれの枠について説明する。

　たとえば，右に示す枠の中で，元素名は（　③　）で，元素記号は P，15 は周期表で元素 P が並んでいる順序を表す原子番号，31 は P の原子量を示している。

₁₅P（　③　）31

　原子量は，（炭素原子1個の質量）：（他の原子1個の質量）＝12：X としたときの X の値をいう。したがって，原子の質量の比は，原子量の比になる。

　（例）（炭素原子1個の質量）：（酸素原子1個の質量）
　　　＝（炭素の原子量）：（酸素の原子量）＝12：16

　つぎに，周期表の全体を見ると，おもに右上側に非金属元素が，左下側に金属元素が分布している。

　さて，表1のデータを使って，物質について考えることにする。

　気体には，ヘリウム He のように，1個の原子から分子ができているものもあるが，化学式 O_2 で表されるように同じ原子2個が結びついて分子をつくっているものもある。表1に元素記号が出ている原子のうち，同じ原子2個が結びついて分子をつくるものに，酸素のほかに（　④　）種類の物質がある。また，化学式 NH_3 や SO_2 で表されるように，2種類以上の原子が結びついて分子をつくるものもあり，表1に元素記号が出ている原子のうち，このような分子を1つあげると，化学式（　⑤　）で表されるものがある。

　さらに，各原子の原子量の値は周期表で調べることができるが，分子を構成する各原子の原子量の和が，分子量である。したがって，分子の質量の比は，分子量の比になる。このことから，NH_3 分子は酸素分子に比べると約（　⑥　）倍の質量であり，SO_2 分子は約（　⑦　）倍の質量であるということも，周期表からわかる。

(1) ①にあてはまる数はどれか。ア〜オから選べ。

　　ア．50　　　　　イ．110　　　　　ウ．150　　　　　エ．200　　　　　オ．250

(2) ②にあてはまる語句を入れよ。

(3) ③にあてはまる元素名を入れよ。

(4) ④には，その種類を考えて，数字を入れよ。

(5) ⑤には，平常の温度，平常の圧力（常温・常圧）で，存在する気体の化学式を入れよ。

(6) ⑥，⑦にあてはまる数はどれか。ア〜オからそれぞれ選べ。

　　ア．0.3　　　　　イ．0.5　　　　　ウ．0.8　　　　　エ．1.5　　　　　オ．2.0

(7) 原子番号9の元素のみからできている単体の性質として正しいものはどれか。ア〜エから2つ選べ。

　　ア．金属である。　　　　　　　　　　イ．非金属である。

　　ウ．電気をよく通す。　　　　　　　　エ．電気を通さない。

[ポイント] 原子の質量の比は，原子量の比になり，分子の質量の比は，分子量の比になる。

▷解説◁ (1) 現在約110種類の元素が発見されている。元素とは実体のあるものではない。原子を，単体や化合物を構成している基本的な成分として考えるとき，元素とよんでいる。たとえば，水素原子 H という実体のある粒子は，水素分子 H_2，水分子 H_2O，アンモニア分子 NH_3 などの分子の中に存在する。それぞれの分子は異なっていても，水素原

子という共通性をもっている。そのような共通性をもつ基本的な成分を，水素という元素名でよんでいる。

　「元素」の定義は，化学の発展にともなって，変わってきた。古代ギリシアの哲学者アリストテレスは，万物の根源は「水・土・風・火」であるという4元素説を提唱した。イギリスのボイルは，1661年に「懐疑的化学者」という本をあらわし，4元素説を批判し，「実験によってそれ以上単純な物質に分けることのできない物質（現在でいえば単体）」を元素と定義した。1789年フランスの**ラボアジエ**は，33種類の元素を示した。これらの物質の根源である元素の実体を，原子という粒子と結びつけたのはイギリスの**ドルトン**である。現在では，原子の種類を表す抽象的な言葉として元素が使われる。

(2) 元素を原子の質量の小さい順に並べると，化学的に性質の似た元素が周期的に現れてくる（周期律）。

　ロシアの**メンデレーエフ**は，19世紀後半にこの周期律にもとづいて，元素を整理して表にまとめた。これが元素の周期表である。**周期表の縦の列を族，横の列を周期という。**いっぱんに，周期表の同じ族の元素は化学的に性質が似ている。

(3) 原子番号15のPの元素名はリンである。リンの原子量31から，リン原子P1個は水素原子H1個の31倍の質量であることがわかる。

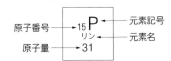

(4) 表1に元素記号が出ている原子のうち，単体であり2原子からなる分子として，酸素 O_2 以外に水素 H_2，窒素 N_2，塩素 Cl_2 の3種類がある。これらは暗記しておこう。

(5) 2種類以上の原子が結びついた分子，すなわち化合物で分子をつくるものは，二酸化炭素 CO_2，メタン CH_4，一酸化窒素 NO，二酸化窒素 NO_2 などいろいろある。

　エタノール C_2H_6O は，1気圧のもと，79℃以上では気体となるが，常温・常圧では液体である。

(6) 炭素原子C1個の質量を12としたとき，各分子の質量の比を分子量という。分子量は分子を構成する各原子の原子量の和になる。周期表の原子量を利用して分子量を求める。

　（O_2 の分子量）＝（O の原子量）×2＝16×2＝32

　（NH_3 の分子量）＝（N の原子量）×1＋（H の原子量）×3＝14×1＋1×3＝17

　（SO_2 の分子量）＝（S の原子量）×1＋（O の原子量）×2＝32×1＋16×2＝64

したがって，$\dfrac{（NH_3 \text{の分子量}）}{（O_2 \text{の分子量}）} = \dfrac{17}{32} = 0.53 ≒ 0.5$

$\dfrac{（SO_2 \text{の分子量}）}{（O_2 \text{の分子量}）} = \dfrac{64}{32} = 2.0$

(7) 原子番号9を見返しの周期表で調べると，フッ素Fであることがわかる。**Fは周期表の右上側に位置し，非金属元素である。**したがって，フッ素の単体は非金属であり，電気を通さない。ちなみに，フッ素の単体は常温・常圧では気体で，2原子からなる分子

F_2 として存在する。

　周期表の元素のうち，**原子番号1から原子番号20までは暗記しておくと便利である。**「水兵リーベ僕の船七曲がりシップスクラークか」などの暗記のための語呂合わせが昔からあるが，自分で工夫してみよう。

水	兵	リー	ベ	僕	の	船	七	曲がり	シップ	ス	クラーク	か
H	He	Li	Be	B C	N O	F	Ne	Na	Mg Al Si	P	S Cl Ar	K Ca

◁**解答**▷ (1) イ　　(2) 周期　　(3) リン　　(4) 3

　　　(5) CO_2，または，CH_4，NO，NO_2 など　　(6) ⑥ イ　　⑦ オ　　(7) イ，エ

◀**演習問題**▶

◀**問題42** 金属 A，B を空気中で加熱して完全に酸化させる実験を行った。右の図は，このときの金属の質量と生成した酸化物の質量との関係を表したグラフである。

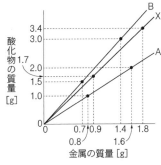

(1) 金属 A の原子の数と酸素原子の数が1：1の比で化合するとき，金属 A の原子の質量と酸素原子の質量の比はいくらか。最も簡単な整数比で答えよ。

(2) 金属 B の原子の数と酸素原子の数が2：1の比で化合するとき，金属 B の原子の質量と酸素原子の質量の比はいくらか。最も簡単な整数比で答えよ。

(3) 金属 X の酸化物の化学式を X_mO_n とし，金属 X の原子の質量と酸素原子の質量の比が 27：16 であるとき，$m：n$ はいくらか。最も簡単な整数比で答えよ。

◀**問題43** 次の問いに答えよ。

(1) 炭素24gが燃焼して，二酸化炭素88gが生成した。炭素原子の質量と酸素原子の質量の比はいくらか。最も簡単な整数比で答えよ。また，酸素の原子量を求めよ。

(2) プロパン C_3H_8 が燃焼して，二酸化炭素と水が生成するときの化学反応式を書け。

(3) (2)でプロパン22gが燃焼したとき，生成する二酸化炭素は66gであった。このとき，酸素は何g必要か。

(4) (3)のとき，生成した水は何gか。

★進んだ問題★

★問題44 次の実験について，後の問いに答えよ。ただし，気体の体積はすべて同温・同圧のもとで測定している。

［実験1］水素と酸素が反応して水を生成する反応について，水素および酸素が過不足なく反応するときの体積の比と質量の比を調べると，次のようになった。ただし，生成した水は液体となり，その体積は気体に比べて小さく，無視できるものとする。

$$2H_2 + O_2 \longrightarrow 2H_2O$$

（体積の比）　2　:　1　:　0
（質量の比）　1　:　8　:　9

［実験2］つぎに，炭素の燃焼により二酸化炭素が生成する反応についても，炭素と酸素が過不足なく反応するときの体積の比と質量の比を調べると，次のようになった。ただし，炭素は固体であり，その体積は気体に比べて小さく，無視できるものとする。

$$C + O_2 \longrightarrow CO_2$$

（体積の比）　0　:　1　:　1
（質量の比）　3　:　8　:　11

［実験3］さらに，メタン CH_4 の完全燃焼についても，同じように反応物と生成物について体積の比と質量の比を調べると，次のような結果が得られた。

$$CH_4 + 2O_2 \longrightarrow CO_2 + 2H_2O$$

（体積の比）　1　:　2　:　1　:　0
（質量の比）　4　:（ア）:　11　:（イ）

(1) 実験3の結果にある（　）にあてはまる数字を入れよ。

(2) 水素 1.0g と酸素 2.0g の混合気体に点火して反応させると，反応後の体積ははじめの体積の何倍になるか。分数で答えよ。ただし，生成する水の体積は考えなくてよい。

(3) 次の反応によりメタンが生成するとき，メタン 10g を得るには炭素は少なくとも何g必要か。

$$C + 2H_2 \longrightarrow CH_4$$

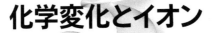

化学変化とイオン

1——イオンと電気分解　　　解答編 p.29

1 電解質と非電解質

(1)**電解質**　水にとかしたとき，電流が流れる物質を**電解質**という。

例 塩化ナトリウム，水酸化ナトリウム，塩化銅，塩化水素

(2)**非電解質**　水にとかしたとき，電流が流れない物質を**非電解質**という。

例 砂糖，エタノール

2 イオン

(1)**イオン**　電気をおびた原子を**イオン**という。

(2)**陽イオンと陰イオン**　＋の電気をおびた原子を**陽イオン**という。陽イオンは，電圧をかけると陰極に移動する。－の電気をおびた原子を**陰イオン**という。陰イオンは，電圧をかけると陽極に移動する。

(3)**原子の構造とイオン**　原子は＋の電気をおびた1個の**原子核**と，それをとりまく－の電気をおびたいくつかの**電子**からできている。原子核のもつ電気の量と，それをとりまく電子のもつ電気の量の総和は等しく，原子は全体としては電気をおびていない。

水素原子の構造

　原子には電子を失いやすいものと，電子を受け取りやすいものがある。原子が電子を失うと**陽イオン**となり，電子を受け取ると**陰イオン**となる。

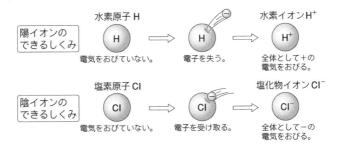

⑷イオンの種類と記号

陽イオン	記号	価数	陰イオン	記号	価数
ナトリウムイオン	Na^+	1	塩化物イオン	Cl^-	1
水素イオン	H^+	1	水酸化物イオン	OH^-	1
カルシウムイオン	Ca^{2+}	2	硝酸イオン	NO_3^-	1
バリウムイオン	Ba^{2+}	2	炭酸イオン	CO_3^{2-}	2
銅イオン	Cu^{2+}	2	硫酸イオン	SO_4^{2-}	2

㊟ イオンの記号は，元素記号と，元素記号の右上にやりとりする電子の数（価数）と正負の符号を書いて表す。Na^+ の「＋」は Na が電子1個を失ったことを意味する。

㊟ 銅イオンは水溶液中で青色を示す。

⑸**電離** 電解質は水にとけて陽イオンと陰イオンに分かれる。これを**電離**という。

電離のようすをイオンの記号で表した式を，**電離式**という。

[例] $HCl \longrightarrow H^+ + Cl^-$
塩化水素　　水素イオン　塩化物イオン

$NaCl \longrightarrow Na^+ + Cl^-$
塩化ナトリウム　　ナトリウムイオン　塩化物イオン

$CuCl_2 \longrightarrow Cu^{2+} + 2Cl^-$
塩化銅　　銅イオン　塩化物イオン

$NaOH \longrightarrow Na^+ + OH^-$
水酸化ナトリウム　　ナトリウムイオン　水酸化物イオン

3 **電気分解**

⑴**塩酸と塩化銅水溶液の電気分解** 塩酸や塩化銅水溶液などの電解質の水溶液に電圧をかけると，電源の＋側につないだ陽極や−側につないだ陰極で変化が見られ，水溶液中の物質が分解される。このように，電圧をかけて化合物を分解することを，**電気分解**という。

陽極や陰極を**電極**といい，実験では，炭素棒や白金板などが使われる。

電解質の水溶液に電圧をかけると電流が流れるのは，金属のように電子が移動するのではなく，**電離している陰イオンが陽極に電子を放出し，陽イオンが陰極から電子を受け取る**ことによる。

電解質の水溶液
（塩酸）

H^+ 水素イオン
Cl^- 塩化物イオン

非電解質の水溶液
（砂糖水）

砂糖の分子

例 塩酸の電気分解

（陽極）$2Cl^- \longrightarrow Cl_2 + \boxed{2e^-}$　塩素が発生する。

（陰極）$2H^+ + \boxed{2e^-} \longrightarrow H_2$　水素が発生する。

注 記号 e^- は電子を表す。この電気分解により，塩酸 HCl は水素 H_2 と塩素 Cl_2 に分解したことになる。

$$2HCl \longrightarrow H_2 + Cl_2$$

①イオンが原子となる。

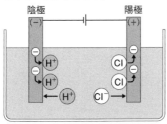

水素イオン H^+ は陰極から電子を受け取って水素原子 H となり，塩化物イオン Cl^- は陽極に電子を放出して塩素原子 Cl となる。

②気体が発生する。

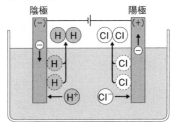

水素原子 H や塩素原子 Cl は，さらに 2 個ずつ結びついてそれぞれ水素分子 H_2，塩素分子 Cl_2 となる。水素や塩素は水にとけにくい気体なので，空気中に出ていく。

(2)おもな水溶液の電気分解とその生成物（電極は炭素棒または白金板）

水溶液	（陽極）	（陰極）
水酸化ナトリウム NaOH 水溶液	酸素	水素
塩化ナトリウム NaCl 水溶液	塩素	水素
硫酸銅 $CuSO_4$ 水溶液	酸素	銅
塩化鉄 $FeCl_2$ 水溶液	塩素	鉄

注 Na^+，SO_4^{2-} は，水溶液中で安定していて，生成物質として現れてこない。

4 電池

化学変化を利用して電流を取り出す装置を**電池**という。

電解質の水溶液の中に 2 種類の金属を電極として入れ，回路をつくると，金属と金属との間に電圧が生じ電流が流れる。このとき，**生じる電圧の大きさや，どちらの金属が正極（＋極），負**

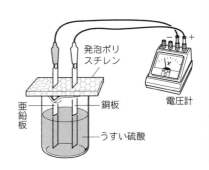

発泡ポリスチレン／電圧計／亜鉛板／銅板／うすい硫酸

極（−極）になるかは，組み合わせる金属の種類によって決まる。

[例]ボルタの電池（うすい硫酸 H_2SO_4 の中に銅板 Cu と亜鉛板 Zn をひたしたもので，銅板が正極，亜鉛板が負極となる）

[注]電池の正極や負極は，電気分解とは異なり，陽極，陰極とはいわない。

[5]**イオン反応と沈殿**

電解質の水溶液どうしを混ぜ合わせたとき，水にとけにくい物質が生成すると沈殿ができる。沈殿を利用して，水溶液中のイオンを検出できる。

また，沈殿の量は反応する水溶液の溶質の量に比例する。

[例]$BaCl_2$ + Na_2SO_4 ⟶ $2NaCl$ + $BaSO_4$↓
　　塩化バリウム　硫酸ナトリウム　塩化ナトリウム　硫酸バリウム
　　　　　　　　　　　　　　　　　　　　　　　　　　（白色沈殿）

　　$AgNO_3$ + $NaCl$ ⟶ $NaNO_3$ + $AgCl$↓
　　硝酸銀　　塩化ナトリウム　硝酸ナトリウム　塩化銀
　　　　　　　　　　　　　　　　　　　　　　（白色沈殿）

　　$CaCl_2$ + Na_2CO_3 ⟶ $2NaCl$ + $CaCO_3$↓
　　塩化カルシウム　炭酸ナトリウム　塩化ナトリウム　炭酸カルシウム
　　　　　　　　　　　　　　　　　　　　　　　　　（白色沈殿）

[注]記号↓は沈殿を表す。

[注]$BaCl_2 + Na_2SO_4 ⟶ 2NaCl + BaSO_4$ の反応は，本質的には，
　　$Ba^{2+} + SO_4^{2-} ⟶ BaSO_4$ のイオン反応がおこっている。以下同様である。

基本問題*[1]電解質と非電解質────────────

***問題1** 右の図のような装置を使って，いろいろな水溶液や固体に電流が流れるかどうかを調べた。

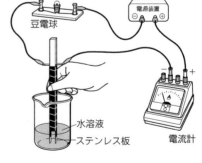

(1) 次の物質の中で，電流が流れるものはどれか。ア～サからすべて選べ。
　ア. 塩化ナトリウムの結晶
　イ. 塩化ナトリウム水溶液
　ウ. 塩化銅の結晶
　エ. 塩化銅水溶液
　オ. 氷砂糖　　　カ. 砂糖水　　　キ. 蒸留水　　　ク. プラスチック
　ケ. 銅　　　　　コ. エタノール　　サ. エタノール水溶液

(2) (1)の物質の中で，電解質はどれか。ア～サからすべて選べ。

＊基本問題＊＊②イオン─────────────

＊問題2 次の文の（　）にあてはまる語句または数字を入れよ。

　　原子は＋の電気をおびた1個の（　ア　）と，それをとりまく－の電気をお
びたいくつかの（　イ　）からできている。（　ア　）のもつ電気の量と，そ
れをとりまく（　イ　）のもつ電気の量の総和は（　ウ　）しく，原子は全体
としては電気をおびていない。

　　原子は（　イ　）を失ったり，受け取ったりする。ナトリウム原子は電子を
1個失ってナトリウムイオンとよばれる（　エ　）イオンとなり，塩素原子は
電子を1個受け取って塩化物イオンとよばれる（　オ　）イオンとなる。また，
銅イオンの記号は Cu^{2+} である。したがって，銅原子1個には失われやすい
（　イ　）が（　カ　）個ある。

＊問題3 右の図のような装置を使って電圧をか
けた。

(1) ろ紙に硝酸ナトリウム水溶液をしみこませ
たのはなぜか。

(2) しばらくすると，どのような変化が見られ
るか。

(3) (2)の変化がおこるのはなぜか。

硝酸ナトリウム水溶液を
しみこませたろ紙

スライドガラス　　こい塩化銅水溶液

＊問題4 次の式の（　）にあてはまるイオンの記号を入れ，電離式を完成せ
よ。

$$CuSO_4 \longrightarrow （　ア　）+（　イ　）$$
$$Na_2CO_3 \longrightarrow 2（　ウ　）+（　エ　）$$
$$FeCl_2 \longrightarrow （　オ　）+2（　カ　）$$

＊問題5 次の問いに答えよ。

(1) ショ糖（砂糖）の結晶は，ショ糖の分子からできてい
る。塩化ナトリウム（食塩）の結晶は，何からできてい
るか。

(2) 塩化ナトリウムは，水にどのようにとけているか。ショ
糖水溶液の図を参考にして，塩化ナトリウム水溶液の図
をかけ。

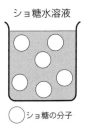

ショ糖水溶液

◯ショ糖の分子

✳基本問題✳✳③電気分解

✳問題6 右の図のように，塩化銅水溶液の中に炭
素棒 A，B を電極として入れ，電圧をかけると，
炭素棒 A から気体が発生した。

(1) 塩化銅の電離式を書け。

(2) 炭素棒 A に発生した気体は何か。物質名と化
学式を答えよ。

(3) 陽極は炭素棒 A，B のどちらか。

(4) 炭素棒 B に付着した物質は何か。物質名と化学式を答えよ。

(5) 塩化銅水溶液中にふくまれるイオンの状態を表すモデルはどれか。ア～エ
から選べ。ただし，〇は陽イオンを，●は陰イオンを表すものとする。

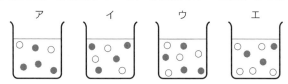

ア　イ　ウ　エ

(6) 陽極，陰極でおこる変化を表すモデルはどれか。ア～エからそれぞれ選べ。
ただし，〇は原子を，〇〇は分子を，●はイオンを，⊖ は電子を表すものと
する。

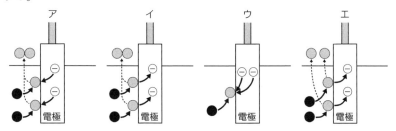

ア　イ　ウ　エ

✳問題7 塩酸は，塩素と水素が化合した塩化水素の水溶液である。次ページの
図のような装置を使って電圧をかけ，うすい塩酸を電気分解すると，陰極には
水素が発生し，陽極には塩素が発生する。

(1) 陽極，陰極でおこる変化を，イオンの記号や電子の記号 e⁻ を用いて表す
と，どのような式になるか。ア～エからそれぞれ選べ。

　　ア．$2Cl^- + 2e^- \longrightarrow Cl_2$

　　イ．$2Cl^- \longrightarrow Cl_2 + 2e^-$

ウ. $2H^+ + 2e^- \longrightarrow H_2$

エ. $2H^+ \longrightarrow H_2 + 2e^-$

(2) 陽極で n 個のイオンが電子を失ったとき，陰極では何個のイオンが電子を受け取るか。

(3) うすい塩酸に電流が流れることによって，どのような化学変化がおこったことになるか。化学反応式を書け。

(4) しばらくして，両極に集まった気体の体積を比べると，陽極のほうが少なかった。その理由を15字以内で説明せよ。

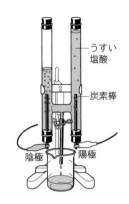

うすい塩酸

炭素棒

陰極 　 陽極

＊**基本問題＊＊**④電池─────────

＊**問題8** 右の図のように，うすい塩酸を入れたビーカーの中に亜鉛板と銅板を入れて，プロペラがついたモーターと電流計をつないだところ，モーターが回転した。

(1) 図のような電解質の水溶液と2種類の金属から，電流を取り出す装置を何というか。

(2) 正極は亜鉛板，銅板のどちらか。

(3) モーターが回転しているとき，亜鉛板と銅板の表面には，それぞれどのような変化がおこるか。

(4) ビーカーの中のうすい塩酸を，次の水溶液に変えたとき，電流が流れないものはどれか。ア～オからすべて選べ。

　　ア. うすい硫酸　　　　イ. 食塩水　　　　　　ウ. 砂糖水

　　エ. エタノール　　　　オ. レモンの汁

(5) 電極の亜鉛板を次の物質に変えたとき，電流が流れないものはどれか。ア～オから選べ。

　　ア. 鉄　　　　　　　　イ. アルミニウム　　　ウ. マグネシウム

　　エ. 銅　　　　　　　　オ. 銀

＊基本問題＊＊⑤イオン反応と沈殿————————————————————————

＊問題9 水道水に硝酸銀 $AgNO_3$ 水溶液を加えると，白色沈殿が生成した。
(1) 水道水には，どのようなイオンがふくまれているか。
(2) 例にならって，沈殿生成のようすをイオンの記号を用いて表せ。
　（例）$Ba^{2+} + SO_4^{2-} \longrightarrow BaSO_4\downarrow$

◀例題1——電気分解

　右の図のように，電解そうⅠには硫酸銅水溶液，電解そうⅡには水酸化ナトリウム水溶液を入れて，直列につなぎ，白金電極 A〜D を使って電気分解を行った。

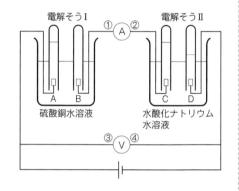

　この実験について，次の問いに答えよ。ただし，流した電流はすべて電気分解に使われ，発生した気体の水に対する溶解度は無視し，捕集した気体は水蒸気をふくまず純粋であり，ほかでも水の蒸発はないものとする。また，水素原子1個の質量を1とすると，酸素は16，銅は64であり，常温・常圧で水素 12l は 1.0g に相当する。

(1) 電流計と電圧計の＋端子はどれか。①〜④からそれぞれ選べ。
(2) 電極 B, D はともに陰極で，電子をイオンや分子が受け取る。電極 D では水分子 H_2O が $2H_2O + 2e^- \longrightarrow H_2 + 2OH^-$ の変化により，電子を受け取って，水素が発生する。電極 B におこる変化を，イオンの記号や電子の記号 e^- を用いて表せ。
(3) 電極 A では $2H_2O \longrightarrow O_2 + 4H^+ + 4e^-$ の変化により，電極 C では水酸化物イオン OH^- が電子を失い，ともに酸素が発生する。電極 C におこる変化を，イオンの記号や電子の記号 e^- を用いて表せ。
(4) 電極 D で 30cm^3 の気体が捕集されたところで，電気分解をやめた。このとき，電極 B では何 mg の物質が生成したか。

［ポイント］直列につながれた電解そうⅠと電解そうⅡの各電極でやりとりされる電子の数は等しい。

▷**解説**◁ (1) 電池を表す記号では長い線が正極，短い線が負極である。電流計や電圧計の
＋端子は電池の正極側に，－端子は負極側につなぐ（電流計と電圧計→p. 149）。

(2) 電解そうⅠでは，硫酸銅 $CuSO_4$ が次のように電離している。

$$CuSO_4 \longrightarrow Cu^{2+} + SO_4{}^{2-}$$

したがって，電極 B で電子を受け取る可能性は，銅イオン Cu^{2+} か 水分子 H_2O である。
Cu^{2+} と H_2O では，Cu^{2+} のほうが電子を受け取りやすい。

（電極 B）$Cu^{2+} + 2e^- \longrightarrow Cu$

電解そうⅡでは，水酸化ナトリウム $NaOH$ が次のように電離している。

$$NaOH \longrightarrow Na^+ + OH^-$$

したがって，電極 D で電子を受け取る可能性は，ナトリウムイオン Na^+ か水分子 H_2O
である。Na^+ と H_2O では，H_2O のほうが電子を受け取りやすい。Na^+ は水溶液中では
安定していて，電子を受け取ることはない。

（電極 D）$2H_2O + 2e^- \longrightarrow H_2 + 2OH^-$

［電気分解の陰極での変化］

　電気分解の陰極では，水溶液中の陽イオンまたは水分子 H_2O が電子を受け取り変化
する。

Cu^{2+}, H_2O, Na^+ の水溶液中での電子の受け取りやすさは，次のとおりである。

$Cu^{2+} > H_2O > Na^+$

ただし，水溶液中に多くの水素イオン H^+ が存在すると，

$2H^+ + 2e^- \longrightarrow H_2$

の変化が H_2O のかわりにおこって，水素 H_2 が発生することもある。

---

(3) 電解そうⅡでは，水酸化ナトリウム $NaOH$ が次のように電離している。

$$NaOH \longrightarrow Na^+ + OH^-$$

したがって，電極 C で電子を失う可能性は，水酸化物イオン OH^- か水分子 H_2O である。
OH^- と H_2O では，OH^- のほうが電子を失いやすい。

電極 C でおこっている変化は次のとおりである。

（電極 C）$4OH^- \longrightarrow O_2 + 2H_2O + 4e^-$

［電気分解の陽極での変化］

　電気分解の陽極では，水溶液中の陰イオンまたは水分子 H_2O が電子を失い変化する。
水溶液中で電子の失いやすさは，Cl^- までも考えると，次のとおりである。

$Cl^- > H_2O > SO_4{}^{2-}$

H_2O が電子を失う変化は，次のようになる。

$2H_2O \longrightarrow O_2 + 4H^+ + 4e^-$

水溶液中の硫酸イオン $SO_4{}^{2-}$ は安定していて，電子を失うことはない。

ただし，水溶液中に多くの水酸化物イオン OH^- が存在すると，

$$4OH^- \longrightarrow O_2 + 2H_2O + 4e^-$$

の変化が H_2O のかわりにおこる。

(4) 電極 B, D でおこっている変化は，次のとおりである。

（電極 B） $Cu^{2+} + 2e^- \longrightarrow Cu$

（電極 D） $2H_2O + 2e^- \longrightarrow H_2 + 2OH^-$

電極 B では，2 個の電子を受け取って 1 個の銅原子 Cu が生成し，電極 D では，2 個の電子を受け取って 1 個の水素分子 H_2 が生成する。

電極 D の 30 cm³ の気体は水素分子 H_2 である。常温・常圧で H_2 12 l は 1.0 g に相当するので，H_2 の質量は，

$$1.0\,[g] \times \frac{30\,[cm^3]}{(12 \times 1000)\,[cm^3]} = 0.0025\,[g] \qquad 0.0025\,g = 2.5\,mg$$

電解そう I と電解そう II は直列につながれているので，同じ数の電子が各電極でやりとりされている。このとき，電極 B と電極 D で生成する銅原子 Cu と水素分子 H_2 の質量の比は，$64 : (1 \times 2) = 32 : 1$ である。

電極 B で生成した Cu を x [mg] とすると，$32 : 1 = x\,[mg] : 2.5\,[mg]$

これを解いて，$x = 80\,[mg]$

◁解答▷ (1)（電流計）①　（電圧計）③　(2) $Cu^{2+} + 2e^- \longrightarrow Cu$

(3) $4OH^- \longrightarrow O_2 + 2H_2O + 4e^-$　(4) 80 mg

◀演習問題▶

◀問題10　図 1 のような装置を使って，塩化銅水溶液を電気分解した。電流の大きさを一定にして，出てきた銅の質量を 1 分ごとに測定したところ，図 2 のようなグラフが得られた。つぎに，電流の大きさを変えて，それぞれ 5 分間に出てきた銅の質量を測定したところ，次の表が得られた。

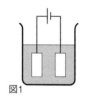

図1

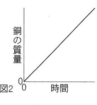

図2

電流	銅の質量
1.0A	0.10 g
1.5A	0.15 g
2.0A	0.20 g

(1) 陽極，陰極でそれぞれおこる変化を，イオンの記号や電子の記号 e^- を用いて表せ。

(2) (1)の変化がおこっているとき，陽極付近の水溶液をガラス棒を使って，青

色リトマス紙に少しつけてみた。どのような変化が見
られるか。

(3) 電流を流した時間と，出てきた銅の質量の間にはど
のような関係があるか。

(4) 電流の大きさと，出てきた銅の質量の間にはどのよ
うな関係があるか。

(5) 塩化銅水溶液を，3.0 A で 10 分間電気分解すると，
何 g の銅が出てくるか。ただし，電気分解の途中で塩
化銅がなくなることはない。

(6) 図 3 のように，濃度の異なる塩化銅水溶液を入れた
ビーカー I とビーカー II を並列につなぎ，電流計が
2.5 A を示すようにして電流を 10 分間流し
たところ，ビーカー I では 0.40 g の銅が
出てきた。ビーカー II では何 g の銅が出て
くるか。

(7) 電流を流すと水溶液中のイオンの数は変
化する。図 4 は，一定の電流を流し続けた
ときの変化を模式的に表したグラフである。
銅イオンの数がグラフのように変化すると，
塩化物イオンの数はどのように変わるか。ア〜エから選べ。

★進んだ問題★

★**問題11** 右の図のように，電解
そう I にはうすい塩酸，電解そ
う II には塩化銅水溶液，電解そ
う III にはうすい水酸化ナトリウ
ム水溶液を入れて，直列につな
ぎ，炭素棒電極を使って電気分
解を行った。電流をしばらく流
すと，電解そう II の電極④の表
面に赤褐色の物質が付着した。

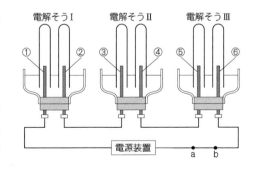

この実験について，次の問いに答えよ。ただし，水素原子 1 個の質量を 1 と
すると，酸素は 16，塩素は 35.5，ナトリウムは 23，銅は 64 である。

(1) 図の導線 a―b のところでは電子はどちらの向きに移動するか。ア，イか

ら選べ。

　ア. a → b　　　イ. b → a

(2) 電極①，④，⑥でおこる変化を，イオンの記号や電子の記号 e⁻ を用いて表せ。

(3) 電極④に付着した赤褐色の物質の質量は 1.6g であった。同じ時間内に電極②で生成する物質の質量は何 g か。

(4) 電極④に赤褐色の物質が付着したが，そのほかに電気分解の前後で電極④の近くで目に見える変化があれば 15 字以内で説明せよ。

(5) 電解そう I ～Ⅲの水溶液の濃度を 2 倍にすると，電気分解されて電極①～⑥で生成する物質の量はどうなるか。15 字以内で説明せよ。ただし，電流の大きさと電流を流した時間は濃度を変える前と同じである。

★**問題12**　次の実験について，後の問いに答えよ。

　[実験1] 図1のように，10 円硬貨の上に，みかんの果汁でぬらしたティッシュペーパーをのせ，その上に 1 円硬貨をのせた。デジタル電圧計の＋側のリード棒を 1 円硬貨に，－側のリード棒を 10 円硬貨に接触させて，電圧をはかったところ，－0.483 V を示した。

　[実験2] 図2のように，2 種類の金属板 A，B の間にろ紙をはさんで発泡ポリスチレンにさし，これを図3のように，グレープフルーツの果汁にひたし，小型モーターに導線でつないだ。A，B の組み合わせを変えて，モーターの回転について調べた。

　① A を銅板，B を鉄板にすると，モーターは Y の向きに回転した。

　② A を鉄板，B を銅板にすると，モーターは X の向きに回転した。

　③ A を銅板，B をアルミニウム板にすると，モーターは Y の向きに回転した。このとき，①，②の場合よりも回転速度は速かった。

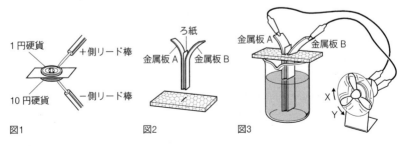

図1　　　　　　　　　　　図2　　　　　　　　図3

(1) 実験 1 についての考え方で，正しいものはどれか。ア～エから選べ。

ア. 電池のはたらきをしていて，10 円硬貨が正極になっている。

イ. 電池のはたらきをしていて，10 円硬貨が負極になっている。

ウ. 電圧計の感度がよいので，何かのノイズが数値として表れた。

エ. 電気分解がおこり，1 円硬貨が陰極としてはたらいている。

(2) 実験 2 で，A をアルミニウム板，B を鉄板にすると，モーターの回転の向きはどうなるか。また，モーターの回転速度は，③と比べてどうなるか。

★**問題13** 塩化バリウム $BaCl_2$ 水溶液に，硫酸ナトリウム Na_2SO_4 水溶液を加えると，硫酸バリウム $BaSO_4$ の白色沈殿が生成する。塩化バリウム水溶液 10 cm^3 を試験管にとり，硫酸ナトリウム水溶液を少しずつ加えていき，加えた硫酸ナトリウム水溶液の体積と生成した白色沈殿の高さを，図 1 のように測定した。図 2 は，その測定結果を表したグラフである。

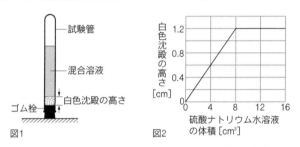

図1

図2

(1) 硫酸ナトリウム水溶液 8 cm^3 を加えたとき，W [g] の硫酸バリウムの白色沈殿が生成した。バリウムイオン Ba^{2+} 1 個の質量を a [g]，硫酸イオン $SO_4{}^{2-}$ 1 個の質量を b [g] とすると，塩化バリウム水溶液 10 cm^3 中には，バリウムイオンが何個ふくまれていたか。a，b，W を用いて表せ。

(2) 硫酸ナトリウム水溶液 10 cm^3 中には，硫酸イオンが何個ふくまれていたか。a，b，W を用いて表せ。

(3) 硫酸ナトリウム水溶液 10 cm^3 を加えたとき，混合溶液中に残っているイオンは全部で何個か。a，b，W を用いて表せ。

★進んだ問題の解法★

★例題2——イオン化傾向と電池

　金属を構成している原子は，水溶液中で陽イオンになってとけ出す性質がある。この性質を**イオン化傾向**という。金属のイオン化傾向は，金属の種類によって異なり，イオン化傾向の大きいものから小さいものへ順に並べると，

$$Na > Mg > Al > Zn > Fe > Ni > (H_2) > Cu > Ag$$
　　ナトリウム　マグネシウム　アルミニウム　亜鉛　鉄　ニッケル　水素　銅　銀

となる（水素は金属ではないが陽イオンになるので入れてある）。

　このことを利用して，次の問いに答えよ。

(1) イオン化傾向のちがいを調べる実験を行った。次の文の（　）にあてはまる語句または物質名を入れよ。

　　硝酸銀 $AgNO_3$ 水溶液にみがいた銅 Cu を入れると，銅の表面に（　ア　）が現れ，無色の水溶液はしだいに青色になってくる。これは，（　イ　）の小さい金属のイオンをふくむ水溶液中に（　イ　）の大きい金属を入れると，（　イ　）の大きい金属は（　ウ　）になって水溶液中にとけ出し，水溶液中にある（　イ　）の小さい金属のイオンが（　エ　）となり，金属の単体として現れるからである。

(2) うすい硫酸 H_2SO_4 を入れたビーカーに亜鉛板 Zn を入れたところ，水素 H_2 が発生したが，同じうすい硫酸のはいった別のビーカーに銅板を入れても，変化は何もおこらなかった。このことをイオン化傾向の大小から説明せよ。

(3) 右の図のように，うすい硫酸に銅板と亜鉛板を入れ，電圧計をつないだ。このとき，銅板上と亜鉛板上でおこる変化を，それぞれイオンの記号や電子の記号 e^- を用いて表せ。

(4) (3)で亜鉛板のかわりにマグネシウム Mg を使うと，電圧はどうなるか。

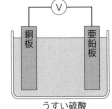
うすい硫酸

[**ポイント**] 電池では，陽イオンになりやすい金属のほうが負極となる。

☆**解説**☆ (1) 硝酸銀 $AgNO_3$ 水溶液は，次のように電離して，銀イオン Ag^+ と硝酸イオン NO_3^- が存在する。

$$AgNO_3 \longrightarrow Ag^+ + NO_3^-$$

　この中に，銀よりイオン化傾向の大きい銅を入れると，銅原子 Cu は電子を銅板上に

放出して，銅イオン Cu^{2+} になって，とけ出し，水溶液は青色を示す。つぎに，水溶液中の銀イオン Ag^+ がその電子を受け取り，銀原子 Ag となって銅の表面に出てくる。

$$Cu \longrightarrow Cu^{2+} + 2e^-$$

$$Ag^+ + e^- \longrightarrow Ag$$

(2) うすい硫酸は，次のように電離して，水素イオン H^+ と硫酸イオン $SO_4{}^{2-}$ が存在する。

$$H_2SO_4 \longrightarrow 2H^+ + SO_4{}^{2-}$$

　この中に，図1のように，水素よりイオン化傾向の大きい亜鉛を入れると，亜鉛原子 Zn は電子を亜鉛板上に放出して，亜鉛イオン Zn^{2+} になって，とけ出す。つぎに，水溶液中の水素イオン H^+ がその電子を受け取り，水素原子 H となり，さらに水素分子 H_2 となって亜鉛板上から発生する。

$$Zn \longrightarrow Zn^{2+} + 2e^-$$

$$2H^+ + 2e^- \longrightarrow H_2$$

　銅は水素よりイオン化傾向が小さいので，銅板上には何の変化もおこらない。

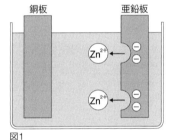

図1

(3) 亜鉛 Zn はうすい硫酸やうすい塩酸にとけて亜鉛イオン Zn^{2+} になるが，銅はとけない。

$$Zn \longrightarrow Zn^{2+} + 2e^-$$

　図2のように，亜鉛板と銅板を導線でつなぐと，電子が亜鉛板から銅板へ移動する。銅板にきた電子は，うすい硫酸中の水素イオン H^+ と結びついて，水素原子 H となり，さらに水素分子 H_2 となって銅板上から発生する。

$$2H^+ + 2e^- \longrightarrow H_2$$

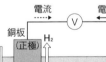
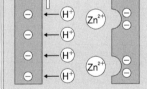

図2

　したがって，電子が亜鉛板から銅板に向かって移動し電池ができる。また，電流の向きは電子の移動する向きと逆向きと決められている。さらに，電流は＋極から－極に流れるので，銅板が正極，亜鉛板が負極となる。

(4) この電池では，負極はイオン化傾向の大きい金属，正極はイオン化傾向の小さい金属を使うほど電圧は大きくなる。イオン化傾向の大きさは $Mg>Zn$ であるから，マグネシウムを亜鉛のかわりに使うと，電圧は高くなる。

★**解答**★ (1) ア.銀　イ.イオン化傾向　ウ.陽イオン，または，イオン　エ.原子

(2) 亜鉛は水素よりイオン化傾向が大きく，うすい硫酸にとけて水素を発生するが，銅は水素よりイオン化傾向が小さく，うすい硫酸にとけない。

(3)（銅板）$2H^+ + 2e^- \longrightarrow H_2$　（亜鉛板）$Zn \longrightarrow Zn^{2+} + 2e^-$

(4) 電圧は高くなる。

★進んだ問題★

★問題14 銅，鉄，マグネシウムについて，水溶液中で陽イオンになりやすい順（イオン化傾向）を調べる実験を行った。

［実験1］うすい硫酸銅水溶液に，鉄くぎおよびマグネシウムリボンを別々にひたして放置し，金属の表面を観察したところ，ともに赤褐色の固体が付着していた。

［実験2］うすい塩化鉄水溶液と，銅板およびマグネシウムリボンについて，実験1と同じ操作を行ったところ，銅板の表面に変化はなかったが，マグネシウムリボンの表面に，磁石に引きつけられる物質が付着していた。

［実験3］うすい塩化マグネシウム水溶液と，銅板および鉄くぎについて，実験1と同じ操作を行ったところ，ともに金属の表面に変化はなかった。

(1) 実験1の赤褐色の固体は何か。物質名を答えよ。

(2) 実験2の磁石に引きつけられる物質は何か。物質名を答えよ。

(3) 銅，鉄，マグネシウムを，水溶液中で陽イオンになりやすい順に並べよ。

(4) 銅，鉄，マグネシウム，うすい硫酸を使って電池をつくる。このとき，電極にどの組み合わせの金属を使うと，最も大きな電圧が得られるか。

2——酸・アルカリ・塩　　　　解答編 p.33

1 酸・アルカリ

(1)酸

　　水にとかすと電離し，水素イオン H^+ を生じる化合物を**酸**という。

例 塩酸 HCl，硫酸 H_2SO_4，硝酸 HNO_3，酢酸 CH_3COOH，
　　炭酸 H_2CO_3

$$HCl \longrightarrow H^+ + Cl^-$$
塩酸　　　　水素イオン　塩化物イオン

$$H_2SO_4 \longrightarrow 2H^+ + SO_4{}^{2-}$$
硫酸　　　　　水素イオン　硫酸イオン

注 塩酸は，塩化水素を水にとかした水溶液のことである。

(2)酸の性質

①酸味を示す。

②青色リトマス紙を赤色に変え，緑色の BTB 溶液を黄色に変える。

③無色のフェノールフタレイン溶液は酸を加えても無色のままである。

④亜鉛やマグネシウムと反応して，水素を発生する。

(3)アルカリ

　　水にとかすと電離し，水酸化物イオン OH^- を生じる化合物を**アルカリ**という。

例 水酸化ナトリウム NaOH，水酸化カルシウム $Ca(OH)_2$，
　　水酸化バリウム $Ba(OH)_2$，アンモニア NH_3

$$NaOH \longrightarrow Na^+ + OH^-$$
水酸化ナトリウム　　ナトリウムイオン　水酸化物イオン

$$Ca(OH)_2 \longrightarrow Ca^{2+} + 2OH^-$$
水酸化カルシウム　　カルシウムイオン　水酸化物イオン

$$Ba(OH)_2 \longrightarrow Ba^{2+} + 2OH^-$$
水酸化バリウム　　バリウムイオン　水酸化物イオン

$$NH_3 + H_2O \longrightarrow NH_4{}^+ + OH^-$$
アンモニア　水　　　アンモニウムイオン　水酸化物イオン

(4)アルカリの性質

①苦味を示す。

②赤色リトマス紙を青色に変え，緑色の BTB 溶液を青色に変える。

③フェノールフタレイン溶液を無色から赤色に変える。

④皮ふにつくと，ぬるぬるした感じがする。

[2] 中和と塩

(1)**中和** 酸から生じた水素イオン H^+ とアルカリから生じた水酸化物イオン OH^- が結びついて水 H_2O が生成する反応を**中和**という。中和は，熱の発生をともなう。

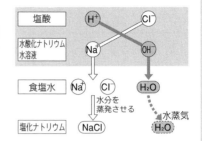

$$\underset{\text{水素イオン}}{H^+} + \underset{\text{水酸化物イオン}}{OH^-} \longrightarrow \underset{\text{水}}{H_2O}$$

(2)**塩** 酸の陰イオンとアルカリの陽イオンが結びついた物質を**塩**という。

例 塩化ナトリウム $NaCl$，硫酸バリウム $BaSO_4$

$$\underset{\text{塩酸}}{HCl} + \underset{\text{水酸化ナトリウム}}{NaOH} \longrightarrow \underset{\text{塩化ナトリウム}}{NaCl} + \underset{\text{水}}{H_2O}$$

$$\underset{\text{硫酸}}{H_2SO_4} + \underset{\text{水酸化バリウム}}{Ba(OH)_2} \longrightarrow \underset{\substack{\text{硫酸バリウム} \\ \text{（白色沈殿）}}}{BaSO_4} + \underset{\text{水}}{2H_2O}$$

注 いっぱんに，塩化ナトリウム $NaCl$ や硫酸ナトリウム Na_2SO_4 など Na をふくむ塩は，水にとけやすい。

[3] 中和反応と酸・アルカリの量

(1)**中和反応と混合溶液中にふくまれるイオンの数**

酸性	（水素イオン H^+ の数）＞（水酸化物イオン OH^- の数）
中性	（水素イオン H^+ の数）＝（水酸化物イオン OH^- の数）
アルカリ性	（水素イオン H^+ の数）＜（水酸化物イオン OH^- の数）

塩酸に水酸化ナトリウム水溶液を加えていくとき

①イオンの数の変化をモデルで表す。

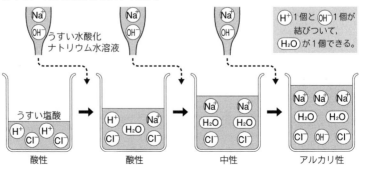

②イオンの数の変化をグラフで表す。

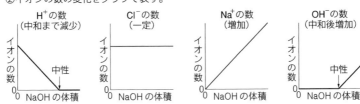

(2)**中和反応と水溶液の濃度・体積**　酸の水溶液の濃度や体積を a 倍にしたとき，これを中和するのに必要なアルカリの水溶液の濃度や体積も a 倍となる。

🈭 上記の濃度は質量パーセント濃度ではなく，同体積の水溶液中にふくまれるイオンの数で表した濃度である。酸の水溶液は水素イオンの数が，アルカリの水溶液は水酸化物イオンの数が同体積中で多いほど，濃度が大きい。

＊基本問題＊＊[1]酸・アルカリ──────

＊問題15　次の文の中で，正しいものはどれか。ア〜クから3つ選べ。

ア. 酸性の水溶液では，リトマス紙，フェノールフタレイン溶液は赤色を示し，BTB溶液は黄色を示す。

イ. 酸は，すべて鼻をつくにおいがする。

ウ. 酸の水溶液は，マグネシウム，亜鉛，銅などの金属をとかす。

エ. 強いアルカリの水溶液が皮ふにつくと，ぬるぬるする。

オ. 酸もアルカリも電解質で，水溶液中には陽イオンと陰イオンがある。

カ. 酸の分子中にふくまれる水素原子はすべて電離し，水素イオンになる。

キ. こい硫酸を水でうすめると発熱するので，水溶液をつくるときは水を少しずつ加えてかき混ぜる。

ク. アンモニアは，水酸化物イオンをもっていないが，アルカリである。

＊問題16　次の問いに答えよ。

(1) 次の水溶液の中で酸・アルカリはそれぞれどれか。ア〜オからすべて選べ。

ア. 水酸化ナトリウム　　イ. 水酸化カルシウム　　　ウ. 塩酸

エ. 硫酸　　　　　　　　オ. 水酸化バリウム

(2) 酸に共通するイオンは何か。アルカリに共通するイオンは何か。それぞれイオンの名称と記号を答えよ。

＊問題17 右の図のように，台紙の上にリトマス
紙 A～D を置いて電圧をかけ，水溶液中のイ
オンと酸・アルカリの関係を調べた。

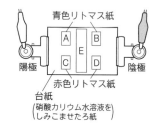

(1) うすい塩酸をしみこませた細いろ紙を，台
紙の中央 E に置き電圧をかけた。細いろ紙
から左右に移動するイオンは，それぞれ何か。
イオンの記号を答えよ。

(2) うすい水酸化ナトリウム水溶液をしみこませた細いろ紙を，台紙の中央 E
に置き電圧をかけた。色の変化するリトマス紙はどれか。A～D から選べ。

＊基本問題＊＊[2]中和と塩───────────

＊問題18 次のような操作で，中和反応の実験を行った。

［実験］① 図1のように，うすい水酸化ナトリウム水溶液をビーカーにとり，
BTB 溶液を数滴加えた（この操作の後の水溶液を A とする）。

② 水溶液 A をよくかき混ぜながら，うすい塩酸を少し加えたが，水溶液の
色は変化しなかった（水溶液 B）。

③ 水溶液 B をよくかき混ぜながら，水溶液の色が変化するまで，うすい塩
酸を少しずつ加え続けた。このとき，水溶液は中性であった（水溶液 C）。

④ 中性になった水溶液 C に，うすい塩酸をさらに加えた（水溶液 D）。

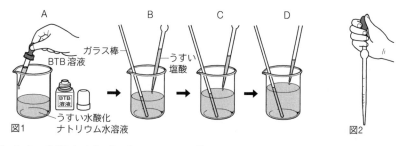

(1) うすい塩酸を少しずつ加えるために使った図2のような器具を何というか。

(2) この実験で，水溶液の色はどのように変化したか。ア～エから選べ。

　ア.青→緑→黄　　　　イ.青→黄→緑　　　　ウ.黄→緑→青

　エ.緑→黄→青

(3) 図1の水溶液の中で，マグネシウムリボンを入れると，マグネシウムがと
けて気体が発生するのはどれか。A～D から選べ。

(4) 次の式の（　　）にあてはまるイオンの記号または化学式を入れ，水溶液

中でおこった中和反応を表す式を完成せよ。

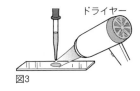

$$H^+ + (\quad ア \quad) \longrightarrow (\quad イ \quad)$$

(5) 図3のように，水溶液Cをスライドガラスに1
滴とり，ドライヤーで水分を蒸発させたところ，
白色の固体が残った。

図3

① このような酸とアルカリが反応して生じた物質をいっぱんに何というか。

② この物質は何か。化学式を答えよ。

(6) 水酸化ナトリウム水溶液のかわりに水酸化カルシウム水溶液を使った。こ
のときの化学反応式を，（　　）にあてはまる化学式を入れ，完成せよ。

$$Ca(OH)_2 + 2(\quad ア \quad) \longrightarrow (\quad イ \quad) + 2(\quad ウ \quad)$$

＊基本問題＊＊③中和反応と酸・アルカリの量――――――――――――

＊問題19 塩酸に水酸化ナトリウム水
溶液を加えて中和する実験を行った。
この実験で使った塩酸と水酸化ナト
リウム水溶液を，モデルを用いて表
すと，右の図のようになった。

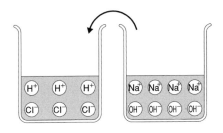

(1) 混合溶液が次の状態のときのよ
うすを，モデルを用いて表せ。ま
た，このときの混合溶液は何性を示すか。

① 水酸化ナトリウム水溶液を半分加えたとき

② 水酸化ナトリウム水溶液を全部加えたとき

(2) 混合溶液が中性になるのは，水酸化ナトリウム水溶液をどのくらい加えた
ときか。その体積を分数で答えよ。

＊問題20 下の図は，水酸化ナトリウム水溶液に塩酸を加えていったときの，混
合溶液中にふくまれるイオンの数の変化を表したグラフである。水素イオンと
塩化物イオンの数の変化を表したグラフはそれぞれどれか。ア〜エから選べ。

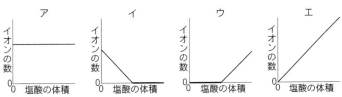

*問題21 右の図のような水酸化
ナトリウム水溶液 A〜C があり，
A〜C の体積はすべて 10 cm³
である。

水酸化ナトリウム
水溶液

(1) 最もこい水溶液はどれか。
A〜C から選べ。

(2) 水溶液 A を水溶液 B と同
じ濃度にするには，水溶液 A を何倍にうすめればよいか。

(3) 水溶液 C 10cm³ の中にふくまれる OH⁻ の数と，水溶液 B の中にふくまれ
る OH⁻ の数を等しくするには，水溶液 B は何cm³ 必要か。

(4) H⁺ を 10 個ふくむ塩酸 10cm³ を，水溶液 A〜C で中和するには，水溶液
A〜C はそれぞれ何cm³ 必要か。

◀例題3——中和反応と酸・アルカリの量
　うすい塩酸 20cm³ をビーカーにとり，フェノールフタレイン溶液を数滴
加えた。これをよくかき混ぜながら，うすい水酸化ナトリウム水溶液を少し
ずつ加えていったところ，ちょうど 30cm³ 加えたとき，混合溶液全体がか
すかに赤色になった。

(1) うすい塩酸中にふくまれていたイオンのうちで，その数が減少していく
ものは何か。イオンの記号を答えよ。

(2) この実験と同じ濃度の塩酸 30cm³ を中性にするには，この実験で使った
水酸化ナトリウム水溶液を何cm³ 加えればよいか。

(3) この実験と同じ濃度の塩酸 20cm³ をビーカーにとり，この実験で使った
水酸化ナトリウム水溶液を水で $\frac{1}{2}$ の濃度にうすめた水溶液 40cm³ を加え
た。このとき，混合溶液中にふくまれるナトリウムイオンの数と塩化物イ
オンの数の比はいくらか。最も簡単な整数比で答えよ。

[ポイント]中性の水溶液では，水素イオン H⁺ の数と水酸化物イオン OH⁻ の数が等しくな
り，水 H₂O ができる。

▷解説◁ (1) うすい塩酸では，溶質の塩化水素が次のように電離して水にとけている。
　　HCl⟶H⁺＋Cl⁻
　うすい水酸化ナトリウム水溶液でも，溶質の水酸化ナトリウムが次のように電離して
水にとけている。

$$NaOH \longrightarrow Na^+ + OH^-$$

塩酸に水酸化ナトリウム水溶液を加えると，塩酸中にふくまれる水素イオン H^+ と水酸化ナトリウム水溶液中にふくまれる水酸化物イオン OH^- が結びついて水 H_2O が生成する。すなわち，中和反応がおこる。水が生成するにつれて水素イオンは減少していくことになる。

一方，塩酸中にふくまれる塩化物イオン Cl^- は水酸化ナトリウム水溶液中のナトリウムイオン Na^+ と結びついて塩化ナトリウム $NaCl$ をつくるが，塩化ナトリウムは混合溶液中では電離しているので，塩化物イオンの数は変化しない。

以上のことをまとめると，次のようになる。

$$H^+ + Cl^- + Na^+ + OH^- \longrightarrow Na^+ + Cl^- + H_2O$$

(2) フェノールフタレイン溶液は酸性・中性で無色，アルカリ性で赤色を示す。フェノールフタレインのように，水溶液が酸性かアルカリ性かを示す薬品を，酸・アルカリの指示薬という。

フェノールフタレイン溶液がかすかに赤色になったとき，うすい塩酸 $20\,cm^3$ とうすい水酸化ナトリウム水溶液 $30\,cm^3$ が過不足なく反応して，混合溶液は中性になっていると考えてよい。

同じ濃度の塩酸 $30\,cm^3$ を中和するのに必要な，実験で使った水酸化ナトリウム水溶液の体積を $x\,[cm^3]$ とすると，

$$20\,[cm^3] : 30\,[cm^3] = 30\,[cm^3] : x\,[cm^3]$$

これを解いて，$x = 45\,[cm^3]$

(3) 中性の水溶液では，水素イオンの数と水酸化物イオンの数が等しくなり，水が生成する。

うすい塩酸 $20\,cm^3$ 中に存在する水素イオンの数を n 個とすると，うすい水酸化ナトリウム水溶液 $30\,cm^3$ 中には，n 個の水酸化物イオンが存在する。このうすい水酸化ナトリウム水溶液を水で $\frac{1}{2}$ の濃度にうすめた水溶液 $30\,cm^3$ 中には，$\frac{1}{2}n$ 個の水酸化物イオンが存在するので，$40\,cm^3$ 中には $\frac{1}{2}n \times \frac{40\,[cm^3]}{30\,[cm^3]} = \frac{2}{3}n$ 個の水酸化物イオンが存在する。

したがって，n 個の水素イオンをすべては中和できず，混合溶液は酸性を示し，フェノールフタレイン溶液を加えても無色である。このとき，ほかのイオンの数の増減は次のようになる。

$$H^+ + Cl^- + Na^+ + OH^- \longrightarrow Na^+ + Cl^- + H_2O + H^+$$

n個　n個　$\frac{2}{3}n$個　$\frac{2}{3}n$個　$\frac{2}{3}n$個　n個　$\frac{2}{3}n$個　$\frac{1}{3}n$個

したがって，（ナトリウムイオンの数）：（塩化物イオンの数）$= \frac{2}{3}n : n = 2 : 3$

◁解答▷ (1) H^+　(2) $45\,cm^3$　(3) $2 : 3$

◀演習問題▶

◀問題22 こい塩酸（濃度35％），こい硫酸（濃度98％），および純粋な酢酸（濃度100％）の3種類を使って，1cm³中にとけている酸の分子の数が3種類とも等しくなるように水溶液をつくった。この3種類の酸の水溶液をビーカーに100cm³ずつとって，水酸化ナトリウム水溶液で中和した。

(1) 中和するのに必要な水酸化ナトリウム水溶液の量が最も多いのは，どの酸の場合か。その中和反応を化学反応式で書け。

(2) 酢酸は塩酸や硫酸とは異なり，弱い酸である。酢酸水溶液中にとけている酢酸分子は塩酸とは異なり，ごく一部しか電離していないからである。ところが，この実験より，酢酸を中和するには，塩酸の場合と同じ量のアルカリが必要であることがわかった。以上のことから，酢酸が中和していくときの酢酸の電離のようすについて考えられることを簡潔に説明せよ。

◀問題23 濃度2％の水酸化ナトリウム水溶液（Ⅰ液）に，ある濃度の塩酸（Ⅱ液）を加えて混合溶液A～Dをつくった。次の表は，Ⅰ液，Ⅱ液と混合溶液の体積，および混合溶液の性質を示したものである。

	Ⅰ液の体積 [cm³]	Ⅱ液の体積 [cm³]	混合溶液の体積 [cm³]	混合溶液の性質
混合溶液A	20	40	60	酸性
混合溶液B	30	30	60	中性
混合溶液C	40	20	60	アルカリ性
混合溶液D	50	10	60	アルカリ性

(1) Ⅰ液を200gつくるのに必要な水酸化ナトリウムは何gか。

(2) 水酸化物イオンを最も多くふくんでいる混合溶液はどれか。A～Dから選べ。

(3) 混合溶液Aに緑色のBTB溶液を加えたとき，何色を示すか。

(4) 混合溶液Cを30cm³とり，Ⅱ液を加えて中性にした。加えたⅡ液の体積は何cm³か。

(5) 混合溶液D中にふくまれているイオンを多いものから順に3つあげ，イオンの記号で答えよ。

◀問題24 濃度1％の塩酸10cm³に，ある濃度の水酸化ナトリウム水溶液を少しずつ加えていったところ，ちょうど12cm³加えたとき，混合溶液は完全に中和した。このときの混合溶液のようすをモデルを用いて表すと，図1のようになった。

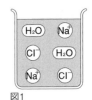
図1

次の問いに答えよ。ただし，この実験で使った塩酸や水酸化ナトリウム水溶液は濃度がうすいので，密度はすべて1g/cm³とする。

(1) この混合溶液を煮つめると，白色の結晶が得られた。この結晶はどのような形か。ア～エから選べ。

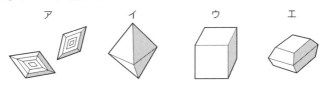

ア　　　イ　　　ウ　　　エ

(2) 濃度3％の塩酸10cm³に，この実験で使った水酸化ナトリウム水溶液を6cm³加えた。この混合溶液のようすを，図1にならってかいたとき，Na⁺，H⁺，H_2Oの数はそれぞれ何個で表せばよいか。

(3) ある濃度の塩酸5cm³に，この実験で使った水酸化ナトリウム水溶液を18cm³加えたとき，混合溶液は完全に中和した。この塩酸の濃度は何％か。

◀問題25 濃度の異なる硫酸A，Bがある。これらの硫酸に一定濃度の水酸化ナトリウム水溶液を加えて完全に中和させた。右の図は，このときの硫酸の体積と水酸化ナトリウム水溶液の体積の関係を表したグラフである。

(1) この水酸化ナトリウム水溶液を20cm³とり，硫酸Aを15cm³加えたが完全には中和しなかった。この混合溶液が完全に中和するためには，さらに硫酸Bを何cm³加えなければならないか。

(2) 硫酸A，Bをそれぞれ20cm³ずつとって混ぜた混合溶液に，この水酸化ナトリウム水溶液を20cm³加えて混合溶液をつくった。この混合溶液中に，最も多くふくまれるイオンは何か。イオンの記号を答えよ。

◀**問題26** 水酸化バリウム水溶液 50 cm³ に水酸化ナト
リウムをとかした。この混合溶液にうすい硫酸を注い
だところ、白色の沈殿を生じた。右の図は、このとき
の加えた硫酸の体積と生じた沈殿の質量の関係を表し
たグラフである。また、硫酸を 90 cm³ 加えたとき、
混合溶液は中性になった。

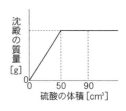

(1) 水酸化バリウムと硫酸との反応を、化学反応式で書け。

(2) 硫酸を 40 cm³ 加えたとき、混合溶液中にふくまれるイオンは何か。イオン
の記号をすべて答えよ。

(3) 硫酸を 70 cm³ 加えたとき、混合溶液中にふくまれるイオンは何か。イオン
の記号をすべて答えよ。

(4) 最初の混合溶液中にふくまれていたナトリウムイオンの数は、バリウムイ
オンの数の何倍か。

(5) 加えた硫酸の体積と混合溶液中にふくまれるイオンの数の合計の関係を表
したグラフはどれか。ア〜カから選べ。

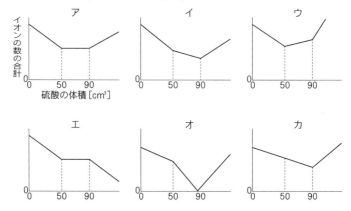

★進んだ問題の解法★

★例題4——水溶液を流れる電流の大きさ

図1のような装置を使って，電圧を一定に保ちながら，うすい塩酸に水酸化ナトリウム水溶液を加えていったときの電流の大きさを調べた。図2は，このときの水酸化ナトリウム水溶液の体積と電流の大きさの関係を表したグラフである。図2のB点で，混合溶液を少しとってBTB溶液を加えたところ，緑色になった。

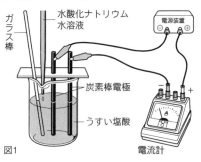

図1

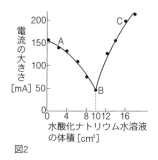

図2

(1) 図2のA点とB点で電流の大きさが異なるのはなぜか。その理由をア〜エから選べ。

　　ア．イオンの数が異なるから。

　　イ．イオンの数は等しいが，種類が異なるから。

　　ウ．沈殿を生じる反応であるから。

　　エ．塩の生成量が異なるから。

(2) 図2のC点で，混合溶液中にふくまれるイオンは何か。すべてのイオンを，イオンの記号を用いて表せ。

［ポイント］酸やアルカリが中和され中性になると，水溶液を流れる電流の値は最小になる。

☆解説☆　(1) いっぱんに，水溶液中のイオンの数が多いと，水溶液中に電流が流れやすい。また，水素イオン H^+ や水酸化物イオン OH^- は，水溶液中で電流を運ぶ能力が特にすぐれている。

　最初は，うすい塩酸は次のように完全に電離している。

　　　$HCl \longrightarrow H^+ + Cl^-$

最初の電流は，この水素イオン H^+ と塩化物イオン Cl^- のはたらきによる。

　ここにうすい水酸化ナトリウム水溶液を加えていくと，次のように中和反応が進む。

　　　$H^+ + Cl^- + Na^+ + OH^- \longrightarrow Na^+ + Cl^- + H_2O$

水酸化ナトリウム水溶液を加えると，$H^+ + OH^- \longrightarrow H_2O$（中和）により水素イオン$H^+$の数が加えた水酸化物イオン$OH^-$の数と同数減少するが，ナトリウムイオン$Na^+$の数が同数増加するのでイオンの数は変化しない。

しかし，電流の値はA点からB点へと減少していく。このことは，水溶液中では，水素イオンH^+のほうがナトリウムイオンNa^+より動きやすく，電流を運ぶ能力がよりすぐれていることを示している。また，混合溶液全体の体積増加で，一定体積中にふくまれるイオンの数が減少していくことも電流の大きさが減少する要因になっている。

B点は，中和反応が終了する中和点である。約50mAの電流が流れたのは，塩化ナトリウムが電離しているからである。

(2) B点を過ぎると，水酸化ナトリウム水溶液の増加により，電流の値は増加し始める。したがって，C点では，ナトリウムイオンNa^+，水酸化物イオンOH^-，塩化物イオンCl^-の3種類が存在する。

★**解答**★ (1) イ　　(2) Na^+，OH^-，Cl^-

★進んだ問題★

★**問題27** ある濃度の水酸化バリウム水溶液をビーカーに$100cm^3$とり，BTB溶液を数滴加えた。つぎに，うすい硫酸を$1cm^3$ずつ加え，そのつどよくかき混ぜ，一定の電圧をかけて，混合溶液中に流れる電流の大きさを測定した。右の図は，このときの硫酸の体積と電流の大きさの関係を表したグラフである。

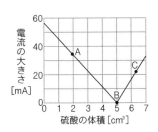

(1) 図のA点では，混合溶液は何色を示すか。

(2) 図のA点では，混合溶液中には，おもにどのようなイオンがふくまれているか。イオンの記号を答えよ。

(3) 図のB点までに加えた硫酸中にふくまれていた水素イオンの総数はN個であった。この実験で使った水酸化バリウム水溶液$100cm^3$中には，何個のバリウムイオンがふくまれているか。Nを用いて表せ。

(4) 図のC点で生成している硫酸バリウムは，X〔g〕である。硫酸イオンと水酸化物イオンの1個の質量を，それぞれa〔g〕，b〔g〕とすると，この実験で使った水酸化バリウム水溶液$100cm^3$中には最初に何gの水酸化バリウムがとけていたか。X，a，b，Nを用いて表せ。

(5) この実験で使った硫酸よりも濃度の大きい硫酸を使うと，グラフで電流の値が最小になる点は，B点からどのように変化するか。

★進んだ問題の解法★

★例題5——中和反応と熱

　酸とアルカリが反応すると熱を発生することが知られている。さて，同じ温度のうすい酸とうすいアルカリの水溶液を，図1のような発泡ポリスチレンのコップの中で，80cm³になるようにいろいろな割合で混ぜ合わせ，温度上昇を調べる実験を行った。

　次の問いに答えよ。ただし，発生した熱はすべて混合溶液の温度上昇のみに使われるものとする。また，いずれの実験においても混合溶液の密度はすべて1.0g/cm³であり，溶液1gの温度を1℃上げるのに必要な熱量もすべて等しく4.2Jとする。

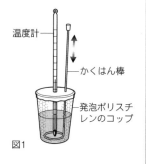
温度計
かくはん棒
発泡ポリスチレンのコップ
図1

	A	B	C	D	E	F	G
P液〔cm³〕	10	20	30	40	50	60	70
Q液〔cm³〕	70	60	50	40	30	20	10

〔実験1〕うすい水酸化ナトリウム水溶液（P液）と，うすい硫酸（Q液）を，上の表のように混ぜ合わせて混合溶液A〜Gをつくり，温度上昇を測定した。図2は，このときの混合溶液A〜Gの温度上昇を表すグラフである。

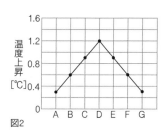
温度上昇〔℃〕
図2

〔実験2〕P液100cm³に水を加えて全体積を300cm³にした水溶液（R液）と，Q液を，混合溶液A〜Gと同じ割合で混ぜ合わせて混合溶液a〜gをつくり，温度上昇を測定した。

(1) 実験1の混合溶液Bは，緑色のBTB溶液を数滴加えたとき，何色を示すか。

(2) 実験1の混合溶液F中にふくまれるイオンを多いものから順に3つあげ，イオンの記号で答えよ。

(3) 実験2において，最も大きい温度上昇は何℃か。

〔ポイント〕中和するときに発生する熱による混合溶液の温度上昇は，中和点で最大となる。

☆解説☆ (1) うすい水酸化ナトリウムとうすい硫酸が中和すると，$H^+ + OH^- \longrightarrow H_2O$ の中和反応により熱が発生し，混合溶液の温度は上昇する。

図2は，同じ温度の水酸化ナトリウム水溶液と硫酸の体積の和が，毎回 $80\,cm^3$ になるように混ぜ合わせたときの温度上昇を示したグラフである。**いずれの実験においても混合溶液の密度はすべて 1.0 g/cm^3 であり，溶液 1 g の温度を 1℃ 上げるのに必要な熱量もすべて等しく 4.2J なので，混合溶液の質量と比熱**（温度と熱→p.144）**はすべて等しくなる。**

混合溶液の温度上昇は，酸からの水素イオン H^+ とアルカリからの水酸化物イオン OH^- が過不足なく結びつき，一番多くの数の水 H_2O が生成し，発熱量が最大となる中和点で最大となる。

混合溶液 D は完全に中和されており，P 液 $40\,cm^3$ 中にふくまれる水酸化物イオン OH^- の数と，Q 液 $40\,cm^3$ 中にふくまれる水素イオン H^+ の数は等しい。混合溶液 B は D に比べて酸の量が多くなり，BTB 溶液は黄色となる。

(2) 混合溶液 F を構成する P 液 $60\,cm^3$ 中に水酸化物イオン OH^- が n 個存在すると，ナトリウムイオン Na^+ も n 個存在する。このとき，Q 液 $20\,cm^3$ 中には，水素イオン H^+ $\frac{1}{3}n$ 個と硫酸イオン $SO_4{}^{2-}$ $\frac{1}{6}n$ 個が存在する。したがって，混合溶液 F では，水酸化ナトリウム水溶液が過剰で，ナトリウムイオン Na^+ n 個と水酸化物イオン OH^- $n - \frac{1}{3}n = \frac{2}{3}n$ 個が存在し，アルカリ性を示している。また，酸の水素イオン H^+ $\frac{1}{3}n$ 個はすべて水酸化物イオン OH^- と結びつき，水 H_2O になっている。また，硫酸イオン $SO_4{}^{2-}$ $\frac{1}{6}n$ 個は，最初から電離している数が変化せず一定になっている。

水溶液中では，Na^+ と $SO_4{}^{2-}$ は電離しているので Na_2SO_4 とは考えない。

(3) R 液の濃度は P 液の $\frac{1}{3}$ となり，R 液の体積と Q 液の体積の比が 3 : 1 のとき，過不足なく中和反応がおこる。したがって，混合溶液 f が中和点であり，(1)と同じように温度上昇は最大となる。

混合溶液 f を構成する R 液 $60\,cm^3$ 中に水酸化物イオン OH^- が m 個存在すると，P 液では $20\,cm^3$ 中に OH^- が m 個存在する。R 液の OH^- m 個が過不足なく反応したとき，実験1の混合溶液 B と同じ m 個の水 H_2O が生成し，中和による発熱量は，混合溶液 B と同じ大きさになる。また，混合溶液 f と B の質量と比熱も同じ大きさなので，温度上昇は，図2から 0.6℃ となる。

★解答★ (1) 黄色　　(2) Na^+，OH^-，$SO_4{}^{2-}$　　(3) 0.6℃

★ 進んだ問題 ★

★**問題28** 酸の水溶液にアルカ
リの水溶液を加えると，中和
して温度が上昇する。同じ温
度のうすい塩酸とうすい水酸
化ナトリウム水溶液を，2つ
の水溶液の体積の和が毎回
$100\,cm^3$ になるように混ぜ合
わせた。右の図は，このとき
の混合前後の温度差を測定したグラフである。

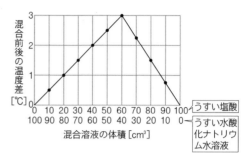

　次の問いに答えよ。ただし，発生した熱はすべて混合溶液の温度上昇にのみ
使われるものとする。また，いずれの場合も混合溶液の密度はすべて
$1.0\,g/cm^3$ であり，混合溶液 1g の温度を 1℃ 上げるのに必要な熱量もすべて
等しく 4.2J とする。

(1) 同じ体積で比べると，うすい水酸化ナトリウム水溶液中にふくまれるイオ
　ンの数は，うすい塩酸中にふくまれるイオンの数の何倍か。

(2) 2つの水溶液を $30\,cm^3$ ずつとって混ぜ合わせたとき，混合溶液中に最も多
　くふくまれるイオンは何か。イオンの記号を答えよ。

(3) 2つの水溶液を $20\,cm^3$ ずつとって混ぜ合わせたとき，混合溶液の温度は何
　℃ 上がるか。

身のまわりの現象

4

1——光の性質　　　　　　　　解答編 p.41

①光の進み方

(1)**光の直進**　光は，空気や水，ガラスの中などの均一な物質の中を進む
とき，**直進**する。したがって，光の進む道すじは直線によって表すこ
とができ，これを**光線**という。また，光の通り道に物体があると，そ
の後ろに**影**ができる。

㊟光を出す物体を**光源**という。

㊟光は真空中も直進し，その速さは約30万km/秒で，あらゆるものの中で最
も速い。

(2)**光の反射**　光は鏡などの面ではね返っ
て進む。これを光の**反射**という。こ
のとき，**入射角と反射角は等しい。**
このような関係を**反射の法則**という。

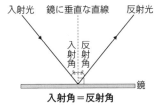

　光を自ら出さない物体でも，光源
から出た光が物体に当たって，いろ
いろな向きに反射すると，反射した光
が目にはいる。このようにして，物体
の姿を目で見ることができる。

㊟光は，でこぼこしている表面では，いろ
いろな向きに反射する。これを**乱反射**と
いう。

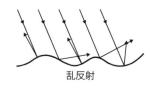

(3)**光の屈折**　光は空気中から水中へ進むときのように，種類の異なる物
質の中にはいるとき，2つの物質の境界面で一部は反射するが，一部
は進む向きが変わって，異なる物質の中へ進んでいく。境界面を通過
するときに光の進む向きが変わることを，光の**屈折**という。

㊟光は境界面に垂直に入射すると，そのまま直進する。

①空気中から水やガラスの中に
　光が進むとき

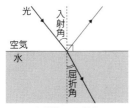

入射角＞屈折角

②水やガラスの中から空気中に
　光が進むとき

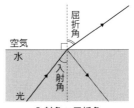

入射角＜屈折角

(4)**全反射**　水やガラスの中から空気中に光が
進むとき，入射角がある大きさをこえると，
境界面で全部反射され，再び水やガラスの
中にもどっていく。これを**全反射**という。

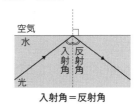

入射角＝反射角

　㊟光が水の中から空気中に進むとき，入射角が
　　約48°より大きくなると，全反射がおこる。

②凸レンズ

(1)**凸レンズの光軸**　光がガラスによって屈折する性質を利用したのが**レ
ンズ**である。レンズのうち，周辺部よりも中心部が厚いものを**凸レン
ズ**という。レンズの中心を通り，レンズ面に垂直な直線を**光軸**という。

(2)**凸レンズの焦点**　凸レンズに，光軸
に平行に進む光を当てると，光はレ
ンズ通過後，凸レンズの厚いほうへ
屈折し，光軸上の1点に集まる。こ
の点を**焦点**といい，凸レンズの中心
から焦点までの距離を**焦点距離**という。

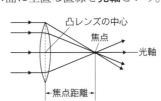

(3)**凸レンズにはいる光の進み方**

　①光軸に平行に進む光は，レンズ通過後，
　　焦点を通る。

　②レンズの中心を通る光は，直進する。

　③焦点を通る光は，レンズ通過後，光軸に平行に進む。

(4)**凸レンズによる像**

　①**実像**　右の図で，物体Aか
　　ら広がった光が，凸レンズ
　　に入射してA'に集まり，ま

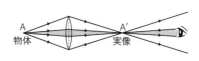

た広がって目に入射しているので，A′ に物体 A があるように見える。このように，物体があるように見える A′ を**像**といい，像に光が集まっているとき，その像を**実像**とよぶ。

②**虚像**　右の図で，物体 A から広がった光が凸レンズに入射して，ややせばまって

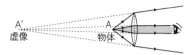

いるものの，1 点に集まることなく広がってしまっている。このとき，レンズ通過後の光は，物体 A の位置よりも奥の（レンズからより離れた）A′ から広がるように進むので，A′ に物体 A があるように見える。この A′ も**像**であり，このように，像に光が集まっていないとき，その像を**虚像**とよぶ。

⑸**凸レンズによる像のでき方**

　右の図のような装置を使って，物体と凸レンズとの距離を変えて，スクリーンにうつる像

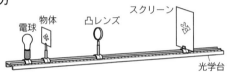

のでき方を調べる。1 点から出たすべての光は 1 点に集まり像ができるので，1 点から出た 2 本の光線の交点に像が作図できる。

①物体が焦点距離の 2 倍より遠い位置にあるとき

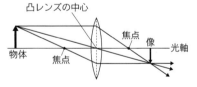

物体より小さな**倒立の実像**

②物体が焦点距離の 2 倍の位置にあるとき

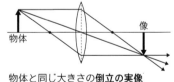

物体と同じ大きさの**倒立の実像**

③物体が焦点距離の 2 倍の位置と焦点との間にあるとき

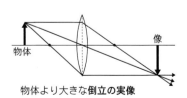

物体より大きな**倒立の実像**

④物体がレンズと焦点との間にあるとき

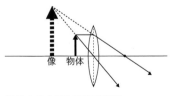

物体より大きな**正立の虚像**

3 **レンズの式** 凸レンズの中心から物体までの距離を a [cm]，像までの距離を b [cm]，焦点距離を f [cm] とすると，次の式が成り立つ。これを**レンズの式**という。

$$\frac{1}{a}+\frac{1}{b}=\frac{1}{f}$$

ただし，a, f は正であるが，b は像がレンズに対して物体と反対側にあるときは正，同じ側にあるときは負とする。したがって，$b>0$ のときは倒立実像，$b<0$ のときは正立虚像ができる。

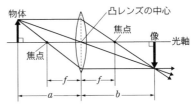

＊基本問題＊＊ 1 光の進み方

＊問題1 次の文の（　）にあてはまる語句を入れよ。

　光は，空気や水，ガラスの中などの均一な物質の中を進むとき，（　ア　）する。光の進む道すじは直線によって表すことができ，これを（　イ　）という。また，光の通り道に物体があると，その後ろに（　ウ　）ができる。

＊問題2 次の問いに答えよ。

(1) 割りばしを斜めにして中ほどまで水につけた。斜め上から見ると，どのように見えるか。ア〜エから選べ。

(2) 図1で，矢印の向きに光を入射させたときの，光の進む向きを2つ，矢印で図にかき入れよ。

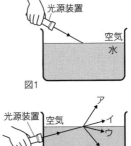

図1

(3) 次の文の（　）にはあてはまる向きを図2のア〜エから選び，□□ にはあてはまる語句を入れよ。

　図2のように，光源装置から水面に向かって矢印のように入射させた光は，（　①　）の向きにのみ進んだ。この現象を ② といい，通信用ケーブルに使われている ③ は，この現象を利用している。

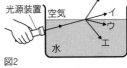

図2

＊基本問題＊＊②凸レンズ————————————————————————

＊問題3 凸レンズに，光軸に平行に進む光
を当てると，光はレンズ通過後，ある1点
に集まるような向きに屈折して進んでいく。
右の図のア，イはそれぞれ何か。

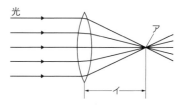

＊問題4 次の問いに答えよ。
(1) 図1，図2において，凸レンズを通過した後の光はそれぞれどうなるか。
光線を作図し，像をかき入れよ。

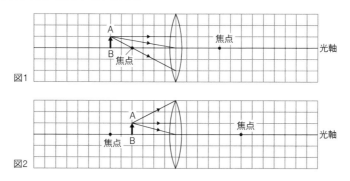

(2) 次の文の（　）にあてはまる語句を入れよ。
　　図1の場合の像は（　ア　）立（　イ　）像，図2の場合の像は（　ウ　）
立（　エ　）像になる。

＊基本問題＊＊③レンズの式————————————————————————

＊問題5 大きさ2.0cmの物
体から10.0cm離れたとこ
ろに，焦点距離6.0cmの
凸レンズを置いた。

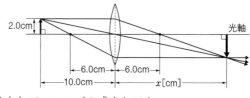

(1) 像のできる位置を凸レ
ンズの後方 x〔cm〕のところとして，レンズの式をたてよ。
(2) 像は凸レンズの後方何cmのところにできるか。
(3) 像の大きさは何cmになるか。

◀**例題1──光の進み方**
次の問いに答えよ。
(1) 図1のように，静かな水面に垂直になるように浮かばせた鏡がある。鏡の面に向かって，矢印のように進んだ光は，この後どのように進むか。その光線を図にかき入れよ。
(2) 図2のように，鏡の前にろうそくを置いた。
　① 鏡にうつったろうそくの像は，鏡に対してどのような位置にできるか。
　② ろうそくの炎の先端から出た光が鏡で反射し，目にはいってくる光線を作図せよ。

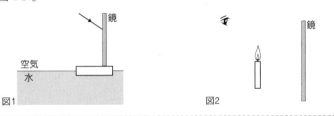

図1　　　　　　　　　　　図2

[ポイント] 光は，異なる物質の中にはいるとき，境界面で一部は反射するが，一部は進む向きが変わる。

▷**解説**◁ (1) 光は，空気や水，ガラスの中などの均一な物質の中を進むときは，どこまでも直進する。

光が，空気中から水中へ進むときのように，種類の異なる物質の中にはいるときは，2つの物質の境界面で一部は反射し，一部は屈折して異なる物質の中へ進んでいく（入射した光のどのくらいの割合が反射し，どのくらいの割合が屈折するかは，入射する光の角度，2つの物質の種類などによって決まる）。

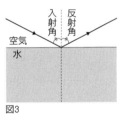

図3

反射して進む光については，図3のように，
　入射角＝反射角
が成り立つ。これを，反射の法則という。

空気中から水やガラスの中に屈折して進む場合は，図4のように，
　入射角＞屈折角
となり，光は境界面から遠ざかるように屈折する。

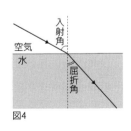

図4

逆に，水やガラスの中から空気中に進む場合は，図4の逆コースを進むことになり，
　入射角＜屈折角

となる。

　この例題では，光は鏡の面まで直進し，鏡の面で反射の法則によって反射する。反射後は，水面まで直進し，水面で反射と屈折とがおこる。反射は再び反射の法則により反射し，屈折は水面から遠ざかる向きに屈折する。

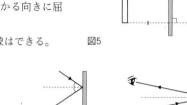

図5

(2) ア. 鏡について対称な位置にろうそくの像はできる。

　　イ. ろうそくの像の炎の先端と目を直線で結ぶ。この直線と鏡との交点Oから，目までを線分aとする。

　　ウ. 交点Oから，ろうそくの炎の先端までを線分bとする。

　　エ. 線分a，bが，光が鏡で反射し，目にはいってくる光線である。

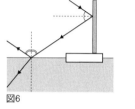

図6

図7

◁解答▷ (1) 図6

　　　　(2) ① 鏡について対称な位置　② 図7

◀演習問題▶

◀問題6　図1のように，外箱に針で小さな丸い穴（直径0.5mmくらい）をあけ，内箱にパラフィン紙ABCDをはり，暗室で大小2本のろうそくの炎をのぞいた。このような箱をピンホールカメラという。

図1

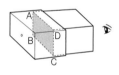

(1) 図の位置から見たとき，パラフィン紙にうつる像のようすを，光が直進することを考えて，図2にかき入れよ。

(2) 針穴を少し大きくした。像のようすはどのように変わるか。ア～オから選べ。

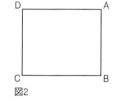

図2

　　ア. 像は大きく明るくなる。　　　イ. 像は大きくなるが暗くなる。

　　ウ. 像は小さくなるが明るくなる。　エ. 像は明るくなるがぼやける。

　　オ. 像の大きさは変わらないが，はっきりする。

(3) ろうそくと針穴との距離が48.0cm，針穴とパラフィン紙との距離が12.0cmのとき，長さ6.0cmのろうそくがパラフィン紙にうつる像の大きさは何cmになるか。

◀**問題7** 鏡の前方 90 cm のところに立って，身長 160 cm の人が自分の姿を鏡に
うつした。ただし，人も鏡も床に垂直に立っているものとする。

(1) 人と鏡にうつった像との距離は何 cm か。

(2) 全身をうつすのに必要な鏡の長さは何 cm か。

(3) 鏡を人のほうに 30 cm 近づけた。人と像との距離は何 cm になるか。

(4) 鏡について述べた次の文の中で，正しいものはどれか。ア〜ウから選べ。

　ア. 鏡に近づくほど，小さい鏡で全身を一目で見ることができる。

　イ. 鏡から遠ざかるほど，小さい鏡で全身を一目で見ることができる。

　ウ. 全身をうつすのに必要な鏡の大きさは，人と鏡との距離に関係せず一定
　　　である。

◀**例題2——凸レンズによる像のでき方**

　大きさ 12 cm の物体
から 36 cm 離れたとこ
ろに，焦点距離 12 cm
の凸レンズを置いた。ま
た，凸レンズの後方にス

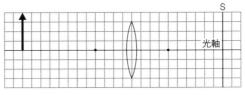

クリーン S を置いた。スクリーン S 上に物体の像をうつすためには，スク
リーン S を凸レンズの後方何 cm のところに置けばよいか。

[**ポイント**] 凸レンズにはいる光の進み方は，次のとおりである。

　① 光軸に平行に進む光は，レンズ通過後，焦点を通る。

　② レンズの中心を通る光は，直進する。

　③ 焦点を通る光は，レンズ通過後，光軸に平行に進む。

　　光は，物体の先端から四方八方に出ているが，①，②，③のうちのかきやすい2つの
　光線について作図する。これらの交点に，物体の先端の像が作図できる。

▷**解説**◁ 物体の先端から出る3光線（光軸に平行に進む光線，レンズの中心を通る光線，
焦点を通る光線）のうち，2光線を作図すると，物体の像は，凸レンズの後方 18 cm のと
ころにできることがわかる。したがって，像がうつるスクリーン S の位置は凸レンズの後

方 18 cm である。なお，光軸に平行に進
む光線はレンズを通らないが，レンズが
小さくても大きくても像の位置や大きさ
は変わらないので，レンズが大きくなっ
たと考えると作図に利用できる。

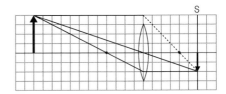

◁**解答**▷ 18 cm

◀**演習問題**▶

◀**問題8** 右の図のように物体 AB, 凸レンズ L およびスクリーン S を直線上に並べ, 凸レンズの 性質を調べる実験を行った。

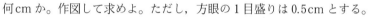

(1) 物体 AB の像がスクリーン S 上にはっきりうつっている。

① このとき, 像の大きさは 何cm か。作図して求めよ。ただし, 方眼の1目盛りは0.5cm とする。

② 物体 AB の下端 B から矢印のように進んだ光は, スクリーン S 上のどの 点に達するか。ア〜キから選べ。

③ レンズ L の上半分を黒い紙でかくすと, スクリーン S 上の像はどうなる か。ア〜オから選べ。

ア. まったく変わらない。

イ. 物体 AB の下半分だけがうつる。

ウ. 物体 AB の上半分だけがうつる。

エ. 少し暗くなるが物体 AB 全体がうつる。

オ. まったくうつらない。

(2) 光軸上の P 点に小さな光源（点光源）を置いたところ, レンズ L を通った 光はすべて光軸に平行に進んだ。P 点を何というか。

(3) 物体 AB だけを光軸上の Q 点に移した。このとき, スクリーン S 上の像は どうなるか。ア〜エから選べ。

ア. 最初よりも大きくなる。　　　　　　イ. 最初よりも小さくなる。

ウ. 最初と変わらない。　　　　　　　　エ. 像はうつらなくなる。

◀**問題9** 右の図のように, 焦点距離 f [cm] の凸レンズの前方に物体 PQ が ある。物体 PQ の位置を, 遠方からレ ンズに少しずつ近づけていくと, 生じ る像 P′Q′ の向き, 種類, 大きさ, 像 のできる位置はどのように変わるか。

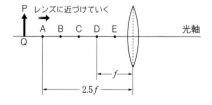

物体 PQ が次の A〜E の位置にあるときの像 P′Q′ を作図して求め, 表の空ら んにあてはまる語句を, ア〜コから選んで入れよ。

ア. 正立　　　　イ. 倒立
ウ. 実像　　　　エ. 虚像
オ. 物体より大きい。
カ. 物体より小さい。
キ. 物体に等しい。
ク. レンズの前方
ケ. レンズの後方
コ. 像はできない。

	物体とレンズとの距離	像の向き	像の種類	像の大きさ	像の位置
A	f の 2.5 倍				
B	f の 2.0 倍				
C	f の 1.5 倍				
D	f の 1.0 倍				
E	f の 0.5 倍				

★進んだ問題の解法★

★例題3──レンズの式

物体から 2.0cm 離れたところに凸レンズを置き，物体の反対側からレンズをのぞいたとき，凸レンズの前方 2.5cm のところに像ができていた。

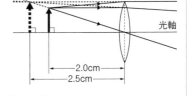

(1) 倍率は何倍になるか。

(2) 焦点距離を f [cm] として，レンズの式をたてよ。

[ポイント] 倍率 $= \dfrac{像の大きさ}{物体の大きさ}$ である。また，レンズの式 $\dfrac{1}{a}+\dfrac{1}{b}=\dfrac{1}{f}$ において，$b<0$ の場合である。

☆解説☆ (1) 右の図のように記号を定める。三角形 A'B'O と三角形 ABO とは相似である。

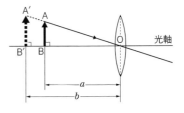

$$倍率 = \frac{A'B'}{AB} = \frac{b}{a} = \frac{2.5 \,[cm]}{2.0 \,[cm]} = 1.25$$

(2) 物体の反対側からレンズをのぞいたとき，凸レンズの前方 2.5cm のところにできた像は，正立虚像である。この場合は，レンズの式において，虚像の位置 b を負の値とすれば，レンズの式は成り立つ。

レンズの式 $\dfrac{1}{a}+\dfrac{1}{b}=\dfrac{1}{f}$ において，$a=2.0$ [cm]，$b=-2.5$ [cm] であるから，

$$\frac{1}{2.0}+\frac{1}{-2.5}=\frac{1}{f}$$

★解答★ (1) 1.25 倍　　(2) $\dfrac{1}{2.0}+\dfrac{1}{-2.5}=\dfrac{1}{f}$

[レンズの式の証明]

物体が焦点の外側にある場合,レンズの式 $\dfrac{1}{a}+\dfrac{1}{b}=\dfrac{1}{f}$ が成り立つことを証明して

みよう。

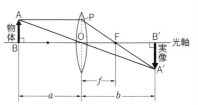

右の図で,三角形 A′B′O と三角形
ABO とは相似であるから,

$$\frac{A'B'}{AB}=\frac{B'O}{BO}=\frac{b}{a}$$

三角形 A′B′F と三角形 POF とは相似であ
るから,

$$\frac{A'B'}{PO}=\frac{B'F}{OF}=\frac{b-f}{f}$$

AB＝PO より, $\dfrac{A'B'}{AB}=\dfrac{A'B'}{PO}$

したがって, $\dfrac{b}{a}=\dfrac{b-f}{f}$

$$\frac{b}{a}=\frac{b}{f}-1$$

両辺を b で割ると, $\dfrac{1}{a}=\dfrac{1}{f}-\dfrac{1}{b}$

したがって, $\dfrac{1}{a}+\dfrac{1}{b}=\dfrac{1}{f}$

★進んだ問題★

★**問題10** 焦点距離 10cm の凸レンズを使っ
て,ろうそくの炎を壁にうつすとき,壁に
うつった炎の大きさを,実際の炎の大きさ
の 5 倍にするために必要なことについて考
える。

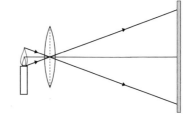

(1) 凸レンズとろうそくとの距離を $x\,[\mathrm{cm}]$
とすると,凸レンズと壁との距離を何
cm にすればよいか。x を用いて表せ。

(2) x を用いてレンズの式をたてよ。

(3) 凸レンズとろうそくとの距離,および凸レンズと壁との距離をそれぞれ何
cm にすればよいか。

2── 音の世界

解答編 p.45

1 音の発生と伝わり方

(1)音の発生　音は振動する物体（音源または発音体）から発生する。

(2)音の伝わり方　音は空気や水などの物質中を伝わる。これは，音源から出る振動が次々に周囲に伝わっていくからである。このような現象を**波**という。

　㊟音は，真空中では振動を伝えるものがないので，伝わらない。

(3)音の速さ　音は空気中を約340m/秒（気温15℃），海水中を約1500m/秒（水温20℃）の速さで伝わる。

(4)音の速さの測定　光やトランシーバーの電波は約30万km/秒と速く，ほぼ一瞬で伝わることを利用して，次のように音の速さを測定する。

　a.ピストルの音をトランシーバーで聞くか，白煙を見て，ピストルを撃った瞬間にストップウォッチをスタートさせる。

　b.ピストルの音が実際に聞こえたら，ストップウォッチを止める。

　c.aとbの時間の差と2地点間の距離より，音速を求める。

$$音速 [m/秒] = \frac{2地点間の距離 [m]}{音が伝わる時間 [秒]}$$

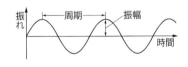

200m 以上はなれる

2 音の波形と3要素

(1)音の波形　音の振動のようすは，オシロスコープを使うと，右の図のような波形として観察できる。波の山の高さ（または谷の深さ）を**振幅**，波の山から山（または谷から谷）までの時間を**周期**という。また，1秒間に振動する回数を**振動数**といい，ヘルツ（記号Hz）という単位で表す。1回/秒＝1Hz となる。$振動数 = \dfrac{1}{周期}$ の関係がある。

（注）人が聞くことのできる音の振動数は，約20Hz〜20000Hzの範囲であり，20000Hz以上の音を**超音波**という。

(2)**音の3要素**　音を特徴づける音の大小，音の高低，音色を**音の3要素**という。

①**音の大小**　**振幅の大きさで決まる**。大きな音は振幅が大きく，小さな音は振幅が小さい。

②**音の高低**　**振動数で決まる**。高い音は振動数が多く（周期が短い），低い音は振動数が少ない（周期が長い）。

③**音色**　**波形が異なる**。ピアノとギターでは，同じ高さの音でも聞こえ方が異なる。

③音の性質

(1)**音の反射**　音は物体に当たると**反射**する。

(2)**音の共鳴**　同じ高さの音を出す物体間で，1つの物体から出た音が空気中を伝わり，他の物体を振動させ，その物体も音を出すようになる現象を**共鳴**という。

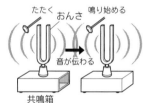

たたく　おんさ　鳴り始める
音が伝わる
共鳴箱

(3)**音のうなり**　高さが少し異なる2つの音が同時に出ると，周期的に音が大きくなったり小さくなったりする。この現象を**うなり**という。

④弦の振動と音

(1)**弦の振動と音の高低**　右の図のような装置を使って，弦をはじいて音を出す場合，**弦が短いほど，弦を強く張るほど，弦が細いほど**，振動する回数がふえて**高い音が出る**。

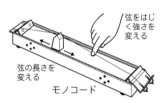

弦をはじく強さを変える
弦の長さを変える
モノコード

（注）弦の材質のちがいでも，音の高低に差が出る。

(2)**弦の振動と音の大小**　弦を強くはじくと，弦の振幅が大きくなり，**大きな音が出る**。

＊基本問題＊＊①音の発生と伝わり方――――――――――――――――――――――

＊問題11 いなずまが見えてから雷鳴が聞こえるまでに，5.0秒かかった。いなずまを見た地点から，雷が発生した地点までの距離を求めよ。ただし，音速を340m/秒とする。

＊問題12 船から海底に向かって音を出し，音が海底で反射してもどってくるまでの時間を測定することによって，海の深さを知ることができる。

　船から海底に向かって音を出したところ，1.2秒後に音がもどってきた。この場所の海の深さは何mか。ただし，海中での音速は1500m/秒とし，船から海底までの間に音の障害物はないものとする。

＊基本問題＊＊②音の波形と3要素――――――――――――――――――――――

＊問題13 下の図は，マイクロフォンとオシロスコープを使って$\dfrac{1}{500}$秒間の音の波形を観察したグラフである。

(1) 最も高い音の波形はどれか。ア〜エから選べ。

(2) 最も大きい音の波形はどれか。ア〜エから選べ。

ア	イ	ウ	エ
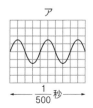	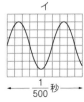	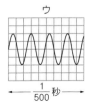	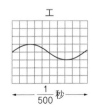

＊問題14 音について正しく述べている文はどれか。ア〜オから選べ。

　ア. 固体中では，音は伝わらない。

　イ. 水中では，空気中より音の伝わる速さがおそくなる。

　ウ. トランシーバー間で空気中を伝わるのは音波である。

　エ. 発音体の振幅が大きいほど，高い音として聞こえる。

　オ. 発音体の振動数が少ないほど，低い音として聞こえる。

＊基本問題＊＊③音の性質

＊問題15 次の現象は，音のどのような性質と関係があるか。ア〜エから選べ。
(1) お寺の鐘の音が，周期的に大きくなったり小さくなったりした。
(2) 山に登ったとき，ヤッホーと大きな声で叫んだら，しばらくしてヤッホーとこだまが返ってきた。
(3) ジェット機の音のする方向を見上げたら，ジェット機は音のする方向からはるかに離れたところを飛んでいた。
(4) 音の高さが同じ２つのおんさの共鳴箱を向かい合わせにし，一方をたたいたところ他方も鳴り始めた。

　　ア．共鳴　　　イ．反射　　　　ウ．うなり　　　　エ．音速は光速に比べておそい。

＊基本問題＊＊④弦の振動と音

＊問題16 次の文の（　）にあてはまる語句を入れよ。
　右の図の弦をはじいて，より高い音を出すためには三角柱を（　ア　）か，おもりを（　イ　）か，弦を（　ウ　）必要がある。

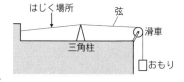

◀**例題4**——弦の振動と音
　ギターに使われている弦を使って，水平な机の上に右の図のような装置を組み立て，次の実験を行った。下の文の（　）にあてはまる語句を入れよ。た

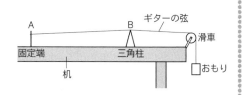

だし，同じものがはいることがある。また，弦ののびは考えないものとする。
［実験1］弦につるすおもりを１つにし，AB 間の距離が 50cm となるように三角柱を置き，AB の中央を指ではじいたら音が聞こえた。指で大きくはじくと音の大きさは（　ア　）が，音の高さは（　イ　）。
［実験2］三角柱の位置を変えずにつるすおもりを２つにして，AB の中央を指ではじいた。すると，音の高さは実験1のときより（　ウ　）。
［実験3］つるすおもりを２つにしたまま AB 間の距離が 25cm となるように三角柱を左に移動し，AB の中央を指ではじいた。すると，音の高さは

実験2のときより（　エ　）。

［実験4］おもりの数も三角柱の位置も実験3のままにし，弦を同じ材質の太い弦に取りかえ，ABの中央を指ではじいた。すると，音の高さは実験3のときより（　オ　）。

［ポイント］振動する弦から出る音は，弦が短いほど，弦を強く張るほど，弦が細いほど高い。

▷解説◁ 実験1では，弦の長さ，おもりの重さ（張りの強さ），弦の太さは変えていないので，音の高さは変わらない。指で大きくはじくと振幅が大きくなり，大きな音が出る。

実験2では，実験1と比べて，弦の長さと太さは変えていないが，おもりの重さが2倍になり，張りの強さが強くなっている。したがって，出る音は高くなる。

実験3では，実験2と比べて，張りの強さと弦の太さは変えていないが，弦の長さが短くなっている。したがって，出る音は高くなる。

実験4では，実験3と比べて，弦の長さと張りの強さは変えていないが，弦が太くなっている。したがって，出る音は低くなる。

◁解答▷ ア.大きくなった　　イ.変わらなかった　　ウ.高くなった　　エ.高くなった
　　　　オ.低くなった

◀演習問題▶

◀問題17　賢一君は音が伝わる速さに興味をもち，次郎君といっしょに校庭で，次の実験を行った。右の図のように，賢一君がコンクリートの校舎の壁に向かってパンと鋭く手をたたくと，ややおくれて校舎の壁ではね返ってきた音が聞こえた。手をたた

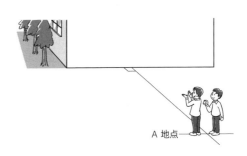

A 地点

く時間間隔を変えながら，たたき続けたところ，手をたたく音と，壁ではね返ってきた1つ前に手をたたいた音とが，同時に聞こえるようになった。

その状態の場所をA地点とし，次のように測定した。次郎君は，賢一君の横で，賢一君が手をたたいた瞬間から，つぎにたたくのを1回目として，10回目にたたいた瞬間までの時間をストップウォッチで測定すると，3.30秒であった。また，A地点と校舎の壁との距離を測定すると，55.0mであった。

(1) 測定した結果から，おおよその音の速さを求め四捨五入して整数で答えよ。

(2) 賢一君と次郎君はこの実験を行うときに，音の速さを正確に求めるために，いくつかの工夫をしている。その工夫を2つ説明せよ。

◀**問題18** 図1のように，左端を台に固定し，三角柱と滑車を通し，右端におもりをつるした2本の弦A，Bがある。

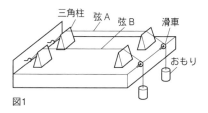

図1

弦Aの中央をはじいて，その音の波形をマイクロフォンとオシロスコープを使って観察していたところ，図2のような波形におちついた。

図2

(1) 弦Bの中央をはじいたら，音の高さは弦Aと同じであった。このとき考えられる波形はどうなるか。下の図のア〜オからすべて選べ。

(2) 弦Bのおもりを，より重いおもりに取りかえて弦Bの中央をはじいた。このとき考えられる波形はどうなるか。下の図のア〜オからすべて選べ。

(3) 弦Bのおもりをはじめのおもりにもどして，同じ材質の太い弦に変えて弦Bの中央をはじいた。このとき考えられる波形はどうなるか。下の図のア〜オからすべて選べ。

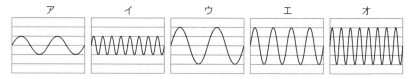

ア　　　イ　　　ウ　　　エ　　　オ

★進んだ問題★

★**問題19** 楽器の音の高さを調べるために，次の実験を行った。

［実験1］同じ材質で断面が円形の弦A，Bがある。弦Aの断面の直径は0.5mm，弦Bの断面の直径は1mmである。図1のように，これらの弦の左端

図1

を固定し，2か所の三角柱を通して右端を引っ張り，簡単な弦楽器をつくった。弦を引っ張る力や弦の長さを変えて7通りの実験を行った。

表1は，その実験結果を示したものである。ただし，引っ張る力，長さ，振動数については，それぞれ実験①のときの値を1とし，実験②〜⑦についてはその何倍であるかで示してある。また，$\sqrt{2}$ は「ルート2」と読み，$(\sqrt{2})^2 = 2$ となる数を表す。

［実験2］図2のように，円筒形の
ステンレス棒を適当な長さに切り，
糸でつるしたものをハンマーで打っ
て音を出す。棒の長さを変えて5
通りの実験を行ったところ，棒の
長さを短くするほど音は高くなっ
ていった。

表2は，その実験結果を示した
ものである。ただし，ハ長調のラ
の音になるように棒の長さを調節
したものを基準棒とする。

表1

	弦	引っ張る力	長さ	振動数
実験①	A	1	1	1
実験②	A	2	1	$\sqrt{2}$
実験③	A	2	$\frac{1}{2}$	$2\sqrt{2}$
実験④	B	1	1	$\frac{1}{2}$
実験⑤	B	$\frac{1}{2}$	2	$\frac{\sqrt{2}}{8}$
実験⑥	B	2	2	（ ア ）
実験⑦	B	4	（ イ ）	3

図2

表2

	音	振動数 [Hz]	長さ [cm]	長さの2乗
実験①	ラ（基準）	440	10	100
実験②	ド	523	9.2	85
実験③	ミ	660	8.2	67
実験④	ラ（1オクターブ上）	880	7.1	50
実験⑤	ド（1オクターブ上）	1046	6.5	42

(1) 表1の（　）にあてはまる数値を入れよ。必要ならば$\sqrt{2}$を用いよ。

(2) 基準棒を半分の長さに切ったうちの片方を同じようにつるし，ハンマーで
打ったときに出る音の振動数は何Hzか。表2の結果から求めよ。

3——物体にはたらく力　　　解答編 p.47

1 力とその表し方

(1)**力のはたらき**

①**物体の運動を変える。**

例 手で重いカバンを棚に上げる。

ボールをけると，けった方向にとんでいく。

②**物体の形を変える。**

例 やわらかいスポンジを手で押さえるとへこむ。

ばねを引っ張るとのびる。

(2)**力の表し方**　力を表すには矢印を用
いる。**力の大きさを矢印の長さ**で，
力の向きを矢印の向きで，力のはた
らく点である**作用点を矢印の根もと**
で表す。

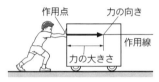

また，力のはたらく方向を表す直線を**作用線**という。

(3)**いろいろな力**　物体に力がはたらくときには，必ず力を加えている相
手がある。

①**接触している物体から受ける力**

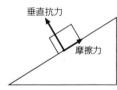

垂直抗力　斜面上にある物体は，止まっ
ていても動いていても，斜面に垂直
な向きに支えられている。この支え
る力を**垂直抗力**という。接触面から
垂直に押される力はすべて垂直抗力とよばれる。

摩擦力　斜面上にある物体は，止まっているときは斜面に平行で上
向きの力に支えられ，動いているときは動きをさまたげる（ブレー
キがかかる）向きに力がはたらいている。この，支えたりブレー
キをかけたりする，接触面に平行な力を**摩擦力**という。

張力　糸などが物体を引く力を**張力**という。

弾性力　ばねなどを手で引きのばすとき，もとの長さにもどろうと
する性質がある。これを**弾性**という。このとき，手がばねから受
ける力を**弾性力**という。

②**離れている物体から受ける力**

重力 地球上のすべての物体には，地球の中心に向かう力がはたらいている。これを**重力**という。

地球の中心

電気力 物質を摩擦して発生する静電気には＋（プラス）と－（マイナス）があり，同種の電気間には反発し合う力（斥力（せきりょく））が，異種の電気間には引き合う力（引力）がはたらく。これらの力を**電気力**または**静電気力**という。

磁力 磁石のN極とN極またはS極とS極の間には斥力がはたらき，N極とS極の間には引力がはたらく。これらの力を**磁力**または**磁気力（じきりょく）**という。また，N極とS極は必ず一対（いっつい）で存在する。

(4)**質量と重さ**

①**質量** 地球上だけではなく宇宙空間や月の表面など，場所が変わっても物体そのものの量は変わらない。これを**質量**といい，上皿てんびんで測定できる。質量の単位は**キログラム**（記号 **kg**）を使う。

　　　1kg＝1000g

②**重さ** 物体が受ける重力の大きさを**重さ**という。地球上で質量1kgの物体が受ける重力の大きさを，1kg重と表す。

　　　1kg重＝1000g重

㊟月面上では，地球上と比べて，物体の質量は変化しないが，重さは地球上の $\frac{1}{6}$ になる。したがって，質量60gの物体の重さは，地球上では60g重であるが，月面上では10g重になる。

(5)**力の大きさの単位** 力の大きさの単位は，重力の大きさを表す**kg重**，**g重**を使う。

㊟力の大きさの単位には**ニュートン**（記号 **N**）もよく使われるが，この節では，kg重，g重を使う。地球上で質量1kgの物体が受ける重力の大きさは9.8Nである（N→p.200，問題14）。

　　　1kg重＝9.8N

(6)**力の大きさのはかり方** ばねに加える力の大きさ F [g重] は，ばねののびる長さ x [cm] に比例する。この関係を**フックの法則**という。式で表すと，

$F=kx$

力の大きさ [g重]

k

0　　　1

ばねののびる長さ [cm]

$$F=kx$$

となる。k は**ばね定数**とよばれ，ばねを 1cm のばすのに何 g 重の力が必要であるかを表す。

2 圧力

(1)**圧力**　物体の面 1cm² あたりを垂直に押す力を**圧力**という。

$$圧力 [\text{g重/cm}^2] = \frac{面を垂直に押す力 [\text{g重}]}{力がはたらく面積 [\text{cm}^2]}$$

㊟ 圧力の単位にはパスカル（記号 Pa）も広く使われる。

$$圧力 [\text{Pa}] = \frac{面を垂直に押す力 [\text{N}]}{力がはたらく面積 [\text{m}^2]}$$

(2)**水圧**　ある深さにある水の面は，その深さより上にある水の重さによる圧力を受けている。これを**水圧**という。**水圧は水面からの深さに比例し，同じ深さならどの方向にも同じ大きさの圧力がはたらく。**

(3)**大気圧**　空気の重さによって生じる圧力が**大気圧**である。**大気圧は海面で 1033 g重/cm²** であり，これを **1 気圧**ともいう。

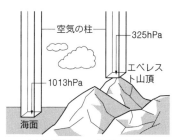

大気圧は海面で 1 気圧である。
1 気圧=1033 g重/cm²
　　　=1013hPa（ヘクトパスカル）

(4)**パスカルの原理**　密閉した容器の中の水の一部分に圧力を加えると，容器内の**すべての点の圧力の大きさは，加えた圧力の大きさだけ増加**する。これを**パスカルの原理**という。ふつう，水面には大気圧が加えられているので，実際の水圧は水の重さによる圧力と大気圧をたしたものになる。

3 力のつり合い

(1)**2 力のつり合い**　物体に 2 つの力がはたらいて，物体が静止しているとき，**2 力がつり合っている**という。2 力がつり合う条件は，次の a～c を満たしている場合である。

a. 2 つの力が同一作用線上にある。

b. 2 つの力の向きが反対である。

c. 2 つの力の大きさが等しい。

①**垂直抗力**　右の図のように，机の上に静止し

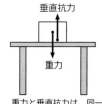

重力と垂直抗力は，同一作用線上にあるが，わかりやすいように矢印を離して示した。

ている物体には，物体にはたらく重力とつり合う垂直抗力が，机から物体の面に垂直にはたらいている。

②**浮力**　水に浮いている物体では，重力と上向きの力である**浮力**とがつり合っている。このとき，**浮力の大きさは，物体の水中にある部分と同体積の水の重さに等しい**。これを**アルキメデスの原理**という。

(2)**力の合成**

①**同一作用線上にある2力の合成**　図1のように物体に2力 F_1，F_2 がはたらいている場合，図2のような力 F_3 がはたらいているのと同じことになる。このとき，F_3 を F_1 と F_2 の**合力**という。合力を求めることを**力の合成**という。

F_1 と F_2 は同一作用線上で向きが反対なので，合力 F_3 の大きさは，30 [g重] － 10 [g重] ＝ 20 [g重] となる。

②**同一作用線上にない2力の合成**　下の図のように，2力 F_1，F_2 を2辺とする**平行四辺形**を作図し，対角線をひいて合力 F_3 を求めることができる。

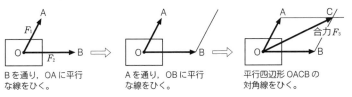

(3)**力の分解**　1つの力を，これと同じはたらきをする2つの力に分けることを，**力の分解**といい，得られた2つの力を**分力**という。

右の図のように，斜面上の物体に重力 F_1 がはたらいているとき，F_1 は F_2 と F_3 の合

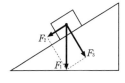

力になっているので，F_1 の代わりに F_2 と F_3 の2力がはたらいていると考えても同じである。このように，F_1 を F_2 と F_3 の2力に分解することができる。力の分解は，力の合成と逆の操作をすればよい。

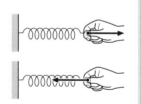

4 作用と反作用

　右の図のように，手でばねを引っ張るとき，同時にばねも手を引っ張っている。このとき，一方の力を**作用**，他方の力を**反作用**という。**作用と反作用は同一作用線上にあり，大きさが等しく，向きが反対である。これを作用反作用の法則**という。

㊟ 2力のつり合いは，同じ物体にはたらく力の関係であるが，作用と反作用は，異なる2つの物体にはたらく力の関係である。

＊**基本問題＊＊** 1 力とその表し方————————

＊**問題20** 力には，接触している物体から受ける力と，離れている物体から受ける力とがある。離れている物体から力を受けているのはどれか。ア〜オからすべて選べ。

　ア．リンゴが木から落ちた。
　イ．磁石が小さなくぎを引きつけた。
　ウ．机の上をすべらせた台車がやがて止まった。
　エ．綿布でこすったプラスチックのストローを近づけたら，小さなゴミが吸いついた。
　オ．ひものついたボールを投げたら，ひもがいっぱいにのびたところからボールが返ってきた。

＊**問題21** 次の(1)〜(3)で，下の図に示した矢印は，何が何に加える力か。
　(1) 台車Aを押しているB君の肩を，C君が押す。
　(2) 箱Aを地面に置き，その上に箱Bを置く。
　(3) ばねAに，おもりBをつり下げる。

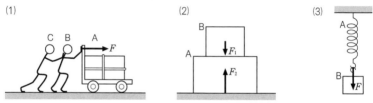

＊問題22 重力について，次の問いに答えよ。
(1) 質量 10 kg の物体が地球上で受ける重力は何 kg 重か。
(2) 質量 60 g の物体が月面上で受ける重力は何 g 重か。ただし，同じ質量の物体が，地球上で受ける重力の大きさと，月面上で受ける重力の大きさの比は 6：1 であるとする。

＊問題23 重さ 20 g 重のおもりをつるすと，長さが 2 cm のびるばねがある。このばねに重さ 30 g 重のおもりをつるすと，何 cm のびるか。

＊基本問題＊＊②圧力────────

＊問題24 図 1，図 2 のように，どちらも机の上にうすくて軽い板を置き，その上におもりをのせた。図 1 のおもりの重さは 5.0 kg 重，板の面積は 500 cm²，図 2 のおもりの重さは 0.50 kg 重，板の面積は 20 cm² である。

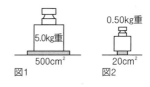

(1) 机の面が板から受ける力の大きさは，それぞれ何 kg 重か。
(2) 机の面が板から受ける圧力の大きさは，それぞれ何 g 重/cm² か。

＊問題25 次の文の（　　）にあてはまる語句，アルファベットまたは数字を入れよ。
(1) ある深さにある水の面は，その深さより上にある水の（　ア　）による圧力を受けている。水の重さは 1 cm³ あたり（　イ　）であるから，水の中に断面積 1 cm² の水の柱を考えると，その柱の深さ d [cm] のところでは，その上に（　ウ　）[cm³] の水がのっており，水圧の大きさは（　エ　）[g 重/cm²] となる。

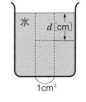

(2) 空気にも重さがある。1 l あたりの空気の重さは，（　オ　）や（　カ　）によって異なるが，地上では 20℃ 1 l あたり約 1.2 g 重である。この重さによって生じる圧力が（　キ　）である。その大きさは，（　ク　）g 重/cm² ＝（　ケ　）hPa である。ただし，1 kg 重＝9.8N とする。
(3) 密閉した容器の中の水の一部分に圧力を加えると，容器内の（　コ　）の点の圧力の大きさは，加えた圧力の大きさだけ（　サ　）する。

＊基本問題＊＊③力のつり合い―――――――――――――――――――――

＊問題26 次の問いに答えよ。

(1) すべての物体には，鉛直下向きの重力が加わっている。次の①～③の物体が動かないでいるのは，重力のほかにどのような力が加わっているからか。その力Fを図に矢印でかき入れよ。また，「重力」のように，その力Fの名称を答えよ。

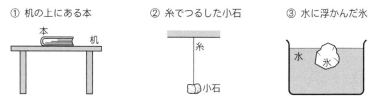

① 机の上にある本　　　　② 糸でつるした小石　　　　③ 水に浮かんだ氷

(2) (1)の①で，本の重さが300g重であるとすれば，図にかき入れた力Fの大きさは何g重か。

＊問題27 次の問いに答えよ。

(1) 次の①～④で，それぞれ2力の合力Fを図に矢印でかき入れよ。また，合力Fの大きさはそれぞれ何kg重か。

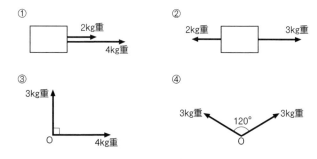

(2) 次の①～③で，それぞれ実線で示した力を，点線で示した2つの方向へ分解した場合の分力を，図に矢印でかき入れよ。

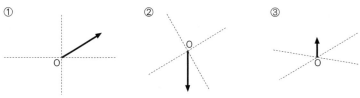

＊基本問題＊＊ 4 作用と反作用──────────────

＊問題28 次の文の（　　）にあてはまる語句を入れよ。

　右の図のように，ばねにおもりをつるしたとき，おもりがばね
を引く力と，（　ア　）が（　イ　）を引く力とが，作用と反作
用の関係になる。なお，ばねがおもりを引く力と（　ウ　）がお
もりを引く力とは（　エ　）の関係になる。

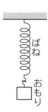

◀**例題5**──ばねののびの長さ

　あるばねに，重さ15g重のおもりをつるすと，
その長さは15cmになり，重さ50g重のおもり
をつるすと22cmになった。

(1) 何もつるさないとき，ばねの長さは何cm
　か。

(2) ばねの長さが20cmになるのは，何g重の
　おもりをつるしたときか。

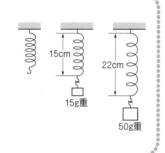

［ポイント］ばねに加える力の大きさ F [g重] は，ばねののびる長さ x [cm] に比例する（フッ
　クの法則）。式で表すと，

$$F = kx$$

　となる（k はばね定数）。

▷**解説**◁ ばねののびた長さを x [cm]，何もつるさないときのばねの長さを l_0 [cm]，おも
りをつるしたときの長さを l [cm] とすると，

$$x = l - l_0$$

ばね定数を k とすると，次の式が成り立つ。

$$15 = k(15 - l_0) \cdots\cdots ①$$
$$50 = k(22 - l_0) \cdots\cdots ②$$

②式から①式を引くと，$35 = 7k$

これを解いて，$k = 5$ [g重/cm]

すなわち，このばねを1cmのばすのに，5g重の力を加えればよいことがわかる。

①式に $k = 5$ を代入すると，$15 = 5(15 - l_0)$

何もつるさないときの長さは，$l_0 = 12$ [cm]

ばねを8cmのばして20cmにするには，40g重のおもりをつるせばよい。

◁**解答**▷ (1) 12cm　　(2) 40g重

◀**演習問題**▶

◀**問題29** 図1のように，一端を固定したばねの他
端に，滑車を通しておもりをつるした。おもりの
重さをいろいろ変えたとき，おもりの重さとばね
ののびとの関係は，図2のとおりであった。ただ
し，滑車の摩擦はないものとする。

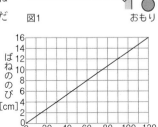
図1　　　　　　　　おもり

(1) このばねを1cmのばすのに必要なお
もりの重さは何g重か。

(2) 図3のように，このばねの両端に重さ
60g重のおもりを，それぞれ滑車を通し
てつるした。ばねののびは何cmか。

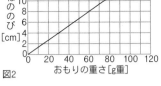
図2

(3) これと同じばねを2本用意して，図4
のようにつなぎ，一端を固定し，他端に滑車を通して重さ60g重のおもりを
つるした。2本のばねののびは合わせて何cmか。

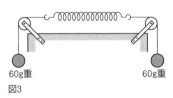
60g重　　　　　　60g重
図3

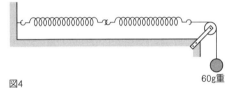
60g重
図4

◀**例題6——水の圧力**

切り口の面積が12cm²の両端の開いたガラス円筒が
ある。片方の端に軽くてじょうぶなプラスチックの板を
あてて，深さ15cmまで静かに水中にさしこんだ。

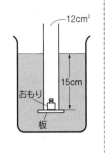

(1) 板が受ける水圧（水だけによる圧力）の大きさは何
g重/cm²か。

(2) 右の図のように，板の上に静かに小さいおもりをの
せていくとき，おもりの重さが何g重以上になると板
は沈むか。

[**ポイント**] 深さ d [cm] のところでの水圧は d [g重/cm²] である。

▷**解説**◁ 水を容器に入れたとき，ある深さにある水の面は，その深さより上にある水の重
さによる圧力を受けている。これが，水圧である。重さによって生じる水圧ではあるが，

同じ深さならどの方向にも同じ大きさの圧力がはたらく。

(1) このプラスチック板も，板に垂直に上向きの水圧を受けている。水圧の大きさは水面からの深さに比例し，深さ d [cm] のところでは d [g重/cm²] であるから，深さが 15 cm のところでは 15 g重/cm² である。

(2) 板は全体として水から上向きに

$$15\ [g重/cm^2] \times 12\ [cm^2] = 180\ [g重]$$

の力を受けるから，おもりの重さが 180 g重以上になれば支えきれなくなって沈む。

◁解答▷ (1) 15 g重/cm²　　(2) 180 g重以上

◀演習問題▶

◀**問題30** 右の図のように，口のところ（断面積 10 cm²）が円筒になった容器に，底から 20 cm の深さまで水を入れた。

(1) P点，Q点，R点の水圧を，図に矢印でかき入れよ。また，水圧の大きさは，それぞれ何 g重/cm² か。

(2) 容器の口に，水がもれないようなピストンをはめ，その上におもりをのせた。ピストンとおもりの重さが合わせて 120 g重のとき，Q点の水圧は何 g重/cm² ふえるか。

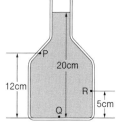

★進んだ問題★

★**問題31** 図1のような容器に，密度 1.0 g/cm³ の水がはいっている。容器は 2 本の円筒の下部が連結されたもので，左側の断面積は 10 cm²，右側の断面積は 25 cm² であり，水面には軽いピストンがのせてある。ただし，ピストンと円筒の間の摩擦はないものとする。

(1) 左側のピストンの上に 100 g のおもりをのせ，右側にもおもりをのせたところ，図1のように，水面が同じ高さでつり合った。右側のピストンにのせたおもりの重さは何 g重か。

(2) 両側のピストンからおもりを除いた後，右側のピストンの上におもりをのせたところ，図2のように左右の水面の高さの差が 3.0 cm になって静止した。おもりの重さは何 g重か。ただし，左右のピストン上の大気による圧力の差は無視できるものとする。

図1

図2

◀例題7——力のつり合い

重さ100g重のおもりをつるすと，長さが1cmのびるばねがある。このばねと，重さ100g重のおもりPおよび300g重のおもりQを，右の図のように定滑車に軽い糸を通したものにつけたところ，おもりQは下がって机の上で静止し，つり合いの状態になった。ただし，ばねの重さは考えなくてよい。

(1) ばねは何cmのびているか。

(2) おもりQが，机の面を押す力の大きさは何g重か。

[ポイント] 1つの物体に，大きさが等しく向きが反対の2力が加わると，たがいに他のはたらきを打ち消し合って，物体の運動状態は変わらない。この状態を2力のつり合いという（3力以上の場合も，合力が0になればつり合う）。

▷解説◁ おもりP，ばね，おもりQのつり合いを，右の図のように考えてみよう。

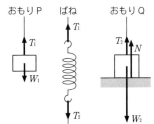

おもりPは，下向きの重力W_1，上向きの糸の張力T_1の2力でつり合っている。力の大きさは，W_1が100g重であるから，T_1も100g重である。

ばねは，上の糸の張力T_1（上向き）と，下の糸（ばねとおもりQを結ぶ糸）の張力T_2（下向き）でつり合っている。大きさはともに100g重である（離れたところにあるおもりP，Qが，直接ばねに力を加えるのではない）。

おもりQは，下向きに重力W_2，上向きに糸の張力T_2，上向きに机の面が支える力（垂直抗力）Nの3力でつり合っている。

$W_2=300$[g重]，$T_2=100$[g重]であるから，

$N=W_2-T_2=300$[g重]-100[g重]$=200$[g重]

(1) ばねには100g重のおもりをつるしたのと同じ大きさの力が加わっているから，のびの長さは1cmである。

(2) おもりQが机の面を押す力は，机の面がおもりを支える力（垂直抗力）Nと，大きさが等しく向きが反対である（作用反作用の法則）。

◁解答▷ (1) 1cm　　(2) 200g重

◀演習問題▶

◀問題32 右の図のように，すりガラスの上におも
りをのせた木片を置き，これをばねはかりで水平
に引き，木片が動き出す直前におけるばねはかり
の読みを調べた。おもりをいろいろ変えて実験を
行った。次の表は，その実験結果を示したもので
ある。ただし，このばねはかりは横向きでも使うことができる。

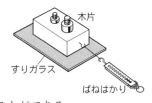

おもりと木片の重さ [g重]	57	175	275	325
ばねはかりの読み [g重]	34	100	155	185

(1) ばねはかりの読みは，木片とすりガラス面の何を示すことになるか。

(2) 横軸におもりと木片の重さ，縦軸にばねはかりの読みをとって，1mm方
眼のグラフ用紙に，この実験結果のグラフをかけ。また，そのグラフからど
のようなことがいえるか。

(3) おもりと木片の重さを100g重にしたとき，ばねはかりの読みは何g重にな
るか。グラフから求めよ。

◀問題33 2つの滑車A，Bに糸をかけ，糸の
両端にそれぞれ重さ30g重と40g重のおもり
をつるし，糸の途中のO点に物体Mをつる
したところ，右の図のような状態でつり合っ
た。

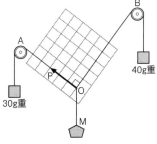

次の問いに答えよ。ただし，滑車の摩擦や
糸の重さは無視できるものとする。

(1) 滑車Aにかけた糸がO点を引く力を図
中の矢印OPで表すとき，滑車Bにかけた
糸がO点を引く力OQはどうなるか。図に矢印でかき入れよ。

(2) 滑車Aにかけた糸がO点を引く力OPと，滑車Bにかけた糸がO点を引
く力OQとの合力ORを，図に矢印でかき入れよ。

(3) 物体Mの重さは何g重か。

◀**問題34** 図1のように，2本の糸で
つるしたばねにおもりをつけ，おも
りを台はかりにのせたところ，糸A
は水平になり，ばねは鉛直に4cm
のび，台はかりは50g重を示してつ
り合った。ただし，ばねは100g重
あたり2cmのびるものとする。

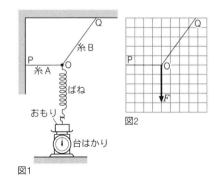

図2

図1

(1) ばねに加わっている力の大きさ
は何g重か。

(2) おもりの重さは何g重か。

(3) O点にはたらく下向きの力を F とするとき，F とつり合う OP，OQ方向の
力を，それぞれ図2に矢印でかき入れよ。

(4) O点にはたらく OP方向の力の大きさは何g重か。

★進んだ問題の解法★

★例題8──斜面上の物体

平らな板に物体をのせ，右の図のように板
を傾けたが，物体は静止したままであった。
このとき物体にはたらいているすべての力を，
図に矢印でかき入れよ。また，それぞれどの
ような力であるかを説明せよ。

［ポイント］まず，地球が物体に加えている鉛直下向きの重力を考える。

☆解説☆ まず考えられる力は，地球が物体に加えている重力 W である。これは，板の傾
きとは無関係で鉛直下向きである。

つぎに，板からの垂直抗力 N がある。重力 W を，板に垂直な分力 W' と，斜面に平行
な分力 F とに分解すると，物体が静止するとき，物体にはたらく力がつり合うので，板か
らの垂直抗力 N は W' と大きさが等しく向きが反対にはたらくとわかる。

さらに，板からの摩擦力 f がある。重力のもう1つの分力 F は，物体を板にそって引き
下ろそうとする。このとき，物体と板との間には摩擦力 f が生じ（F と大きさが等しく向
きが反対），分力 F のはたらきを打ち消す。

物体が板の上で静止しているときは，地球の重力 W，板の垂直抗力 N，板の摩擦力 f の
3力が同時にはたらき，つり合いの状態となる。

解答 右の図
地球の重力，板の垂直抗力，板の摩擦力

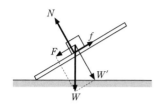

★進んだ問題★

★問題35 右の図のような斜面上に重さ 400g重の
物体を置き，斜面にそってばねはかりで引き上げ
たところ，ばねはかりが 450g重を示したときに
物体は動き出した。ただし，このばねはかりは斜
めでも使うことができる。

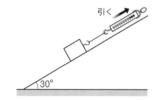

(1) 物体に加わる重力の，斜面に平行な分力はど
の向きに何g重か。

(2) 物体が動き出す直前の，物体と斜面との摩擦力は何g重か。

(3) ばねはかりを物体の反対側にとりつけ，斜面にそって引き下ろす実験をす
ると，ばねはかりの目盛りが何g重のとき物体は動き出すか。

★進んだ問題の解法★

★例題9──浮力

右の図のように，ばねはかりに小石をつる
し，小石が，①空気中，②水中，③食塩水中
にあるときの，ばねはかりの目盛りを調べた。
ばねはかりは，①空気中では 180g重，②水
中では 120g重，③食塩水中では 117g重を示
した。

(1) 小石が水中で受けた浮力の大きさは，何
g重か。また，食塩水中で受けた浮力の大
きさは，何g重か。

(2) 液体中で小石が受ける浮力の大きさは，小石と同体積の液体の重さに等
しいといえる。このことを利用して，食塩水 1cm³ の重さは，水 1cm³ の
重さの何倍であるかを求め，小数第 2 位まで答えよ。

［ポイント］浮力の大きさは，（下の面が受ける圧力－上の面が受ける圧力）×底面積　で示され，物体と同体積の液体の重さである。

☆解説☆　(1) 空気中ではかった重さと，液体中ではかった重さとの差が，物体が受けた浮力の大きさである。

水中で受けた浮力の大きさは，180〔g重〕－120〔g重〕＝60〔g重〕

食塩水中で受けた浮力の大きさは，180〔g重〕－117〔g重〕＝63〔g重〕

(2) 液体の中にはいっている物体が受ける浮力の大きさは，物体の液体中にある部分と同体積の液体の重さに等しい。たとえば，体積 50 cm³ の物体を水中に入れると，水 50 cm³ の重さに等しい 50 g重の浮力を受ける。これは，右の図のように，水中の物体はまわりから水の圧力を受けるが，圧力の大きさが上下の面で異なり，つねに下の面が受ける圧力のほうが大きくなるからである。なお，左右の面が受ける圧力はたがいにつり合う。

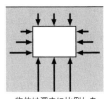

物体は深さに比例した
水の圧力を受ける。

①と②では，ばねはかりのめもりが 60 g重ちがうが，②の場合，小石は，地球の重力のほかに上向きに水の浮力 60 g重を受けるからである。また，この 60 g重は小石と同体積の水の重さであるから，小石の体積は 60 cm³ である。

③の場合，小石は 63 g重の浮力を受けている。これが小石と同体積の食塩水の重さである。食塩水 1 cm³ あたりの重さは，

63〔g重〕÷60〔cm³〕＝1.05〔g重/cm³〕

となるから，水の 1.05 倍である。

㊟水に浮いている物体では，重力と浮力とがつり合っている。このとき，物体の重さは，物体が押しのけた水，すなわち物体の水中にある部分と同体積の水の重さに等しい。

★解答★　(1)（水中）60 g重　　（食塩水中）63 g重　　(2) 1.05 倍

★進んだ問題★

★問題36　右の図のように，重さ 180 g重の氷が水に浮いている。

水 氷

(1) 氷にはたらく水の浮力の大きさは何 g重か。

(2) 水中に沈んでいる部分の氷の体積は何 cm³ か。

(3) 氷の比重を 0.9 とすると，氷全体の体積は何 cm³ か。ただし，

$$比重＝\frac{物体の重さ〔g重〕}{物体と同体積の水の重さ〔g重〕}$$　である。

(4) 氷が全部とけたとき，水面の高さはどうなるか。

★**問題37** 2つの磁石A，Bがあり，これらをそれぞれ台はかりにのせたところ，磁石Aでは台はかりは W_1 [N] を，磁石Bでは台はかりは W_2 [N] を示した。

(1) 図1のように，台はかりの皿に磁石Aを置き，磁石BをN極どうしが向かい合うようにして，上から静かに置いて空中に静止させた。

① 磁石Aにはたらいている力をすべて「○○が□□を {押す，引く} 力」という表現で表せ。解答は○○に力をおよぼす物体の名称，□□に力を受ける物体の名称を答え，{押す，引く} からは適切な語句を選べ。

② 磁石Aと磁石Bの間にはたらく磁力の大きさは何Nか。

③ 台はかりは何Nを示すか。

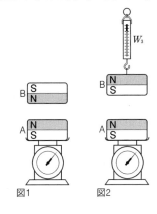

図1　図2

(2) 図2のように，磁石Aを台はかりにのせ，N極とS極が向かい合うように磁石Bをばねはかりでつるしたところ，ばねはかりは W_3 [N] を示した。

① 磁石Aと磁石Bの間にはたらく磁力の大きさは何Nか。

② 台はかりは何Nを示すか。

144

4──温度と熱

1 温度と熱

(1)**温度** 温度は，物体の**あたたかさ・冷たさを示す尺度**である。**温度の基準**は，水の凍る温度を 0℃，水の沸とうする温度を 100℃ とする。

(2)**熱** 熱は，物体の**温度変化をもたらす原因**である。熱は，高温の物体から低温の物体に移動する。熱の移動で物体の温度が変化する。

2 熱量

熱が移動するとき，移動する熱の量を**熱量**という。単位にはカロリー（記号 cal）またはジュール（記号 J）を使う（ジュール→p.162）。

1g の水の温度を 1℃ 上昇させるときに必要な熱量を，**1cal** とする。1cal は 4.2J に等しい。

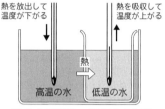

（放出する熱量）＝（吸収する熱量）

3 比熱

物質 1g あたりの温度上昇 1℃ あたりに必要な熱量を，**比熱**という。単位には**カロリー毎グラム毎度シー**（記号 **cal/g・℃**）を使う。

比熱の大きい物質ほど，あたたまりにくく冷えにくい。水の比熱は 1cal/g・℃ で，純物質の中では大きいほうの値である（純物質→p.1）。

おもな物質の比熱（25℃）

物質	比熱 [cal/g・℃]
水	1
鉄	0.11
銅	0.09
金	0.03
エタノール	0.58

4 温度変化と熱量

ある物質の温度変化にともなう熱量は，次のように表される。

熱量 [cal]＝物質の質量 [g]×比熱 [cal/g・℃]×温度変化 [℃]

＊基本問題＊＊①温度と熱————————————————————————

＊問題38 次の文の（　　）に「温度」または「熱」のどちらかを入れよ。
(1) 物体の（　ア　）が変化する原因が（　イ　）である。
(2)（　ウ　）の異なる2つの物体を接触させておくと，（　エ　）は（　オ　）の高いほうから低いほうへと移り，やがて2つの物体の（　カ　）は等しくなる。

＊基本問題＊＊②熱量————————————————————————

＊問題39 右の図のように，20℃，300gの水Aがはいっているビーカーの中に，50℃，150gの水Bがはいっている三角フラスコを入れたところ，時間とともに温度は変化し，ビーカーの水Aも三角フラスコの水Bも30℃になった。

20℃, 300g
の水A

50℃, 150g
の水B

発泡ポリスチレン

　このとき，熱は水A，水Bのどちらからどちらへ移動したか。また，移動した熱量は何calか。ただし，熱の移動は，水Aと水Bの間のみで考えるものとし，水1gの温度を1℃上げるのに必要な熱量は1calとする。

＊基本問題＊＊③比熱————————————————————————

＊問題40 次の文の（　　）にあてはまる語句または数字を入れよ。ただし，同じものがはいることがある。
(1) ある物質1gあたりの温度上昇1℃あたりに必要な熱量を，その物質の（　ア　）という。
(2)（　イ　）の大きい物質ほど，あたたまり（　ウ　）く冷え（　エ　）い。
(3) 海岸地方では，内陸地方に比べて気温の変化がおだやかである。これは，水の比熱が（　オ　）cal/g・℃で，岩石の比熱よりも（　カ　）いからである。

＊基本問題＊＊④温度変化と熱量————————————————————————

＊問題41 20℃の水70gを加熱したところ，50℃になった。このとき，水が吸収した熱量は何calか。ただし，水の比熱は1cal/g・℃とする。

◀例題10──物体の温度変化

　ある金属のかたまり 200g を 98.0℃ に加熱し，15.0℃ の水 450g の中に入れたところ，水の温度は 18.0℃ になった。ただし，金属が放出した熱量はすべて水に吸収されたものとする。

(1) 水が吸収した熱量は何 cal か。

(2) この金属の比熱は何 cal/g·℃ か。四捨五入して小数第3位まで答えよ。

[ポイント] 高温の物体と低温の物体を接触させたとき，（放出する熱量）＝（吸収する熱量）

▷解説◁ (1) 450g の水が 15.0℃ から 18.0℃ になったので，水が吸収した熱量は，

$$450\,[g] \times 1\,[cal/g\cdot℃] \times (18.0-15.0)\,[℃] = 1350\,[cal] = 1.35 \times 10^3\,[cal]$$

(2) 金属もやはり 18.0℃ になる。

　金属の比熱を $x\,[cal/g\cdot℃]$ とすると，金属が放出した熱量は，

$$200\,[g] \times x\,[cal/g\cdot℃] \times (98.0-18.0)\,[℃] = 16000x\,[cal]$$

　水が吸収した熱量と金属が放出した熱量は等しいから，

$$1350\,[cal] = 16000x\,[cal]$$

　これを解いて，$x = 0.084375\,[cal/g\cdot℃] ≒ 0.084\,[cal/g\cdot℃]$

◁解答▷ (1) 1350 cal，または，1.35×10^3 cal　　(2) 0.084 cal/g·℃

◀演習問題▶

◀問題42　ポリエチレンの袋と発泡ポリスチレンの大きなコップがある。袋には 80℃ の水 100g を，コップには 20℃ の水 200g を入れた。

　右の図のように，水（80℃）のはいった袋を，コップの水（20℃）につけて，それぞれの温度を1分ごとに調べた。下の表は，その結果を示したものである。

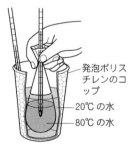

発泡ポリスチレンのコップ

20℃ の水

80℃ の水

(1) コップの水および袋の水について，時間と温度の関係を表すグラフをかけ。

(2) コップの水と袋の水とで，温度の変わり方が速いのはどちらか。

時間 [分]	0	1	2	3	4	5
コップの水 [℃]	20	28	33	36	38	39
袋の水 [℃]	80	64	54	48	44	42

(3) この実験の場合，コップの水と袋の水とで，温度の変わり方の速さに差があるのはなぜか。その理由を簡潔に説明せよ。

◀**問題43** 100gの水と100gの植物油を，図1のように，それぞれ同じ条件で加熱した。図2は，その結果を表したグラフである。熱源からの熱は，すべて水や植物油の温度上昇に使われたものとする。

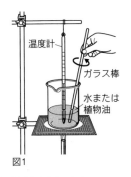

図1

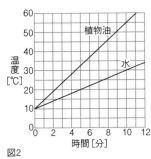

図2

(1) 水が1分間に吸収した熱量は何calか。

(2) 水と植物油が吸収した熱量が等しいとすれば，植物油の比熱は何cal/g・℃か。四捨五入して小数第2位まで答えよ。

(3) 水と植物油のあたたまり方と冷え方のちがいについて説明せよ。

◀**問題44** 熱量について調べるために，次の実験を行った。

［実験1］15℃の水300gがはいっている容器の中に，60℃の水200gを加えてよくかき混ぜたところ，全体の温度は32℃になった。

［実験2］60℃の水200gがはいっている容器の中に，15℃の水300gを加えてよくかき混ぜた。

(1) 実験1で，60℃の水が放出した熱量は何calか。

(2) 実験1で，15℃の水が吸収した熱量は何calか。

(3) (1)の熱量と(2)の熱量は同じにはならない。その理由を簡潔に説明せよ。

(4) 実験2の結果は，実験1とまったく同じになるか。また，その理由を簡潔に説明せよ。

◀**問題45** 300gの銅製容器を断熱材で囲んだ熱量計の中に，60℃の水53gがはいっている。この中に0℃の氷72gを入れた。

次の問いに答えよ。ただし，0℃で1gの氷をとかすために必要な熱量を80calとし，銅の比熱を0.090cal/g・℃とする。

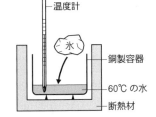

(1) 何gの氷がとけるか。

(2) すべての氷をとかすためには，60℃の水をさらに何g加えればよいか。

(3) (2)の後，100℃の水32gを加えると，全体は何℃になるか。

電流とそのはたらき

1——電流と回路　　　　解答編 p.55

1 電流と電圧

(1)**回路**　図1のような，ひとつながりの電流
の流れる道すじを**回路**という。回路の一部
に電池（電源）があると，導線の中にある
電気が，電池の外を＋極から−極の向きに
動き出す。この電気の流れを**電流**という。

　　　注電流の正体は，電池（電源）の外を−極から
　　　＋極に向かって移動する電子（−の電気をもっ
　　　た粒子）の流れであり，電子が移動する向き
　　　と電流の向きとは逆向きである。また，回路
　　　の途中で電子が出現したり消滅したりするこ
　　　とはない（電流の正体→p.181）。

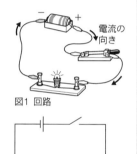

図1 回路

図2 図1の回路図

(2)**回路図**　回路を，下のような電気用図記号を使って表したものを**回路
図**という。

直流電源	電球	抵抗	スイッチ
——⊦—	—⊗—	—▭—	—／—
電流計	直流電流計	電圧計	直流電圧計
—Ⓐ—	—Ⓐ—	—Ⓥ—	—Ⓥ—

直流電源の記号は，長い線が＋極，短い線が−極を表す。

(3)**電流の大きさ**　回路の1点を流れる電流の大きさ（強さ）の単位は，
アンペア（記号 A）や**ミリアンペア**（記号 mA）で表す。
　　　　$1A = 1000mA$

(4)**電圧**　2点の間に電流を流そうとするはたらきの大きさを**電圧**という。
電圧の単位は**ボルト**（記号 V）で表す。電圧が大きいほど大きな電

流を流そうとする。

2 電流計と電圧計

電流の大きさをはかろうとする部分に，**電流計を直列につなぐ**。電圧をはかろうとする部分に，**電圧計を並列につなぐ**。電流計や電圧計の＋端子は電池（電源）の＋極側に，－端子は－極側につなぐ。

㊟はかろうとする電流の大きさや電圧の見当がつかないときには，－端子は，最大の値の端子を選ぶ。

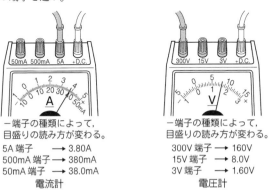

－端子の種類によって，
目盛りの読み方が変わる。

5A 端子 ⟶ 3.80A
500mA 端子 ⟶ 380mA
50mA 端子 ⟶ 38.0mA

電流計

－端子の種類によって，
目盛りの読み方が変わる。

300V 端子 ⟶ 160V
15V 端子 ⟶ 8.0V
3V 端子 ⟶ 1.60V

電圧計

3 直列回路と並列回路の電流・電圧

(1)直列回路

①回路のどの点でも**電流の大きさ（I_1，I_2，…）は同じ**であり，全体を流れる電流の大きさ（I）に等しい。

②各電球にかかる**電圧（V_1，V_2，…）の和は，電源の電圧（V）に等しい**。

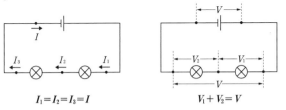

$$I_1 = I_2 = I_3 = I$$　　　　$$V_1 + V_2 = V$$

(2)並列回路

①枝分かれした回路を流れる**電流の大きさ（I_1，I_2，…）の和は，分かれる前の電流や合流した後の電流の大きさ（I）に等しい**。

②各電球にかかる**電圧（V_1，V_2，…）は同じ**であり，電源の電圧（V）に等しい。

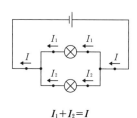

$I_1+I_2=I$

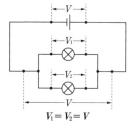

$V_1=V_2=V$

4 抵抗とオームの法則

(1)**抵抗** 電流の流れにくさを**電気抵抗**または**抵抗**という。抵抗の大きさ（抵抗値）の単位は**オーム**（記号 **Ω**）で表す。

$$1000\,\Omega=1\,\mathrm{k}\Omega$$

㊟1Ωは，1Vの電圧をかけたとき，1Aの電流が流れるときの抵抗値である。

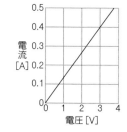

(2)**オームの法則** $R\,[\Omega]$ の抵抗を流れる**電流**の大きさ $I\,[\mathrm{A}]$ は，かかる**電圧** $V\,[\mathrm{V}]$ に比例する。

$$I=\frac{V}{R} \quad \text{または} \quad V=RI$$

これを**オームの法則**という。

5 抵抗の接続

(1)**抵抗の直列接続** それぞれの抵抗の大きさ（R_1，R_2，…）の和は，全体の抵抗（合成抵抗）の大きさ（R）に等しい。

(2)**抵抗の並列接続** それぞれの抵抗の大きさの逆数 $\left(\dfrac{1}{R_1}, \dfrac{1}{R_2}, \cdots\right)$

の和は，全体の抵抗（合成抵抗）の大きさの逆数 $\left(\dfrac{1}{R}\right)$ に等しい。

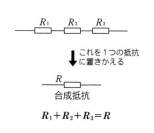

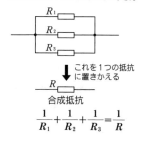

6 物質の種類と抵抗

(1)**導体と不導体**　物質の種類によって，抵抗の大きさは異なる。いっぱんに，金属のように抵抗の大きさが小さく電気をよく通す物質を**導体**という。一方，ゴム，ガラス，合成樹脂（ポリエチレンなど）のように抵抗の大きさがきわめて大きく，電気を通しにくい物質を**不導体**という。

(2)**金属線の抵抗**　金属線の抵抗は，金属の種類によって異なる。同じ材質であれば，金属線の抵抗の大きさは，**金属線の長さに比例し，断面積に反比例する。**

いろいろな物質の抵抗
（20℃，長さ 1 m，断面積 1 mm²）

	物質	抵抗 [Ω]
導体	銀	0.016
	銅	0.017
	アルミニウム	0.028
	鉄	0.098
	ニクロム	1.1
不導体	ゴム	$10^{16} \sim 10^{21}$
	ガラス	$10^{15} \sim 10^{17}$
	ポリエチレン	10^{20}

注 回路の導線に使われている銅線と，ニクロムでできている電熱線の抵抗の大きさを比べると，銅線の抵抗の大きさはひじょうに小さく，無視してよい。

＊基本問題＊＊1 電流と電圧──────

＊問題1 右の図のように，スイッチ，電池，豆電球を導線でつなぎ，スイッチを入れると電球がついた。

(1) 回路図をかき，電流が導線を流れる向きを，矢印で示せ。

(2) このような豆電球のつなぎ方を何というか。

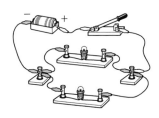

＊基本問題＊＊②電流計と電圧計────────────────────

＊問題2 次の問いに答えよ。

(1) 電球を流れる電流の大きさと，電球にかかる電圧を測定するための回路図
はどれか。ア～エから選べ。

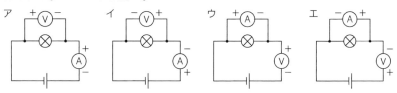

(2) (1)の回路で，電流計の目盛りは図1のようになった。電流の大きさはいく
らか。ただし，電流計は500mAの端子を使用している。

(3) (1)の回路で，電圧計の目盛りは図2のようになった。電圧はいくらか。

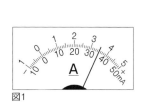

図1

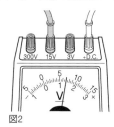

図2

＊基本問題＊＊③直列回路と並列回路の電流・電圧────────────

＊問題3 図1と図2の回路について，次の問いに答えよ。

(1) 図1と図2で，各電流計を流れる電流の大きさが I [A]，I_1 [A]，I_2 [A] の
とき，I と I_1，I_2 の関係をそれぞれ式で表せ。

(2) 図1と図2で，電源の電圧が V [V]，各電球にかかる電圧が V_1 [V]，
V_2 [V] のとき，V と V_1，V_2 の関係をそれぞれ式で表せ。

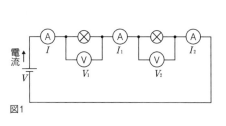

図1

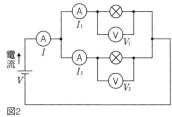

図2

＊基本問題＊＊ ④抵抗とオームの法則

＊問題4 右の図のような装置の PQ 間に，同じ太さ，同じ長さの 2 本の金属線 A，B をそれぞれ接続し，そのときの電圧，および電流の大きさを測定した。下の表はその実験結果を示したものである。

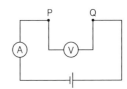

(1) 横軸に電圧，縦軸に電流をとって，実験結果をグラフで表せ。

(2) (1)のグラフから，金属線にかかる電圧と，金属線を流れる電流の大きさとの間には，どのような関係があると考えられるか。

電圧 [V]		1.5	3.0	4.5	6.0
電流 [A]	金属線 A	0.15	0.30	0.45	0.60
	金属線 B	0.60	1.20	1.80	2.40

(3) (2)のような電圧と電流の関係を何というか。法則名を答えよ。

(4) グラフの傾きのちがいは，金属線 A，B の何のちがいを表すか。

＊基本問題＊＊ ⑤抵抗の接続

＊問題5 図 1 と図 2 の回路について，次の問いに答えよ。

(1) 図 1 のように，6Ω と 12Ω の抵抗を直列に接続したとき，合成抵抗は何Ωか。

(2) 図 2 のように，6Ω と 12Ω の抵抗を並列に接続したとき，合成抵抗は何Ωか。

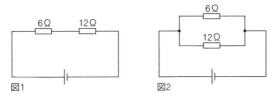

＊基本問題＊＊ ⑥物質の種類と抵抗

＊問題6 長さ 100 m，断面積 1.0 mm² の銅線の抵抗の大きさは 1.7Ω である。長さ 400 m，断面積 2.0 mm² の銅線の抵抗は何Ωか。

◀例題1──オームの法則と合成抵抗

抵抗がそれぞれ 16.0Ω，12.0Ω，6.0Ω の電熱線 R_1，R_2，R_3 と 18.0 V の電源を使って，右の図のような回路をつくった。このとき，電熱線 R_1，R_2，R_3 にそれぞれ流れた電流の大きさを I_1 [A]，I_2 [A]，I_3 [A] とする。

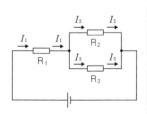

(1) 3 本の電熱線 R_1，R_2，R_3 の合成抵抗は何 Ω か。

(2) 電流 I_1 [A] は何 A か。

(3) 電熱線 R_1，R_2 にかかる電圧はそれぞれ何 V か。

(4) 電流 I_2 [A]，I_3 [A] はそれぞれ何 A か。

[ポイント] R [Ω] の抵抗にかかる電圧 V [V] と流れる電流の大きさ I [A] の間には，

オームの法則 $I=\dfrac{V}{R}$ が成り立つ。

また，抵抗の大きさが r_1 [Ω] と r_2 [Ω] の抵抗を直列に接続したときの合成抵抗の大きさを $R_直$ [Ω]，並列に接続したときの合成抵抗の大きさを $R_並$ [Ω] とすると，

$R_直=r_1+r_2$

$\dfrac{1}{R_並}=\dfrac{1}{r_1}+\dfrac{1}{r_2}$

▷解説◁ (1) まず，並列に接続されている電熱線 R_2 と電熱線 R_3 の合成抵抗の大きさ R [Ω] を求める。

$\dfrac{1}{R}=\dfrac{1}{12.0\,[\Omega]}+\dfrac{1}{6.0\,[\Omega]}$ より，$R=4.0\,[\Omega]$

つぎに，並列部分を合成抵抗 4.0Ω で置きかえて，電熱線 R_1 と 4.0Ω の抵抗を直列に接続した回路と考える。回路全体の抵抗の大きさは，

$16.0\,[\Omega]+4.0\,[\Omega]=20.0\,[\Omega]$

(2) 電熱線 R_1，R_2，R_3 にそれぞれ流れた電流の大きさ I_1 [A]，I_2 [A]，I_3 [A] の間には，$I_1=I_2+I_3$ の関係がある。

回路全体の抵抗が 20.0Ω で，18.0 V の電圧がかかっているとき，回路全体を I_1 [A] の電流が流れている。したがって，オームの法則 $I=\dfrac{V}{R}$ より，

$I_1=\dfrac{18.0\,[\mathrm{V}]}{20.0\,[\Omega]}=0.900\,[\mathrm{A}]$

(3) 電熱線 R_1 と並列部分の合成抵抗 $4.0\,\Omega$ が直列に接続されているので，それぞれ $0.900\,A$ の電流が流れる。

　したがって，オームの法則 $V=RI$ より，電熱線 R_1 にかかる電圧は，

　$16.0\,[\Omega]\times0.900\,[A]=14.4\,[V]$

同様に，電熱線 R_2 にかかる電圧は，並列部分の合成抵抗 $4.0\,\Omega$ にかかる電圧と等しいから，

　$4.0\,[\Omega]\times0.900\,[A]=3.6\,[V]$

(4) 電熱線 R_2，R_3 に $3.6\,V$ の電圧がかかっている。オームの法則 $I=\dfrac{V}{R}$ より，

$$I_2=\frac{3.6\,[V]}{12.0\,[\Omega]}=0.30\,[A]$$

$$I_3=\frac{3.6\,[V]}{6.0\,[\Omega]}=0.60\,[A]$$

（**別解**）(3) **抵抗が直列に接続されているときは，各抵抗にかかる電圧は，**オームの法則 $V=RI$ において，電流の大きさが等しいから，**それぞれの抵抗値に比例する。**

　したがって，$18.0\,V$ を電熱線 R_1 の $16.0\,\Omega$ と並列部分の合成抵抗 $4.0\,\Omega$ の比で分ければ，電熱線 R_1，R_2 にかかる電圧を求めることができる。

電熱線 R_1 にかかる電圧は，$18.0\,[V]\times\dfrac{16.0\,[\Omega]}{16.0\,[\Omega]+4.0\,[\Omega]}=14.4\,[V]$

電熱線 R_2 にかかる電圧は，並列部分の合成抵抗 $4.0\,\Omega$ にかかる電圧と等しいから，

　$18.0\,[V]\times\dfrac{4.0\,[\Omega]}{16.0\,[\Omega]+4.0\,[\Omega]}=3.6\,[V]$

(4) **抵抗が並列に接続されているときは，各抵抗を流れる電流の大きさは，**オームの法則 $I=\dfrac{V}{R}$ において，電圧が等しいから，**それぞれの抵抗値の逆数に比例する。**

　電熱線 R_2，R_3 の抵抗値をそれぞれ $R_2\,[\Omega]$，$R_3\,[\Omega]$ とすると，

$$I_2:I_3=\frac{1}{R_2}:\frac{1}{R_3}=R_3:R_2=6.0\,[\Omega]:12.0\,[\Omega]=1:2$$

したがって，回路全体を流れる電流は $0.900\,A$ なので，

$$I_2=0.900\,[A]\times\frac{1}{1+2}=0.30\,[A]$$

$$I_3=0.900\,[A]\times\frac{2}{1+2}=0.60\,[A]$$

◁**解答**▷ (1) $20.0\,\Omega$　　(2) $0.900\,A$　　(3)（R_1）$14.4\,V$　（R_2）$3.6\,V$
　　　(4)（I_2）$0.30\,A$　（I_3）$0.60\,A$

◀演習問題▶

◀問題7 電流と電圧について調べるために，図1のような装置を使って，実験を行った。

(1) 電圧計が 1.5V を示したとき，電流計は 300mA を示した。電熱線の抵抗は何Ωか。

(2) 豆電球をソケットからはずすと，電流計と電圧計の針の振れはそれぞれどうなるか。

(3) 導線 A，B，C を流れる電流の大きさをそれぞれ I_A [A]，I_B [A]，I_C [A] とすると，$I_A = I_B + I_C$ の関係が成り立っている。この関係を，回路に電流計をさらに2個つないで確かめたい。どのようにつなぐとよいか。図2に電流計をかき入れ，回路図を完成せよ。

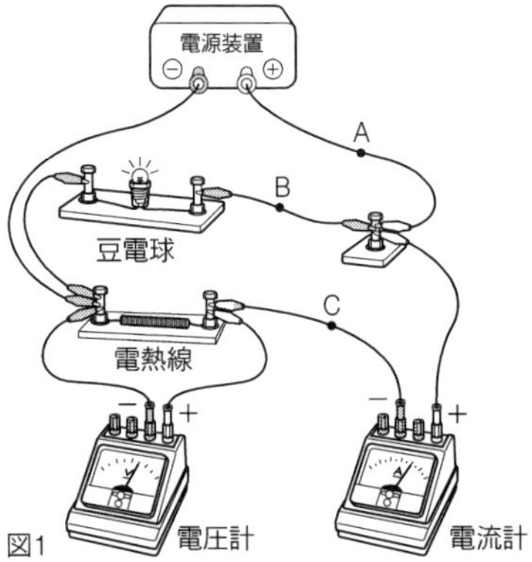

図1

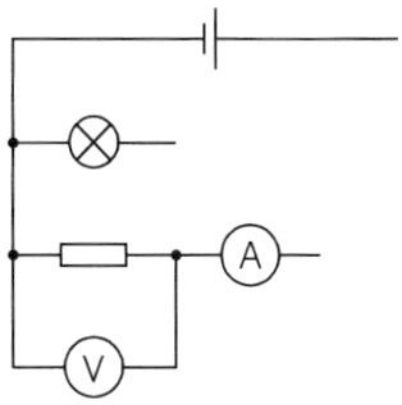

図2

◀問題8 図1のように，12V の電池と，抵抗値がそれぞれ R_1 [Ω]，R_2 [Ω]，R_3 [Ω] の3個の抵抗 R_1，R_2，R_3 を使って回路をつくり，次の実験を行った。

［実験1］ $R_2 = 15$ [Ω]，$R_3 = 30$ [Ω] として，R_1 の抵抗値をいろいろ変えて，抵抗 R_2 にかかる電圧を測定した。図2は，その結果を表したグラフである。

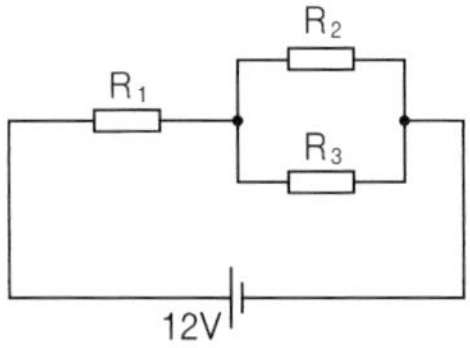

図1

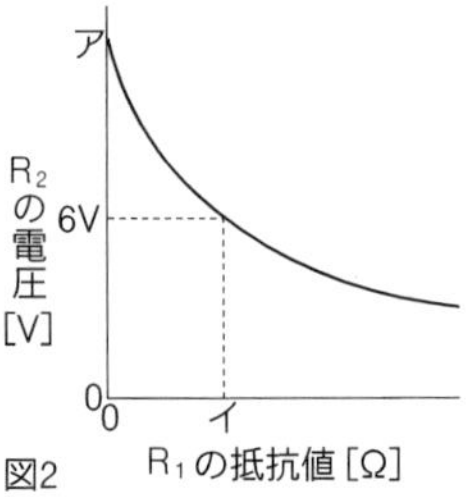

図2

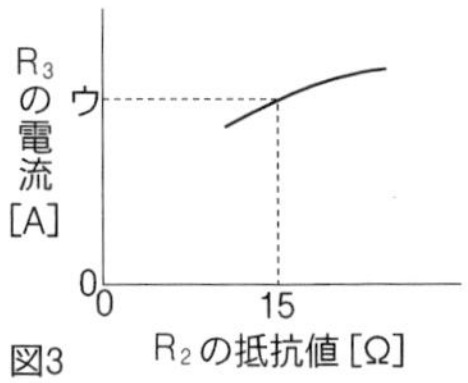

図3

［実験 2］$R_1=10\,[\Omega]$，$R_3=30\,[\Omega]$ として，R_2 の抵抗値をいろいろ変えて，抵抗 R_3 を流れる電流の大きさを測定した。図 3 は，その結果を表したグラフである。

(1) グラフのア～ウの値を求めよ。

(2) 実験 2 で，R_2 の抵抗値が次の場合，抵抗 R_3 を流れる電流については，どのようなことがいえるか。ア～ウからそれぞれ選べ。

　① R_2 の抵抗値がじゅうぶん大きい場合

　② R_2 の抵抗値がじゅうぶん小さい場合

　　ア. たいへん大きな値になる。　　イ. ほとんど 0 になる。　　ウ. その他

◀**問題9** 右の図のように，5 個の抵抗を 8.0 V の電源につないだところ，R_1 にかかる電圧は 3.0 V で，R_2 を流れる電流は 75 mA であった。

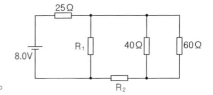

(1) 25 Ω の抵抗を流れる電流は何 A か。

(2) R_2 にかかる電圧は何 V か。

(3) 40 Ω の抵抗を流れる電流は何 mA か。

(4) R_1，R_2 の抵抗はそれぞれ何 Ω か。

◀**問題10** 右の図のように，抵抗が 10 Ω，10 Ω，15 Ω の電熱線 a，b，c を導線でつなぎ，端子を A，B，C とした。

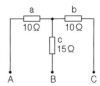

(1) 端子 A と端子 B の間に 1.5 V の電源をつないだとき，電熱線 a にかかる電圧は何 V になるか。

(2) 端子 A，B，C の間に，12 V の電源や導線を下の図のようにつなぎ，4 種類の回路をつくった。これらの中で，電熱線 a を流れる電流が最大になるのはどの回路か。ア～エから選べ。

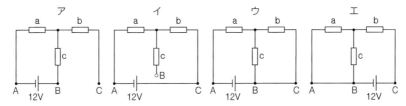

(3) (2)のアの回路の端子 A，C 間に電流計をつないだところ，電流計は 0.30 A を示した。このとき，電熱線 c を流れる電流は何 A か。

◀例題2──金属線の抵抗

　8.0 V の電池 E, 長さ 1.0 m, 断面積 0.010 mm² の金属線 AB, 2.3 Ω の抵抗 R, 検流計 G, スイッチ S, 電圧のわからない 電池 E_x を導線でつなぎ, 右の図のような 回路をつくった。スイッチを入れ, 微小な 電流の大きさを測定することができる検流 計に, 電流が流れないように AP 間の金属 線の長さを調節したところ, 20 cm であった。

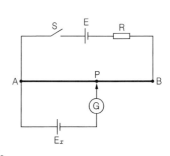

　このとき, 次の問いに答えよ。ただし, この金属線は, 材質と太さが一様 であり, 長さ 1 m, 断面積 1 mm² のとき 0.098 Ω の抵抗をもち, 回路をつな ぐ導線の抵抗は無視できるものとする。

(1) 金属線 AB の抵抗は何 Ω か。

(2) 抵抗 R を流れる電流は何 A か。

(3) 電池 E_x の電圧は何 V か。

[ポイント] 金属線の抵抗の大きさは, 金属線の長さに比例し, 断面積に反比例する。

▷解説◁ (1) 同じ材質であれば, 金属線の抵抗の大きさは, 金属線の長さに比例し, 断面 積に反比例する。

$$0.098 \, [\Omega] \times \frac{1.0 \, [m]}{1 \, [m]} \times \frac{1 \, [mm^2]}{0.010 \, [mm^2]} = 9.8 \, [\Omega]$$

(2) 検流計に電流は流れていないので電池 E_x が接続されていないのと同じで, 電池 E に金 属線 AB と抵抗 R が直列に接続している回路と考えることができる。

オームの法則より, $\dfrac{8.0 \, [V]}{9.8 \, [\Omega] + 2.3 \, [\Omega]} = 0.661 \, [A] \fallingdotseq 0.66 \, [A]$

(3) AP 間の金属線にかかる電圧が電池 E_x の電圧と等しい場合に, 検流計に電流が流れな い。直列接続では, 各抵抗にかかる電圧はそれぞれの抵抗値に比例するので, 金属線 AB にかかる電圧は,

$$8.0 \, [V] \times \frac{9.8 \, [\Omega]}{9.8 \, [\Omega] + 2.3 \, [\Omega]} = 6.479 \, [V] \fallingdotseq 6.48 \, [V]$$

金属線の抵抗の大きさは金属線の長さに比例するので, AP 間の金属線の抵抗値は,

$$9.8 \, [\Omega] \times \frac{20 \, [cm]}{100 \, [cm]} = 1.96 \, [\Omega]$$

AP 間の金属線にかかる電圧は, $6.479 \, [V] \times \dfrac{1.96 \, [\Omega]}{9.8 \, [\Omega]} = 1.29 \, [V] \fallingdotseq 1.3 \, [V]$

　ここでは，AP 間の金属線の抵抗値を求めて計算したが，金属線 AB にかかる電圧 6.479 V を金属線の長さの比で配分すると考えてもよい。

$$6.479 \, [\mathrm{V}] \times \frac{20 \, [\mathrm{cm}]}{100 \, [\mathrm{cm}]} = 1.29 \, [\mathrm{V}] \fallingdotseq 1.3 \, [\mathrm{V}]$$

この回路は，電池 E_x の電圧を正確に測定することができる。

◁解答▷　(1) 9.8Ω　　(2) 0.66 A　　(3) 1.3 V

◀演習問題▶

◀問題11　右の図のような回路をつくった。E は 3.0 V の電池，L は 1.5 V 用の豆電球で，2.5 V 以上の電圧がかかると切れてしまう。PQ は全体の抵抗が 6.0Ω の電熱線である。X はクリップで，電熱線 PQ 上のどの位置にでも接続できる。電熱線 PQ の材質と太さは一様であり，PX 間の電熱線の抵抗の大きさは PX 間の長さに比例する。

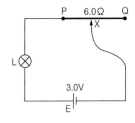

　はじめに，クリップ X は Q に接続してあり，豆電球は点灯している。電池の内部の抵抗は無視できるとして，次の問いに答えよ。

(1) 電圧計は＋－端子間の抵抗が電熱線や豆電球に比べてひじょうに大きい。この回路に電圧計を入れるとき，次のような結果になる回路はどれか。ア～カからそれぞれすべて選べ。

　① 豆電球にかかる電圧が測定される回路

　② 豆電球が点灯しない回路

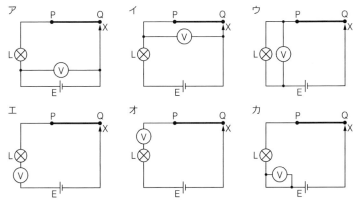

(2) クリップ X を Q に接続したとき，豆電球にかかる電圧は 1.2 V であった。

電熱線 PQ 間の電圧は何 V か。

(3) (2)において，豆電球を流れる電流は何 A か。

(4) クリップ X を Q から P まで電熱線に接触させながらゆっくり移動させ，その後，同様にクリップ X を P から Q までもどして再び Q に接続させた。クリップ X の移動にともない豆電球の明るさは，どのように変化するか。簡潔に説明せよ。ただし，クリップ X の位置や豆電球の明るさを数量的に表現しなくてよい。

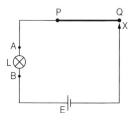

(5) 右の図は，(4)で行った操作の最後の状態を示している。この状態で，図中の AB 間の電圧は何 V か。

★進んだ問題の解法★

★例題3——複雑な回路

60 V と 12 V の 2 個の電池と 3 個の 4.0 Ω の抵抗 R_1，R_2，R_3 を使って，右の図のような回路をつくった。このとき，R_2 を C→F の向きに 4.0 A の電流が流れた。

(1) CF 間の電圧は何 V か。

(2) R_1 を流れる電流は何 A か。

(3) R_3 を流れる電流は何 A か。

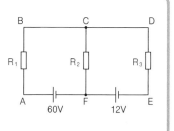

[ポイント] 回路の中で，抵抗にかかる電圧の和が，電池の電圧になる部分を探して考える。すなわち，
$60 \, [\text{V}] = I_1 R_1 + I_2 R_2$，$72 \, [\text{V}] = I_1 R_1 + I_3 R_3$ について考える。

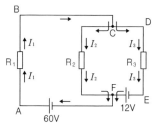

☆解説☆ (1) 4.0 Ω の抵抗 R_2 に 4.0 A の電流が流れているので， CF 間の電圧は，

$4.0 \, [\Omega] \times 4.0 \, [\text{A}] = 16 \, [\text{V}]$

(2) ABCF という回路だけを取り出して考えると，R_1 と R_2 は直列に接続されているので， AB 間の電圧と CF 間の電圧の和が，電池の電圧 60 V になる。AB 間の電圧は，

$60 \, [\text{V}] - 16 \, [\text{V}] = 44 \, [\text{V}]$

R_1 の抵抗値が 4.0 Ω であるから，R_1 に流れる電流は，

$$\frac{44\,[\mathrm{V}]}{4.0\,[\Omega]}=11\,[\mathrm{A}]$$

(3) ABDE という回路だけを取り出して考えると，R_1 と R_3 は直列に接続されているので，AB 間の電圧と DE 間の電圧の和が，電池の電圧の和の 72V になる。

DE 間の電圧は，$60\,[\mathrm{V}]+12\,[\mathrm{V}]-44\,[\mathrm{V}]=28\,[\mathrm{V}]$

R_3 の抵抗値が 4.0Ω であるから，R_3 に流れる電流は，

$$\frac{28\,[\mathrm{V}]}{4.0\,[\Omega]}=7.0\,[\mathrm{A}]$$

なお，R_2 を C→F の向きに流れた 4.0A と，R_3 を D→E の向きに流れた 7.0A が F で合流し，R_1 を A→B の向きに流れる 11A になっている。

注 前ページの図において，回路 ABDE を取り出して考えて，R_1 と R_3 が直列で電圧が 72V であるから，I_1 と I_3 が $\dfrac{72\,[\mathrm{V}]}{4.0\,[\Omega]+4.0\,[\Omega]}=9.0\,[\mathrm{A}]$ と考えてはいけない。

$I_1=I_2+I_3$ であり，$I_1 \neq I_3$ なので，R_1 と R_3 には同じ大きさの電流は流れてはいない。

★解答★ (1) 16V　　(2) 11A　　(3) 7.0A

★進んだ問題★

★問題12　6V の電池 E と 6 個の 4Ω の抵抗を使って，右の図のような回路をつくった。

(1) スイッチ S が閉じているとき，BD 間に流れる電流は何 A か。

(2) スイッチ S が閉じているとき，電流計で測定される電流は何 A か。

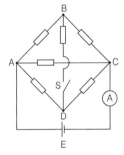

2──電流と発熱

解答編 p.59

1 電流による発熱

(1)**ジュールの法則**　抵抗値の大きなニクロムなどでできた電熱線に，電流を流すと熱が発生する。

　　R〔Ω〕の電熱線に，V〔V〕の電圧をかけて，I〔A〕の電流をt〔秒〕の間流したとき，発生する熱量Q〔J〕は，次のように表される。この関係を**ジュールの法則**という。

$$Q=IVt$$

⊛ オームの法則 $V=RI$ を用いると，$Q=IVt=I^2Rt=\dfrac{V^2}{R}t$ となる。

⊛ ここでは，熱量の単位はエネルギーの単位でもあるジュール（記号 J）で表した。水1gの温度を1℃上げるのに必要な熱量が 1cal＝4.2J である（熱量→p.144）から，カロリー（記号 cal）で表すと，ジュールの法則は，次のようになる。

$$Q=\frac{1}{4.2}IVt=0.24IVt$$

(2)**熱量の測定**　熱量は，右の図のような装置を使って，水の質量と温度変化を調べ，求めることができる。

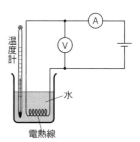

2 電力と電力量

(1)**電力**　いっぱんに，電気器具が熱や光，音などを出したりするときの能力の大小を，**電力**で表す。電力の値が大きいほど，電気器具のはたらきは大きくなる。

　　電力の単位は**ワット**（記号 **W**）や**キロワット**（記号 **kW**）で表す。

$$1000\,W=1\,kW$$

　　V〔V〕の電圧をかけて，I〔A〕の電流が流れるとき，電力P〔W〕は，次のように表される。

$$P=IV$$

⊛ オームの法則 $V=RI$ を用いると，

$$P=IV=I^2R=\frac{V^2}{R}\ となる。$$

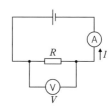

(2)**電力と熱量**　一定の時間に発生する熱量 Q [J] は電力 P [W] に比例
し，一定の電力で発生する熱量は電流を流した時間 t [秒] に比例する。

$$Q=Pt$$

　㊟ ジュールの法則 $Q=IVt$ において $P=IV$ を用いると，$Q=Pt$ を導くこ
とができる。

　㊟ 電力は 1 秒間あたりに消費される電気エネルギーを表し，1 秒間あたりに 1
J 消費されるときの電力が 1 W である。

$$1W=1J/秒$$

(3)**電気器具**　家庭の電気器具は，**並列に接続して使用される**ので，同じ
電圧がかかる。電気コンロ，電気ストーブな
どについている右の図のような表示は，この
器具を 100 V の電源につないで使用すると，
1200 W の電力を消費し，12 A の電流が流れ
ることを表している。

電力表示の例

(4)**電力量**　ある時間内に消費した電気エネルギーの総量を**電力量**という。

$$電力量 [Wh]=電力 [W]×時間 [h]$$

電力量の単位は**ワット時**（記号 **Wh**）や**キロワット時**（記号 **kWh**）
で表す。

$$1000 Wh=1kWh$$

＊**基本問題**＊＊ ①電流による発熱

＊**問題13**　同じ長さの，太いニクロム線 A と細いニクロム線 B について，発熱
量を調べた。次の文は，この実験について述べたものである。（　）にあて
はまる語句または記号を入れよ。ただし，同じものがはいることがある。

(1) 抵抗はニクロム線（　ア　）のほうが大きい。したがって，ニクロム線 A，
B それぞれに同じ大きさの電流を流すと，発熱量はニクロム線（　イ　）の
ほうが大きくなる。また，ニクロム線 A，B それぞれに同じ電圧をかける
と，ニクロム線（　ウ　）のほうが大きい電流が流れ，発熱量も大きくなる。

(2) ニクロム線 A，B を直列につないで電流を流すと，どちらも（　エ　）の
大きさは等しいので，抵抗の（　オ　）いニクロム線（　カ　）のほうの発
熱量が大きくなる。また，ニクロム線 A，B を並列につないで電流を流す
と，どちらも（　キ　）は等しくなり，抵抗の（　ク　）いニクロム線
（　ケ　）のほうが発熱量が大きくなる。

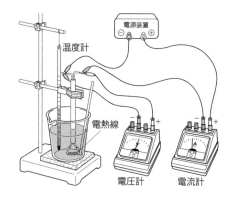

***問題14** 右の図のような装置を使っ
て，電熱線から発生する熱量を調
べた。電圧計は 5.0 V，電流計は
1.0 A を示した。かき混ぜ棒で水
を混ぜながら，5 分間電流を流す
と，水温は 3.0℃ 上昇した。

　次の問いに答えよ。ただし，電
熱線で発生した熱はすべて水温の
上昇に使われたものとする。また，
水の比熱を 4.2 J/g・℃ とする。

(1) 5 分間で発生した熱量は何 J か。また，それは何 cal か。

(2) 水の質量は何 g か。

基本問題* ②電力と電力量─────────────

***問題15** 抵抗が 25Ω の電熱線に，0.40 A の電流が流れている。

(1) この電熱線が消費する電力は何 W か。

(2) この電熱線が 1 秒間に発生する熱量は何 J か。

***問題16** ラベルに 100 V 600 W と表示されている電気ストーブがある。

(1) この電気ストーブをコンセントにつなぐと，流れる電流は何 A か。

(2) この電気ストーブを 20 分間使ったとき，発生する熱量は何 J か。また，こ
のときの電力量は何 kWh か。

◀**例題4**──**電流による発熱**

　くみおきの水 100 g がはいっているビーカーに電熱線
を入れ，右の図のような回路をつくり，電熱線から発生
する熱量を調べた。次ページの表は，スイッチを入れた
後の，電熱線にかかる電圧と，電熱線に流れる電流，お
よび 3 分間に上昇した水の温度との関係を示したもので
ある。なお，水は電圧を変えるごとに，くみおきの水と
入れかえた。また，水の比熱は 4.2 J/g・℃ である。

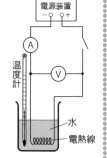

(1) 電熱線の抵抗は何Ω か。

(2) 電圧を 6.0 V にしたとき，水が 3 分間に吸収した熱量は何 J か。

(3) 電圧を 10.0 V にすると，電熱線が消費する電力は何 W になるか。

(4) 電圧を 7.0 V にすると，水の温度は 3 分間に何℃ 上昇するか。

電圧 [V]	2.0	4.0	6.0
電流 [A]	1.0	2.0	3.0
上昇温度 [℃]	0.8	3.2	7.2

(5) 電熱線を抵抗 4.0Ω の電熱線にかえ，容器の水を入れかえて 150 g にした。その後，スイッチを入れ，電圧を 6.0 V にして実験を行った。水の温度は 3 分間に何℃ 上昇するか。

[ポイント] 水の質量と電流を流した時間が一定のとき，温度上昇は消費電力に比例する。

▷解説◁ (1) 電圧が 2.0 V のとき 1.0 A の電流が流れているので，電熱線の抵抗は，オームの法則より，$\dfrac{2.0\,[V]}{1.0\,[A]}=2.0\,[\Omega]$

(2) 100 g の水（比熱 4.2 J/g・℃）の温度が 7.2℃ 上昇しているので，吸収した熱量は，

$$100\,[g]\times 4.2\,[J/g\cdot℃]\times 7.2\,[℃]=3024\,[J]≒3000\,[J]=3.0\times 10^3\,[J]$$

(3) 電熱線に流れる電流は，オームの法則より，$\dfrac{10.0\,[V]}{2.0\,[\Omega]}=5.0\,[A]$

電熱線の消費電力は，$5.0\,[A]\times 10.0\,[V]=50\,[W]$

(4) 電熱線に流れる電流は，オームの法則より，$\dfrac{7.0\,[V]}{2.0\,[\Omega]}=3.5\,[A]$

電熱線の消費電力は，$3.5\,[A]\times 7.0\,[V]=24.5\,[W]$

電圧が 4.0 V，電流が 2.0 A のとき，すなわち消費電力 8.0 W のとき 3 分間で水の温度が 3.2℃ 上昇しているので，24.5 W のときの 3 分間の上昇温度は，

$$3.2\,[℃]\times\dfrac{24.5\,[W]}{8.0\,[W]}=9.8\,[℃]$$

(5) 抵抗 4.0Ω の電熱線に 6.0 V の電圧をかけるから，電熱線に流れる電流は，オームの法則より，$\dfrac{6.0\,[V]}{4.0\,[\Omega]}=1.5\,[A]$

電熱線の消費電力は，$1.5\,[A]\times 6.0\,[V]=9.0\,[W]$

消費電力 8.0 W のとき 3 分間で 100 g の水の温度が 3.2℃ 上昇しているので，9.0 W のとき 3 分間で 150 g の水の上昇温度は，$3.2\,[℃]\times\dfrac{9.0\,[W]}{8.0\,[W]}\times\dfrac{100\,[g]}{150\,[g]}=2.4\,[℃]$

または，表の 6.0 V，7.2℃ を利用して，次のように考えてもよい。

抵抗が 2 倍になるので，$P=\dfrac{V^2}{R}$ より電力が $\dfrac{1}{2}$ になり，水の質量が 1.5 倍であるから，

上昇温度は，$7.2\,[℃]\times\dfrac{1}{2}\times\dfrac{1}{1.5}=2.4\,[℃]$ となる。

◁解答▷ (1) 2.0Ω　　(2) 3000 J，または，3.0×10³ J　　(3) 50 W　　(4) 9.8℃　　(5) 2.4℃

◀演習問題▶

◀**問題17** 1本の電熱線を切って，3本の電熱線P，Q，Rをつくり，10Vの電源，および電流計を使って，右の図のような回路をつくった。電熱線Qは8.0Ωで，電熱線Rは電熱線Qの半分の長さであった。このとき，電流計は1.0Aを示した。

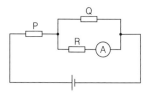

(1) 電熱線Rの抵抗は何Ωか。

(2) 電熱線Pの抵抗は何Ωか。

(3) 電熱線Pが消費する電力は，電熱線Qが消費する電力の何倍か。

◀**問題18** 次の実験について，後の問いに答えよ。ただし，水の比熱を4.2J/g・℃とする。

［実験1］電熱線aにかかる電圧と流れる電流の大きさの関係を調べたところ，図1のようになった。また，電熱線bの抵抗の大きさは，電熱線aの3倍であった。

［実験2］つぎに，図2のように，電熱線a，bを電源装置に接続して，電熱線aを水がはいったビーカーの中に入れ，電熱線bを別の液体がはいったビーカーの中に入れた。2つの液体の質量は同じであった。

［実験3］電熱線aを流れる電流を一定にして，2つのビーカーの中の液体の温度を測定したところ，図3のようになった。電熱線で発生した熱はすべて液体に吸収されたものとする。

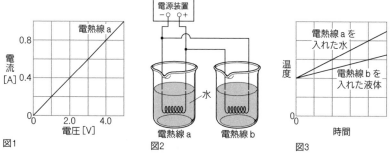

図1 図2 図3

(1) 電熱線bの抵抗は何Ωか。

(2) 実験2で，電熱線aを流れる電流が0.90Aのとき，電熱線bを流れる電流は何Aか。

(3) 実験2で，一定時間に電熱線aで発生する熱量と電熱線aを流れる電流との関係を表すグラフはどれか。ア～エから選べ。

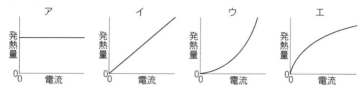

(4) 実験3で，一定時間に電熱線aで発生する熱量は，電熱線bで発生する熱量の何倍か。

(5) 実験3で，電熱線bを入れた液体の比熱は，水の比熱の何倍か。

◀**問題19** 長さ28.0cmで，一様な太さのニクロム線がある。このニクロム線に42.0Vの電圧をかけると，1.50Aの電流が流れた。このニクロム線を5：4：3：2の長さに切って，4本の電熱線 R_a，R_b，R_c，R_d をつくった。ビーカー A～D にそれ

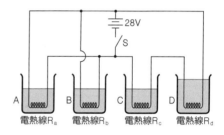

ぞれ電熱線 R_a～R_d を入れ，上の図のような装置をつくってビーカー内の液体の温度変化を測定した。ビーカー A，B，C には水がそれぞれ100g，100g，X〔g〕，ビーカー D には別の液体が160gはいっており，スイッチを入れる前の液体の温度はすべて等しかった。

次の問いに答えよ。ただし，電熱線で発生した熱はすべて液体の温度を上昇させるのに使われたものとする。また，水の比熱を4.2J/g・℃とする。

(1) スイッチSを入れたとき，電熱線 R_a，R_b，R_c，R_d を流れる電流の比はいくらか。最も簡単な整数比で答えよ。

(2) スイッチSを入れてから，ビーカー A の温度上昇はビーカー C の2倍であった。ビーカー C には何gの水がはいっていたか。

(3) スイッチSを入れてからビーカー B の水は，T〔秒〕後に沸とうした。ビーカー A の水が沸とうするのに要する時間は T の何倍か。

(4) この回路の総消費電力は何Wか。

3——電流と磁界 解答編 p.62

1 棒磁石がつくる磁界

　棒磁石のまわりに磁針を置くと，磁針は力を受けて振れる。磁針にはたらく磁石の力を**磁力**（→p.129）といい，磁力がはたらく空間を**磁界**とよぶ。磁針のN極がさす向きを，その点での**磁界の向き**という。

　また，右の図のように磁針のN極がさす向きを結んでいくと，曲線が描ける。この曲線を**磁力線**という。**磁力線の間隔がせまいところほど磁界が強く，磁針に大きな磁力がはたらく。**

磁力線

2 電流がつくる磁界

　導線に電流が流れると，電流のまわりに磁界ができる。

(1)直線状の導線に流れる電流がつくる磁界　直線状の導線に流れる電流がつくる磁界は，導線に垂直な平面内で，導線を中心とする同心円状にできる。磁界の向きは，電流の向きを右ねじ（右に回してしめるねじ）の進む向きに合わせたとき，右ねじを回す向きと同じである。これを**右ねじの法則**という。**磁界の強さは，電流が大きいほど，導線に近いほど強い。**

右ねじの法則

電流の向き

右ねじの進む向き

磁界の向き

右ねじを回す向き

導線に流れる電流の向きと磁界

　🈟電流がつくる磁界のようすを表す磁力線は，磁石の場合とちがってひと続きの曲線になり，出発点も終点もない。

(2)コイルに流れる電流がつくる磁界　コイル（導線を何回か巻いたもの）に流れる電流がつくる磁界は，次ページの図のように，さまざまな向きにできる。特に，コイル内部を通る磁界の向きは，右手の4本の指をコイルに流れる電流の向きに合わせてにぎったときの，親指のさす向きと同じである。これを**右手の法則**という。

　🈟コイルの中に鉄心などを入れたものを電磁石といい，電流を流したときだけ磁石になる。また，**電磁石の強さは，電流が大きいほど，単位長さあたりのコイルの巻き数が多いほど強い。**

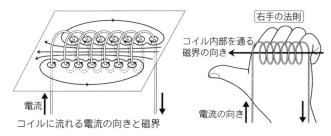

コイルに流れる電流の向きと磁界

右手の法則

コイル内部を通る磁界の向き

電流の向き

③電流が磁界の中で受ける力

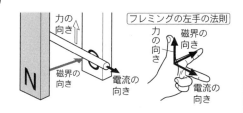

力の向き

磁界の向き

電流の向き

フレミングの左手の法則

力の向き

磁界の向き

電流の向き

磁界の中の導線に流れる電流が，磁界から力を受けて，導線が力の向きに動き出す。力の大きさは，電流の大きさ，磁界の強さに比例する。力の向きは，電流の向きや磁界の向きによって決まる。左手の中指，人さし指，親指をたがいに直角になるように開き，**中指を電流の向きに，人さし指を磁界の向きに合わせると，親指の向きが電流の受ける力の向きになる**。これを**フレミングの左手の法則**という。

④電磁誘導

(1)**誘導電流の大きさ**　コイル内をつらぬく磁界が変化すると（コイルの中に磁石を出し入れしたり，磁石を動かさないでコイルを動かしたりすると），コイルの両端に電圧が生じる。この現象を**電磁誘導**といい，回路が閉じていれば電流が流れる。この電流を**誘導電流**という。**磁界の変化が大きいほど，単位長さあたりのコイルの巻き数が多いほど大きな電圧が生じ，抵抗が変わらなければ誘導電流も大きくなる**。

(2)**誘導電流の向き**　コイルに流れる誘導電流の向きは，**誘導電流による磁界が，磁石の運動をさまたげる向きになる**。たとえば，コイルに磁石のN極が近づくと，コイルの上部をN極にするように誘導電流が流れる。これを**レンツの法則**という。

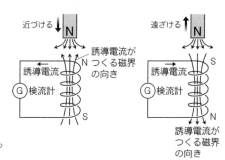

近づける

N

誘導電流がつくる磁界の向き

誘導電流

Ⓖ検流計

S

遠ざける

N

誘導電流

Ⓖ検流計

S

N

誘導電流がつくる磁界の向き

⑤直流と交流

電池からの電流は**直流**とよばれ，大きさや向きが一定で変わらないが，家庭でコンセントから取り出す電流は**交流**とよばれ，大きさや向きがたえず変わり，振動している。

㊟交流が電流の向きを1秒間あたりに変える回数を周波数といい，単位はヘルツ（記号Hz）で表す。東日本では50Hz，西日本では60Hzの交流が使われている。

***基本問題**＊＊①棒磁石がつくる磁界―

＊**問題20** 図1は，強力な棒磁石の磁界のようすを，磁力線で表したものである。

(1) 図1のA点，B点に，図2のような磁針を置くと，磁針のN極はどこをさすか。ア〜エから選べ。

(2) A点〜C点で，磁界が最も弱いところはどこか。

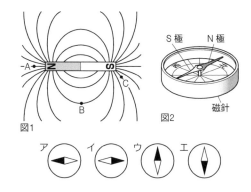

図1

図2

ア　イ　ウ　エ

***基本問題**＊＊②電流がつくる磁界―

＊**問題21** 導線に流れる電流と，電流がつくる磁界について調べるために，右の図のような回路をつくった。ただし，導線ABは南北に向かい水平になっている。

(1) 導線に電流を流したとき，導線のまわりにできる磁力のはたらく空間を何というか。

(2) 導線ABの真下に磁針を置き，スイッチを入れた。磁針のN極はどのように振れるか。

(3) 可変抵抗器を調節して電流の大きさを大きくすると，磁針の振れ方はどのように変わるか。

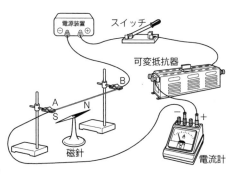

*問題22 右の図のように，導線を水平な厚
紙に通して1巻きの円形コイルをつくった。
このコイルに，電流による磁界が地磁気よ
りひじょうに強くなるように，大きい電流
を矢印の向きに流した。

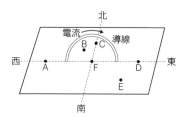

(1) 厚紙の上にできる磁界のようすを磁力
線で表すと，どうなるか。ア〜エから選べ。

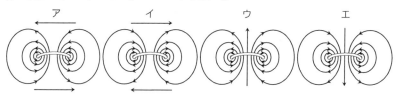

(2) 厚紙のA点〜F点に磁針を置くと，磁針のN極はどこをさすか。ア〜ク
から選べ。

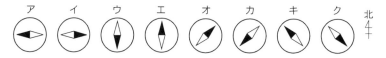

*問題23 右の図のように，鉄心を入れたコイルに，
矢印の向きに電流を流すと，磁界が生じる。鉄心の
外の磁界のようすを表す磁力線を図にかき入れよ。
また，コイルの右端はN極になるか，S極になるか。

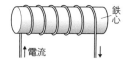

*問題24 コイルに流れる電流がつくる磁界について調べるために，実験1〜4
をそれぞれ次のような操作で行った。

［操作1］図1のような装置をつくり，aとbの間に，図2のコイルA〜Dの

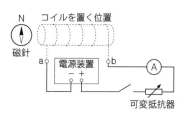

図1

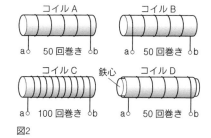

図2

中から1つずつ接続する。ただし，コイルA〜Dの筒の長さと直径はすべて等しいものとする。

［操作2］磁界の強さは磁針の振れの角度で，磁界の向きは磁針の振れの向きで調べる。

次の文の（　）にあてはまるものを下のア〜オから，□□□にあてはまるものを図2のコイルA〜Dから，それぞれ選んで入れよ。ただし，同じものがはいることがある。

(1) 実験1では，コイルAを使って，流れる電流の大きさと磁界の強さとの関係を調べる。このためには，図1の（　①　）を変えることによって，（　②　）を変化させて行う。

(2) 実験2では，コイルの巻き数と磁界の強さとの関係を調べる。このためには，コイルAとコイル□③□を使って，（　④　）を一定にして行う。

(3) 実験3では，コイルに鉄心を入れると，磁界の強さがどのように変化するかを調べる。このためには，コイルAとコイルD，または，コイル□⑤□とコイルDを使って行う。

(4) 実験4では，（　⑥　）と磁界の向きとの関係を調べる。このためには，コイルAとコイルBを使って行う。

ア．コイルに流れる電流の大きさ　　イ．コイルの巻き数
ウ．コイルに流れる電流の向き　　　エ．抵抗の大きさ
オ．コイルに電流を流す時間

*基本問題** ③電流が磁界の中で受ける力―――――――――――――――――

*問題25 次の問いに答えよ。

(1) 図1で，導線にA→Bの向きに電流を流すとき，この導線を流れる電流が磁界から受ける力の向きはどうなるか。ア〜エから選べ。

(2) 図2は，モーターの原理を示したものである。矢印の向きに電流を流すとき，コイルはどのように回るか。ア，イから選べ。

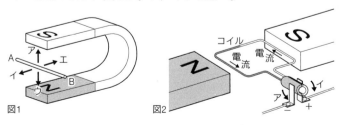

図1　　　　　　　　　　　図2

＊基本問題＊＊4 電磁誘導

＊問題26 次の問いに答えよ。

(1) 次の文の（　　）にあてはまる語句を入れよ。ただし，同じものがはいる
ことがある。

　　コイルの中に磁石を出し入れしたり，磁石を動かさないでコイルを動かし
たりして，コイル内をつらぬく（　ア　）を変化させると，コイルの両端に
（　イ　）が生じる。この現象を（　ウ　）といい，回路が閉じていれば電
流が流れる。この電流を（　エ　）電流という。

　　コイル内をつらぬく（　オ　）の変化が大きいほど，また，単位長さあた
りのコイルの（　カ　）が多いほど，生じる電圧は大きくなる。

(2) 図の①，②は，コイルの中に矢印の向きに棒磁石を入れる。③，④は，矢
印の向きに磁石を少し回す。いずれの場合も，電磁誘導によってコイルに電
流が流れる。A点〜D点に流れる電流の向きは，それぞれア，イのどちら
か。ただし，②のコイルは，1本の導線の両端をつないで，輪にしたもので
ある。

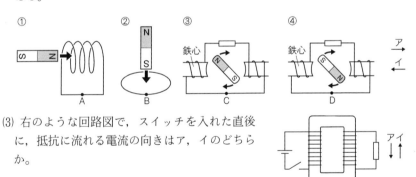

(3) 右のような回路図で，スイッチを入れた直後
に，抵抗に流れる電流の向きはア，イのどちら
か。

＊基本問題＊＊ ⑤ 直流と交流─────────────

＊**問題27** 発光ダイオードは，図1のように，
長いほうのあしが＋極，短いほうのあしが－
極の端子であり，豆電球と異なり，電流が＋
極から－極に流れたときだけ点灯する。

　発光ダイオードA，Bを使って，図2の
ような装置をつくり，電源装置につないで点
灯させる実験を行った。電源装置を直流にし
て電圧をかけ，この装置を左右に動かすと，
どのように観察することができるか。また，
交流にするとどうなるか。ア～エからそれぞれ選べ。

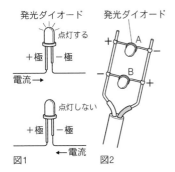

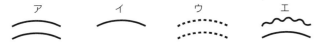

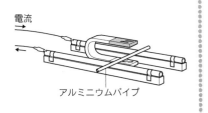

◀**例題5**──電流が磁界の中で受ける力
　右の図のように，U字形磁石のN
極，S極の間にアルミニウムパイプを
置き，矢印の向きに電流を流した。
(1) アルミニウムパイプはどうなるか。
(2) 電流の向きを反対にすると，アル
　ミニウムパイプはどうなるか。
(3) U字形磁石のS極を上にして置き，矢印の向きに電流を流すと，アルミ
　ニウムパイプはどうなるか。

[**ポイント**] フレミングの左手の法則を用いる。

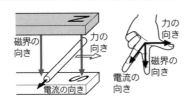

▷**解説**◁ (1) アルミニウムパイプには，右の図の
ように電流が流れる。左手の中指を電流の向き
に，人さし指を磁界の向きに合わせると，親指
は右を向く。アルミニウムパイプは，右向きの
力を受けて動く。
(2) 中指の向きを反対にすると，親指の向きは(1)と反対になる。
(3) 人さし指の向きを反対にすると，親指の向きは(1)と反対になる。
◁**解答**▷ (1) 右に動く。　(2) 左に動く。　(3) 左に動く。

◀演習問題▶

◀**問題28** 磁界の中で電流がどのような力を受けるかを調べるために，図1のような装置をつくった。この装置に電流を流したところ，コイルが矢印のように前方に動いた。

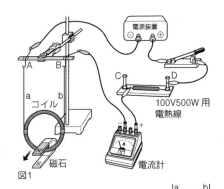

図1

(1) この装置の一部を次のように変えて，電流を流した。コイルが矢印の向きに動いたのはどの場合か。ア～エからすべて選べ。

ア．電流の流れる向きが逆になるように配線した。

イ．図2のように，aとbを交換して下げた。

ウ．図3のように，S極を上にした。

エ．図4のように，磁石の向きを変えた。

(2) 磁界から電流が受ける力の大きさと，コイルに流れる電流の大きさは比例することがわかっている。コイルの動き方が，さらに大きくなるのはどの場合か。ア～ウからすべて選べ。

ア．電源装置の電圧を大きくする。

イ．CにあるクリップをDに近づけていく。

ウ．電熱線を100V100W用に変える。

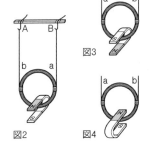

図2　図3　図4

◀例題6──電磁誘導

右の図のように，N極を下にした棒磁石をコイルに近づけて，しばらくその状態で止め，つぎに，磁石をコイルから遠ざける実験を行った。

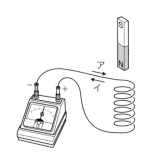

(1) 次の文は，検流計の針の振れについて述べたものである。正しいものをア～エから選べ。

ア. 磁石を近づける瞬間に振れてすぐもとにもどり，磁石を遠ざける瞬間に再び同じ向きに振れてもとにもどる。

イ. 磁石を近づける瞬間に振れてその状態を保った後，磁石を遠ざける瞬間にもとにもどる。

ウ. 磁石を近づける瞬間に振れてすぐもとにもどり，磁石を遠ざける瞬間に逆の向きに振れてすぐもとにもどる。

エ. 磁石を近づける瞬間に振れてすぐもとにもどり，磁石を遠ざけるときは動かない。

(2) 磁石を近づける瞬間に検流計に電流が流れるのは，コイルの両端に電圧が生じたからである。この現象を何というか。また，このとき検流計に流れる電流の向きは，ア，イのどちらか。

(3) S極を下にした棒磁石でこの実験を行うと，N極を下にした棒磁石で行った場合と比べて，どうなるか。

[ポイント] 電磁誘導は，コイル内をつらぬく磁界が変化している間だけ生じる。コイルに流れる誘導電流の向きは，誘導電流による磁界が，磁石の運動をさまたげる向きになる（レンツの法則）。

▷解説◁ コイルに磁石を近づけたり遠ざけたりすると，コイル内をつらぬく磁界が変化し，その瞬間にコイルの両端に電圧が生じる。この現象を電磁誘導といい，回路が閉じていれば電流が流れる。また，電磁誘導によって流れた電流を誘導電流という。

電磁誘導は，コイル内をつらぬく磁界が変化している間だけ生じるので，どんなに強力な磁石を近づけても，磁石を動かさなければ生じない。したがって，磁石が静止しているときは電流も流れない。

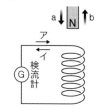

コイルに流れる誘導電流の向きは，誘導電流による磁界が，磁石の運動をさまたげる向きになる。右の図で，磁石のN極がaのように近づくときは，コイルの上部をN極にするような誘導電流が流れる。すなわち，電流の向きはイとなる。また，磁石のN極がbのよ

うに遠ざかるときは，コイルの上部をＳ極にするような誘導電流アが流れる。

　なお，検流計は，ひじょうに敏感な計器なので，磁石からは1m以上はなしておく。また，検流計の針は，電流が＋端子に流れこむと右側に，－端子に流れこむと左側に振れる。

◁**解答**▷ (1)　ウ　　(2)（現象）電磁誘導　　（電流の向き）イ

　　　　(3)　検流計の振れる向きがすべて反対になる。

◀演習問題▶

◀**問題29**　豆電球，発光ダイオード，強力な棒磁石，密に巻いたコイルを使って，図1のような回路をつくり，Ｎ極を下にした棒磁石を上から下にまっすぐにコイルの内部に落下させた。棒磁石がコイルに上から近づいているとき，図1の豆電球と発光ダイオードが光った。

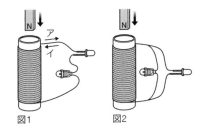

(1)　棒磁石がコイルに上から近づいているとき，誘導電流による電磁石のはたらきを考えると，コイルの上部はＮ極，Ｓ極のどちらになっているか。

(2)　このとき，回路に流れる電流の向きはア，イのどちらか。

(3)　豆電球と発光ダイオードのつなぎ方だけを図2のように変えて，同じ条件で実験を行った。次の場合，豆電球は光るか。また，発光ダイオードは光るか。

　①　棒磁石がコイルに上から近づいているとき

　②　棒磁石がコイルの下から遠ざかっているとき

◀**問題30** 図1は，自転車に使われる発電機の構造を示す略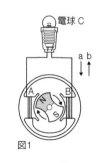
図である。中心は永久磁石で，車輪の回転によって回る。
A，Bはコイルで，磁石が回転すると，電磁誘導によって
電圧を生じ，回路に電流が流れる。

(1) 磁石が矢印の向きに回り，図の位置にきたとき，電球
　 Cに流れる電流の向きは，a，bのどちらか。

(2) 図1で，磁石のN極がAのコイルに最も近い位置に
　 きた時間を0秒とし，磁石が1回転する時間を T［秒］
　 とすると，電球を流れる電流の変化を表すものはどれか。ア〜エから選べ。
　 ただし，図1で電流がaの向きに流れるときを＋とする。

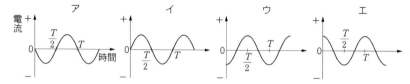

(3) 磁石を毎秒5回転させると，何Hzの交流が取り出せるか。

◀**問題31**　電池，大きさの変えられる抵抗と電流計に直列に接続されている円形
の導線Aと，1つの抵抗と直列に接続されている円形の導線Bとがある。図1
のように，この2つの導線をたがいに平行になるように水平に置き，導線B
の下に棒磁石をN極が上になるように固定する。
　　抵抗の大きさを変化させると，導線Aに流れる電流の大きさが，図2のグ
ラフのように変化した。0〜10秒の間で，導線Bと棒磁石の間に引力のはたら
くのはいつか。

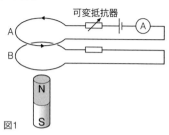

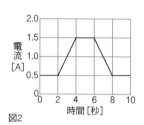

◀**問題32** 図1のように，抵抗に交流電源を接続し，電流の流れ方が時間とともにどのように変化するかを調べると，図2のグラフになった。また，図1と抵抗値の等しい抵抗2つを，図3ように直列に接続すると，図4のグラフになった。ただし，電流の向きは，矢印の向きを正にとってある。

図5のように，矢印の向きにだけ抵抗値0Ωで電流を流す発光ダイオードを抵抗に直列に接続したとき，抵抗を流れる電流を調べると，図6のグラフになった。

図7，図8のように，抵抗 R_1〜R_3 と発光ダイオードを接続したとき，抵抗 R_1〜R_3 を流れる電流のグラフはそれぞれどれか。ア〜サから選べ。ただし，抵抗 R_1〜R_3 の抵抗値はすべて等しく，発光ダイオードの性質もすべて同じである。

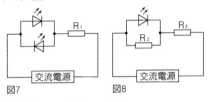

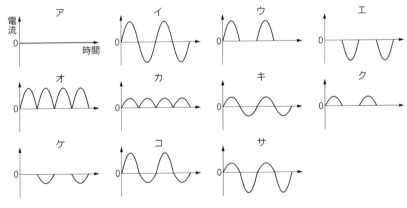

4——電流と電子

解答編 p.67

1 放電

　空気などの気体は, いっぱんには電気を通さないが, ひじょうに高い電圧をかけると, 電流が流れる。この現象を**放電**という。右の図のように, 放電管の中の空気を真空ポンプでぬいて気圧を下げ,

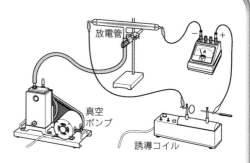

誘導コイルをつないで高い電圧をかけると, 電流が流れるようになる。これを**真空放電**という。

2 陰極線

(1)**陰極線**　図1の真空放電では, 蛍光板上にスリットからまっすぐにのびる明るい線が見える。また, 図2の真空放電では, ＋極側の十字形の影が後ろにうつる。したがって, －極から光のようなものが出て, 直進していることがわかる。この光のようなものを**陰極線**という。

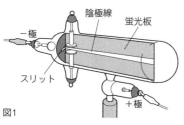

図1

図2
＋極側の十字形の影が
後ろにうつる

(2)**陰極線の性質**　右の図のように, 陰極線が出ている放電管に, さらに AB 間に電圧をかけると, 陰極線は＋極である A のほうに曲がる。このことから, **陰極線は－の電気をおびている**ことがわかる。

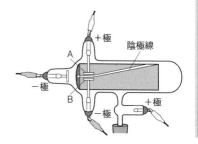

③電子と電流

(1)電子の発見　イギリスのトムソンは，19世紀の終わりに，陰極線はひじょうに小さな粒子の移動であり，それが－の電気をおびた1種類の粒子であることを発見した。この粒子を**電子**という。

(2)電流の正体　原子は，中心に＋の電気をおびた原子核があり，そのまわりを－の電気をおびたいくつかの電子が回っている。金属の原子では，一部の電子が原子間を自由に動くことができる。これを特に**自由電子**という。

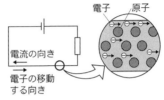

　電池の＋極と－極を金属の導線で結ぶと，導線に電流が流れる。**導線に電流が流れるのは，自由電子が導線の中を－極から＋極へ向かって移動するからである。**

(3)磁界と電子の運動　図1のように，磁石を近づけると陰極線は曲がる。このことから，陰極線は電子の移動であり，電子が図2のように力を受けていることがわかる。磁界の中で電流が受ける力とは，電子にはたらく力

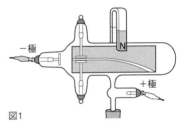

図1

である。電子の移動する向きは，電流の向きと逆であり，図3のように，フレミングの左手の法則が成り立つ。

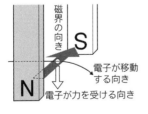

図2

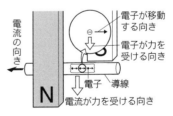

図3

＊基本問題＊＊①放電

＊問題33 右の図で，A は放電管で，管の
中の空気を真空ポンプでぬき取ることがで
きるようになっている。D は電源で，その
電圧は，装置 E によって高い電圧にされ，
放電管 A の電極 B，C にかけられている。

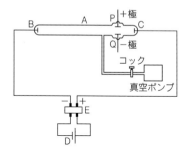

(1) 装置 E は何か。

(2) 放電管 A の中の空気を真空ポンプでぬ
いて気圧を下げ，高い電圧をかけると，
管内に残っている空気が赤紫色に光り始め，電流が流れるようになる。この
現象を何というか。

＊基本問題＊＊②陰極線

＊問題34 問題 33 の図で，P と Q は平板状の電極である。放電管 A の中の空気
を，問題 33 の(2)よりさらにぬき取り，真空に近い状態にすると，電極 C の近
くのガラス壁が黄緑色に光るのが観察できる。

(1) 電極 B から電極 C に向かって直進し，ガラス壁を光らせている光のような
ものを何というか。

(2) 電極 B から電極 C に向かって直進している光のようなものに，P を＋極，
Q を－極として電圧をかけると，光のようなものは PQ 間を通過するときど
うなるか。ア〜オから選べ。

ア．消滅する。　　　　　　イ．直進する。　　　　　　ウ．B のほうへ進む。
エ．P のほうへ進む。　　　オ．Q のほうへ進む。

＊基本問題＊＊③電子と電流

＊問題35 右の図は，金属の導線の中を電流が流れるよ
うすを，モデルで表したものである。

(1) 図の A は何か。

(2) 電流の流れる向きはア，イのどちらか。

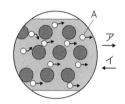

◀例題7——真空放電

右の図は真空放電管であり，A，B，C，D はそれぞれ電極で，C，D は平行な2枚の金属板である。また，E は蛍光板である。AB 間に高い電圧をかけたところ，蛍光板に明るい線が現れた。

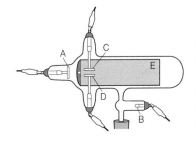

(1) 蛍光板に明るい線が現れるのは，電極 A からあるものが連続的に飛び出して蛍光板に当たるからである。電極 A から飛び出すあるものとは何か。

(2) 電極 A から飛び出すあるものの連続的な流れを，何というか。

(3) 電極 A は＋極か，－極か。

(4) 下の図は，蛍光板に現れた明るい線のようすをかいたものである。次の場合，どのような線になるか。ア～オからそれぞれ選べ。
 ① CD 間に電圧をかけなかった場合
 ② CD 間に，電極 C が＋極になるように電圧をかけた場合

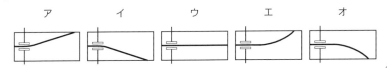

[ポイント] 放電管の－極から出る陰極線は，－の電気をおびた粒子である電子の移動である。

▷解説◁ 真空に近い放電管の中で，2つの電極に高い電圧をかけると，－極から＋極へ向かって電子が連続的に飛び出してくる。この電子の連続的な流れを陰極線という。

陰極線は，－極から電極に対して垂直に飛び出し直進していくが，－の電気をおびた電子の移動であるから，CD 間に電圧がかかっていると，＋極側に引きよせられ，進路が曲げられる。CD 間を通り過ぎた後は，どこからも力が加わらないので，再び直進する。

◁解答▷ (1) 電子　　(2) 陰極線　　(3) －極　　(4) ① ウ　　② ア

◀演習問題▶

◀問題36 図1のように，真空放電管の中に蛍光板を入れ，電極 AB 間に高い
電圧をかけた。図2は，その一部（電極 A 側）を拡大したものである。

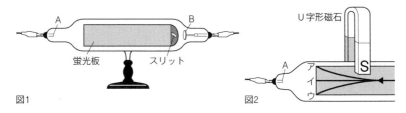

図1　　　　　　　　　　　　　　　図2

(1) 図2の矢印の向きに陰極線が進んでいるとき，電極 A は何極か。

(2) 図2のように管をまたいで磁石を置くと，陰極線の進む向きはどうなるか。
ア～ウから選べ。

(3) (2)の結果から，陰極線はどのようなものの流れであると考えられるか。

(4) 陰極線の進路を曲げる方法として，図2のように磁石を使う以外にどのよ
うな方法があるか。

◀問題37 放電管の中の気圧を下
げ，放電管の両極に誘導コイル
をつないで高い電圧をかけると，
真空放電がおこる。放電がおこっ
ているのは，放電管内のわずか
に残っている気体が線状にうす

図1

く光ったり，蛍光板が光ることからわかる。(A)この放電（線）が＋極，－極
いずれの極から出て，左右いずれの向きに飛んでいるのかを示すものとして，
しばしばある放電管が使われる。また，(B)それが何であるかをU字形磁石を
使って調べることができる。

　こうした実験で，放電は－極から出ていることから，陰極線とよばれ，さら
に，それが電子であることがわかった。しかし，それだけで電源と放電管を結
ぶ導線中を電子が移動しているといいきることはできない。なぜならば放電管
の－極で＋と－の粒子に分かれ，電子は放電管に，そして＋の粒子が導線中に
移動する可能性もあるからである。実際，導線中を移動する粒子が何であるか
を判定するのは，きわめて難しい。

　一例として，図2のように，右向きに流れる電流に磁石を近づけたとき，電

流が受ける力を考えると，^(C)仮に＋の粒子が移動し
ているとしたなら，粒子が移動する向きは（　①　）
向きで，磁石から（　②　）向きに力を受け，もし－
の粒子が流れているなら，その粒子が移動する向きは
（　③　）向きで，磁石から（　④　）向きに力を受ける。

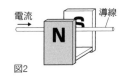

図2

　さて，銅などの導線中には電流が流れているかどうかにかかわらず，1cm³
あたり1億個の1億倍の1千万倍（100,000,000×100,000,000×10,000,000
個）もの自由電子がある。電流が流れていないときも各自由電子は動いている
が，その速度の平均が0であるのに対し，電流が流れているときの各自由電子
の速度の平均は毎秒数mm～数cmの程度になる。たとえば，^(D)廊下の電灯の
スイッチを入れると，いっせいに廊下中の電灯が点灯する。これは，スイッチ
付近にあった自由電子が瞬時に電灯の近くまで移動するのではなく，スイッチ
から電灯までにある自由電子が，いっせいに動き出すのである。電子の動きは
水の流れにたとえられることが多く，ちょうど，水道の蛇口をあけると貯水そ
うから蛇口までいっせいに水が流れ出すのと同じことである。

(1) (A)の実験でよく使われる放電管はどのような構造のものか。また，放電
　　しているときのようすはどうなるか。図3の放電管内にかき入れよ。

(2) (B)の方法で，磁石の極，陰極線が曲がる向きに注意し，図4に，やや斜
　　めから見た感じで，磁石および陰極線をかき入れよ。

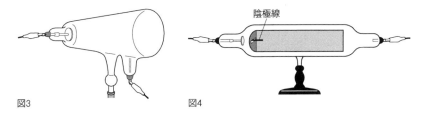

図3　　　　　　　　　　　　　図4

(3) (C)の（　）にあてはまる向きは何か。「左」「右」「上」「下」「前」「後
　　ろ」の文字で答えよ。

(4) (D)のようにいっせいに電灯が点灯するためには，スイッチが入れられた
　　ことを，何かが導線中を光に近い速さですべての自由電子に伝えなければな
　　らない。導線中を光に近い速さで伝えるものは何か。水の例をヒントにして，
　　ア～オから選べ。

　　ア.自由電子　　　　　　　イ.原子　　　　　　　ウ.電圧（電気の力）
　　エ.導線の振動　　　　　　オ.水圧

運動とエネルギー

1——物体の運動
解答編 p.69

1 運動と速さ

(1)**運動** 物体の位置が時間とともに変化することを，**運動**という。

(2)**速さ** 単位時間（1秒間，1時間など）あたりに移動する距離を，**速さ**という。速さの単位は**メートル毎秒**（記号 m/秒），**キロメートル毎時**（記号 km/時）などを使う。

$$速さ[m/秒] = \frac{移動距離[m]}{かかった時間[秒]}$$

㊟単位時間が1秒間の場合を**秒速**，1時間の場合を**時速**という。

(3)**平均の速さと瞬間の速さ** 上で求めた速さは途中の速さの変化を考えず，一定の速さで物体が移動したとみなしたものであり，これを**平均の速さ**という。自動車のスピードメーターが示す値のように，ごく短い時間に移動した距離をもとに求める速さを**瞬間の速さ**という。

(4)**速度** 向きの情報をもった速さを**速度**という。速度は力と同じように矢印で表すことができる。速度の大きさ（速さ）を矢印の長さで，速度の向きを矢印の向きで表す。東向きに40km/時と西向きに40km/時では，速さは同じであるが，速度は異なる。

(5)**速度の合成** 川を船で横切るとき，静水時の船の速度を V_1[m/秒]，川の流れる速度を V_2[m/秒] とすると，川岸から見た船の速度 V[m/秒] は力の合成と同じように，平行四辺形をかいて求めることができる（力の合成→p.131）。

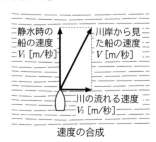

速度の合成

②記録タイマー

一定の時間間隔ごとに，紙テープに点を打つ器具を**記録タイマー**という。紙テープをつけた力学台車の運動を，記録タイマーで記録して速さを求めることができる。

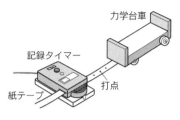

力学台車

記録タイマー

打点

紙テープ

運動を記録した紙テープ 東日本では5打点するのに0.10秒かかる。

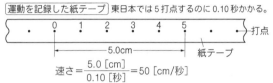

打点

紙テープ

$$速さ＝\frac{5.0\,[\text{cm}]}{0.10\,[秒]}＝50\,[\text{cm}/秒]$$

🈟 交流用記録タイマーは，使用する交流の周波数によって，1秒間に打つ点の数が異なる。東日本では1秒間に50打点，西日本では1秒間に60打点となる。

③等速直線運動

物体が一直線上を一定の速さで運動することを，**等速直線運動**という。等速直線運動では，移動距離は時間に比例する。

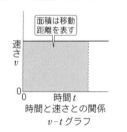

面積は移動距離を表す

速さ v

0 　時間 t
時間と速さとの関係
v–t グラフ

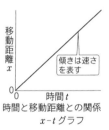

移動距離 x

傾きは速さを表す

0 　時間 t
時間と移動距離との関係
x–t グラフ

移動距離 [m]＝速さ [m/秒]×かかった時間 [秒]

④慣性の法則

物体が力を受けていないとき，または受けている力の合力が0になり，力がつり合っているとき，静止している物体は静止し続け，運動している物体は等速直線運動を続ける。これを**慣性の法則**といい，物体がもつこのような性質を**慣性**という。

⑤速度が時間とともに変化する運動

(1)**加速度**　物体に力がはたらき続けると，物体の速度は時間とともに変化する。このときの，単位時間あたりの速度の変化を**加速度**という。加速度は，速度と同じように，大きさと向きがある。加速度の単位は**メートル毎秒毎秒**（記号 **m/秒²**）などを使う。

$$加速度\,[\text{m}/秒^2]＝\frac{速度の変化\,[\text{m}/秒]}{時間\,[秒]}$$

(2)**等加速度運動**　加速度が一定である運動を，**等加速度運動**という。

①**斜面を下りる物体の運動**

斜面に置いた台車から手を
はなすと，台車の速度は時
間に比例して一定の割合で
増加する。**これは，重力の
斜面に平行な分力がつねに
同じ大きさで同じ向きに，**
台車にはたらき続けているからである。斜面の傾きが大きいほど，
v-t グラフの直線の傾きが大きくなり，加速度は大きくなる。

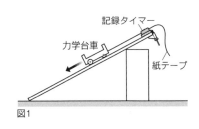
図1

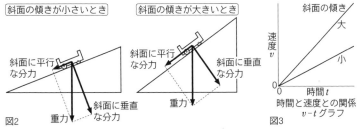
図2　　図3

斜面の傾きが大きくなると，斜面に平行な分力は大きくなり，図3のグラフの
直線の傾きも急になる。したがって，斜面の傾きが大きくなると，速度の変化
する割合である加速度が大きくなる。

②**落下運動**　手にもっていたボールをはなしたとき，落下するボール
の速度は時間に比例して一定の割合で増加する。このような物体の
運動を**落下運動**という。空気の抵抗などを考えなければ，物体には
重力のみがはたらき，等加速度運動になる。

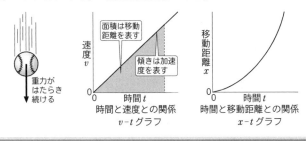

*基本問題** ①運動と速さ─────────────

*問題1 次の問いに答えよ。

(1) 180km の距離を 2 時間半で走る特急電車の平均の時速を求めよ。また，この特急電車の平均の秒速を求めよ。

(2) トオル君が投げたボールの速さが 108km/時であった。このとき，ボールは 0.20 秒間に何 m 移動したか。

*問題2 速度 3m/秒で流れている川があり，船の向きをつねに流れと直角になるようにしてこの川を横切るとき，川岸から見た船の速度は何 m/秒になるか。作図して求めよ。ただし，この船の静水時の速度は 4m/秒である。

*基本問題** ②記録タイマー─────────────

*問題3 1 秒間に 50 回点を打つ
記録タイマーで台車の運動を調
べたところ，紙テープの打点は，

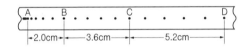

右の図のようになった。AB 間，BC 間，CD 間の平均の速さをそれぞれ求めよ。

*基本問題** ③等速直線運動─────────────

*問題4 次の文の（　　）にあてはまる語句を入れよ。

物体が一直線上を一定の速さで運動することを（　ア　）運動という。

（　ア　）運動では，移動距離は時間に（　イ　）する。

*基本問題** ④慣性の法則─────────────

*問題5 次の文の {　　} の中から正しい語句を選べ。

水平な机や床の上で，物体を一定の速さで動かし続けるためには，加わる摩擦力に対して，{より大きな，同じ大きさの，より小さな} 力を，{同じ向き，垂直な向き，反対向き} に {最初に加えておく，適当な間隔をおいて加える，加え続ける} 必要がある。

＊基本問題＊＊⑤速度が時間とともに変化する運動────────────────────

＊問題6 西から東に自動車が 10.0m/秒の速度で走っている。アクセルを踏んでから 2.0 秒間で 14.0m/秒になったとき，自動車の加速度の大きさは何m/秒² か。

◀例題1──等速直線運動の x-t グラフ

右の図は，一直線上を運動する物体の，時間と移動距離との関係を表したグラフである。

(1) 0 秒から 0.60 秒までの間の平均の速さは何m/秒か。

(2) 0.60 秒から 1.60 秒までの間の物体の運動はどうなるか。ア～オから選べ。

ア. 一定の速さで運動した。

イ. 一定の割合で速さが増加した。

ウ. 速くなったり，おそくなったりした。

エ. 一定の割合で速さが減少した。

オ. 静止していた。

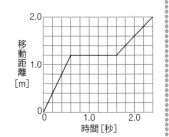

(3) 1.60 秒から 2.40 秒までの間の物体の運動を，記録タイマーで記録したとき，紙テープの $\frac{1}{50}$ 秒ごとの打点はどうなるか。ア～オから選べ。

ア
イ
ウ
エ
オ

[ポイント] 等速直線運動の x-t グラフは直線となり，その傾きが物体の速さを表している。

▷解説◁ 物体の運動は，1 秒間あたりに移動する距離で表される。これが速さである。

$$速さ [m/秒] = \frac{移動距離 [m]}{かかった時間 [秒]}$$

たとえば，100m を 12.5 秒で走る選手の速さは，$\frac{100 [m]}{12.5 [秒]} = 8.00 [m/秒]$ となる。

しかし，これは100m を通しての平均の速さであり，スタートからゴールまでつねに同

じ速さで走ったのではない。止まっていた状態から走り出してスピードを上げ，やがて全力疾走となる。スタートから2m，3mの地点を通過するときと，20mの地点を通過するときとでは，その速さは異なっている。ある地点を通過するときの瞬間の速さは，その地点からごく短い時間に移動した距離を，その短い時間で割って求めることができる。

また，どの地点においても速さが変わらないような直線運動を，等速直線運動という。**等速直線運動では，移動距離は時間に比例する。**

縦軸に物体が移動した距離 x [m] を，横軸にかかった時間 t [秒] をとって物体の運動を表したグラフを，**x-t グラフという。等速直線運動の x-t グラフは直線となり，その傾きが物体の速さを表している。**

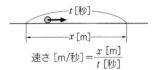

$$速さ [m/秒] = \frac{x [m]}{t [秒]}$$

(1) グラフより，0.60 [秒] − 0 [秒] = 0.60 [秒] 間に移動した距離は 1.20 m である。

$$\frac{1.20 [m]}{0.60 [秒]} = 2.0 [m/秒]$$

(2) 0.60 秒から 1.60 秒までの間の x-t グラフは横軸に平行で，移動距離の変化は 0 m である。

(3) 1.60 秒から 2.40 秒までの間の運動は等速直線運動であるから，どの $\frac{1}{50}$ 秒においても移動距離は等しい。

◁解答▷ (1) 2.0 m/秒　　(2) オ　　(3) ア

◀演習問題▶

◀**問題7** 図1のように，水平面上を直線運動する自動車の速さを測定した。測定を始めた時刻を 0 秒とする。図2は，測定したときの時刻 t [秒] と速さ v [m/秒] との関係を表したグラフ（v-t グラフ）である。

(1) 3.0 秒から 6.0 秒までの間の自動車の移動距離は何 m か。

(2) 0 秒から 7.0 秒までの間に，自動車が直線運動した時刻 t [秒] と移動距離 x [m] との関係を表したグラフ（x-t グラフ）をかけ。

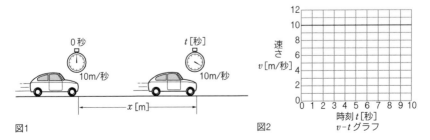

図1

図2
v-t グラフ

◀例題2──慣性の法則

右の図のように，小石を細い糸で上からつるし，小石の下の糸を引いた。糸はどのように切れるか。ア～エから選べ。また，その理由を簡潔に説明せよ。

ア．小石の上の糸が切れる。

イ．小石の下の糸が切れる。

ウ．糸がどこで切れるかは，偶然による。

エ．糸の引き方により，小石の上の糸も下の糸も切ることができる。

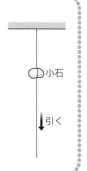

［ポイント］物体が力を受けていないとき，または受けている力の合力が 0 になり，力がつり合っているとき，静止している物体は静止し続ける（慣性の法則）。

▷解説◁ すべての物体は，運動の速さと向きを保とうとする性質（これを慣性という）をもっている。

糸をゆっくり引くときは，小石は時間をかけて少しずつ下へ動いてくるので，上の糸も下の糸ものび，どちらの糸も張力が大きくなる。小石の動きは少しずつなので，静止し続けていると考えることができ，小石の受ける力はつり合う。したがって，小石の重さの分だけ上の糸の張力が大きくなり，先に切れるのは上の糸である。

糸を急に引くときは，慣性のために，小石がほとんど動かないうちに下の糸だけがのびる。上の糸はのびない

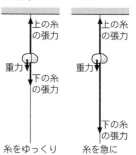

ので，下の糸の張力だけが大きくなり，下の糸が先に切れる。このとき小石の受ける力はつり合わなくなり，小石の加速度が下向きになるが，この状態はひじょうに短い時間しか続かず，小石が動き出す前に下の糸が切れる。

◁解答▷ エ

（理由）糸をゆっくり引くと，上の糸の張力が下の糸の張力より小石の重さの分だけ大きくなり，上の糸が先に切れるが，急に引くと，慣性のため小石が動かず，下の糸だけがのび，下の糸が先に切れる。

◀演習問題▶

◀問題8 走っていたバスが急停車した。立っていた乗客はどうなるか。また，その理由を簡潔に説明せよ。

◀例題3──斜面を下りる台車の運動

図1のような斜面で，紙テープをつけた力学台車を静かにはなし，その運動を1秒間に50回点を打つ記録タイマーで記録した。図2は，この実験で得られた紙テープの一部を，ある打点から5打点ごとに区切ったテープ片A〜Eを示したものである。

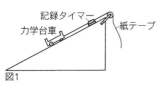

図1

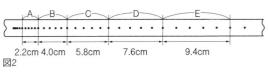

図2

(1) それぞれのテープ片の長さはしだいに長くなっている。これは台車がどのような運動をしていることを表しているか。

(2) テープ片B，C，Dが記録タイマーを通過している間の，台車の平均の速度はそれぞれ何cm/秒か。

(3) 図3のように，テープ片A〜Eを台紙にはり，それぞれの上端の打点を結ぶと，直線のグラフが得られた。このグラフの横軸と縦軸は，それぞれ何を表しているか。

(4) このグラフから，台車が移動した距離を求めるにはどうしたらよいか。

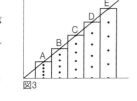

図3

[ポイント] 台車の移動距離は，v-t グラフの面積によって求めることができる。

▷解説◁ (1) 記録タイマーは1秒間に50回打点するので，打点の間隔は $\dfrac{1}{50}$ 秒間になる。

紙テープを5打点ごとに区切ったので，紙テープは，$\dfrac{1}{50}$ [秒]×5＝0.10 [秒] 間ずつ区切られていることになる。紙テープにしるされた打点の間隔は，$\dfrac{1}{50}$ 秒間に台車が移動した距離を示し，5打点ごとの間隔は，0.10秒間に台車が移動した距離を示している。テープ片の長さがしだいに長くなっているのは，0.10秒間に移動する距離がしだいに大きくなっていくことを表し，台車の速度が速くなっていくことを表している。

(2) 移動距離をかかった時間で割った値が平均の速度である。テープ片A〜Eが記録タイマーを通過するときのそれぞれの平均の速度を V_A〜V_E とする。

$$V_A = \frac{2.2 \, [\text{cm}]}{0.10 \, [\text{秒}]} = 22 \, [\text{cm/秒}]$$

同様に，$V_B = 40$ [cm/秒]，$V_C = 58$ [cm/秒]，$V_D = 76$ [cm/秒]，$V_E = 94$ [cm/秒]

(3) $V_A \sim V_E$ を求める計算でわかるように，それぞれのテープ片の長さは，各区間の平均の速度に比例している。図3は，縦軸に台車の速度 v [cm/秒] を，横軸に時間 t [秒]（紙テープの幅が 0.10 秒を表す）をとって，台車の運動を表した v-t グラフと考えてよい。

v-t グラフは，傾きが一定の直線となる。その傾きは，物体の速度の変化する割合である加速度を表している。このような加速度が一定である運動を等加速度運動という。

(4) 台車が移動した距離を求めるには，移動距離＝速度×かかった時間 を用いる。

図4のように，t_1 [秒] から t_2 [秒] までの平均の速度が v_1 [cm/秒] のとき，t_1 [秒] から t_2 [秒] までに移動した距離は，$v_1 \times (t_2 - t_1)$ [cm] となるが，このかけ算は長方形の 縦×横 に相当するので，この値は長方形の面積と一致する。同様に，t_3 [秒] から t_4 [秒] までに移動した距離は，$v_2 \times (t_4 - t_3)$ [cm] となり，この値も長方形の面積と一致する。

したがって，0 秒から t_5 [秒] までの移動距離は，図5の v-t グラフのような長方形の面積の和となるが，長方形が v-t グラフの直線からはみ出している部分の面積は，くぼんでいる部分の面積と等しいので，図5の v-t グラフの長方形の面積の和は，図6の v-t グラフの三角形の面積に等しい。

すなわち，0 秒から t_5 [秒] までの移動距離は，$\frac{1}{2} \times v_3 \times t_5$ [cm] となる。

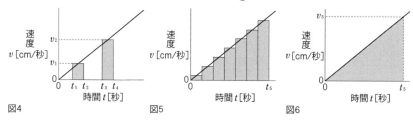

図4   図5   図6

◁**解答**▷ (1) 台車の速度がしだいに速くなっていくことを表している。

(2) B. 40 cm/秒   C. 58 cm/秒   D. 76 cm/秒

(3)（横軸）時間   （縦軸）速度

(4) グラフの直線と横軸によって示される三角形の面積を求める。

◀**演習問題**▶

◀**問題9** 右の図は，記録タイマーで台車の運動を記録した紙テープの一部を，3打点ごとに切って，順に台紙にはったものである。記録タイマーの1打点の時間を単位時間とし，これを1打とよぶことにする。

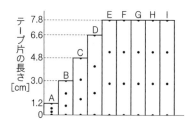

(1) 台車の運動を記録したテープ片が，前ページの図のようになったのはなぜか。その理由をア〜エから選べ。

　ア．なめらかな水平面上で台車を一定の力で押し続けた。

　イ．なめらかな水平面上で台車を押してからはなした。

　ウ．斜面上で上から下へ台車を押してからはなした。

　エ．斜面上で下から上へ台車を押してからはなした。

(2) 図の縦軸はテープ片の長さを表している。横軸は何を表しているか。ア〜エから選べ。

　ア．速さ　　　　　イ．加速度　　　　ウ．移動距離　　　エ．時間

(3) 台車が，テープ片Aのはじめから15打間に移動した距離は何cmか。

(4) テープ片Aでは，台車の平均の速度は何cm/打か。また，テープ片Aからテープ片Dの間では，となり合ったテープ片における台車の平均の速度は，何cm/打ずつ増加しているか。

(5) この台車が運動を始めてからの時間と移動距離との関係を表すグラフはどれか。ア〜エから選べ。

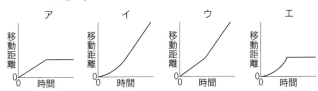

◀問題10　右の図は，水平面上を直線運動する台車の，時間と速度との関係を表したグラフである。

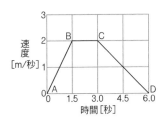

(1) AB間，BC間，CD間の台車の運動はどうなるか。ア〜エからそれぞれ選べ。

　ア．一定の速度で運動していた。

　イ．速度が一定の割合で速くなっていった。

　ウ．速度が一定の割合でおそくなっていった。

　エ．静止していた。

(2) CD間では，台車にはどちら向きの力がはたらいていたか。

(3) AB間に移動した距離は何mか。また，AB間の平均の速度は何m/秒か。

(4) 台車がAD間に移動した距離は何mか。

(5) 台車がAD間の中間点を通過したのは何秒後か。

◀例題4──落下運動

ある物体の落下のようすを，0.10秒ごとに発光するストロボスコープを使って調べたところ，右の図のようになった。P₀点は物体の落下が始まる位置で，ものさしの0mのところである。

次の問いに答えよ。ただし，空気の抵抗などは考えないことにする。

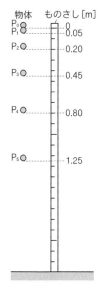

(1) P₃点からP₄点になるまでの平均の速度は何m/秒か。

(2) 各点間の平均の速度はしだいに速くなっているが，その増加のしかたには規則性がある。物体は，P₅点以下もその規則性にしたがって運動するものとして，P₅点からP₆点までの平均の速度は何m/秒か。

(3) 落下中に，この物体にはたらく力について正しく述べている文はどれか。ア〜エから選べ。

ア.つねに力ははたらいていない。

イ.落下した距離に比例した大きさの力がはたらく。

ウ.落下した時間に比例した大きさの力がはたらく。

エ.つねに同じ大きさの力がはたらく。

(4) 落下させる物体を，質量が2倍の物体に取りかえて実験を行った。このとき得られるストロボ写真は，上の図に比べてどうなるか。ア〜オから選べ。

ア.各点間の間隔が，すべて約2倍になる。

イ.各点間の間隔が，すべて約4倍になる。

ウ.各点間の間隔が，すべて約$\frac{1}{2}$になる。

エ.各点間の間隔が，すべて約$\frac{1}{4}$になる。

オ.ほとんど同じものが得られる。

[ポイント]初速度0m/秒で空気の抵抗などを考えないとき，落下運動の速度はすべての物体について同じであり，時間に比例して速くなっていく。

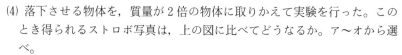

▷解説◁ (1) $\dfrac{0.80\,[\text{m}]-0.45\,[\text{m}]}{0.10\,[\text{秒}]}=3.5\,[\text{m/秒}]$

(2) (1)と同様に各点間の平均の速度を調べると，順に，
P₀P₁間 0.5m/秒，P₁P₂間 1.5m/秒，P₂P₃間 2.5m/秒，
P₃P₄間 3.5m/秒，P₄P₅間 4.5m/秒とそれぞれ 1.0m/秒ず
つ増加している。したがって，P₅P₆間の平均の速度は5.5
m/秒である。

(3) 物体にはたらく力は，つねに重力だけである。

(4) **初速度 0m/秒で空気の抵抗などを考えないとき，落下運**
動の速度はすべての物体について同じであり，時間に比例
して速くなっていく。すなわち，等加速度運動である。

◁解答▷ (1) 3.5m/秒　　(2) 5.5m/秒　　(3) エ　　(4) オ

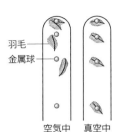

真空中や，空気の抵抗が小さ
い場合には，重い物体も軽い
物体も同じ落下運動をする。

◀**演習問題**▶

◀**問題11**　図1のように，砂をつめた袋に紙テー
プをつけて落下させ，1秒間に 50 回点を打
つ記録タイマーで物体の位置を記録したとこ
ろ，紙テープの打点は図2のようになった。
点が重ならなくなったあたりから 5打点ごと
に切り分け，縦 50cm，横 44cm の方眼紙に，
図3のように等間隔にはった。

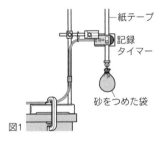

図1

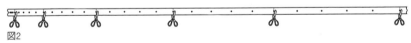

図2

(1) 紙テープは，方眼紙の横方向に 8.0cm
間隔ではられている。方眼紙の横方向の
長さを時間の経過と考えるとき，方眼の
横方向の 1cm は何秒にあたるか。

(2) 方眼紙の縦方向の長さを物体の速度と
考えるとき，方眼の縦方向の 1cm は何
m/秒にあたるか。

(3) それぞれの紙テープの上端の打点を結
んで得られる直線は，物体の速度の変化
を表している。図3に紙テープの上端の
打点を結んだ直線をひき，その直線から物体の加速度の大きさを求めよ。

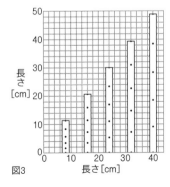

図3

★進んだ問題★

★問題12 物体を静かに（初速度0m/秒で）真下
に落下させることを自由落下という。自由落下で
は，時刻0秒に落下を始めたとき，各時刻におけ
る瞬間の速度は時間に比例し，図1のようになる
ことが知られている。

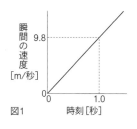

図1

また，水平方向の初速度を与えて物体を投げた
場合，物体の運動は水平方向の運動と鉛直方向の
運動とに分解して考えることができる。鉛直方向の運動は自由落下であり，水
平方向の運動は等速運動である。

次の問いに答えよ。ただし，空気の抵抗などは考えないことにする。

(1) 図1について，次の問いに答えよ。

① 時刻0秒から時刻1.0秒までの間の落下距離は何mか。

② その間の平均の速度は何m/秒か。

(2) 高さ19.6mの位置から物体を自由落下させた。

① 地面に達するまでにかかる時間は何秒か。

② その間の平均の速度は何m/秒か。

(3) 図2のように，高さ19.6mの位置から水平
方向の初速度を与えて物体を投げた。物体は，
投げた位置の真下から14.7m離れた地点に
落下した。

① 物体に与えた初速度は何m/秒であった
か。

② 地面に達する瞬間，鉛直方向の速度は水
平方向の速度の何倍か。分数で答えよ。

図2

(4) 図3のように，ある高さの位置から水平方
向の初速度を与えて物体を投げた。物体は，
投げた位置の真下から14.7m離れた地点に
落下した。地面に達する瞬間，鉛直方向の速
度は水平方向の速度の $\frac{4}{3}$ 倍であった。投げ
た位置の高さは何mであったか。

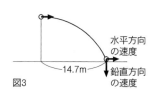

図3

★**問題13** 力と加速度との関係を調べるために，図1のような装置をつくり，次の実験を行い，記録タイマーで力学台車の運動を記録した。

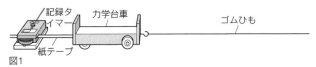

図1

[実験1] 1台の台車にゴムひもを1本つけ，ゴムひもの長さが一定になるように，一定の力を加え続けて台車を引く。

[実験2] 図2のように，台車は1台のままで，台車につけるゴムひもを2本，3本とふやしていき，ゴムひもの長さが，1本のときと同じ長さになるように台車を引く。このとき，ゴムひもの本数は，台車が受ける力の大きさに比例している。

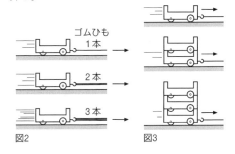

図2　　図3

[実験3] 図3のように，ゴムひもは1本のままで，同じ台車を重ねて台数を2台，3台とふやしていき，ゴムひもの長さが，1台のときと同じ長さになるように台車を引く。

実験1と実験2の紙テープを5打点ごとに切って棒グラフのように順にはり，時間と速度との関係を表す$v-t$グラフをつくり，加速度を求めた。図4は，ゴムひもの本数と加速度との関係を表したグラフである。

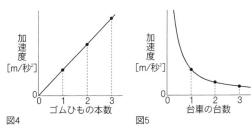

図4　　図5

実験1と実験3の紙テープを使って，時間と速度との関係を表す$v-t$グラフをつくり，加速度を求めた。図5は，台車の台数と加速度との関係を表したグラフである。

(1) 台車に生じる加速度の大きさは，台車が受ける力の大きさとどのような関係にあるといえるか。

(2) 台車に生じる加速度の大きさは，台車の質量とどのような関係にあるといえるか。

(3) 台車に生じる加速度の大きさを a [m/秒²]，台車の質量を m [kg]，台車が
　　受ける力の大きさを F [kg重] とするとき，a, m, F の間にどのような関係
　　式が成り立つか。ア〜エから選べ。ただし，k は比例定数である。

ア. $a=kmF$ 　　　イ. $a=k\dfrac{F}{m}$ 　　　ウ. $a=k\dfrac{m}{F}$ 　　　エ. $a=\dfrac{k}{mF}$

★**問題14** 次の文を参考にして，後の問いに答えよ。

> 　物体が力 F を受けるとき，物体には力の向きに加速度 a が生じ，その
> 加速度の大きさは，受ける力の大きさ F に比例し，物体の質量 m に反比
> 例する。この関係をニュートンの運動の第2法則とよんでいる。
>
> 　　　$a=k\dfrac{F}{m}$ （k は比例定数）
>
> 　質量1kg の物体が，1kg重の重力を受けて自由落下するときの加速度
> の大きさは9.8m/秒² と観測できる。この観測結果から，比例定数の値が
> $k=\boxed{}$ となることがわかる。
>
> 　これに対して，比例定数の値が $k=1$ となるように力の単位を定める
> 方法もある。この場合，質量1kg の物体が，加速度の大きさ 1m/秒² で
> 運動しているときに，受ける力の大きさが 1 になるように力の単位を定
> めている。このときの力の単位が N（ニュートン）である。

(1) 上の文の $\boxed{}$ にあてはまる数字を入れよ。
(2) 質量2.0kg の物体が 5.0N の力を受けて運動している。物体ははじめに静
　　止していたものとして，次の問いに答えよ。
　① 物体の加速度の大きさは何m/秒² か。
　② 4.0秒後の速度は何m/秒 か。
　③ 4.0秒後までに物体が移動した距離は何m か。

2——仕事とエネルギー

解答編 p.74

1 仕事

(1)**仕事とは**　理科では，物体に力を加えて，物体を力の向きに動かしたときに，力が物体に**仕事**をしたという。

右の図のように，物体に一定の力 F [N] を加えて，物体を力の向きに x [m] 動かしたときの仕事は，次の式で表される。

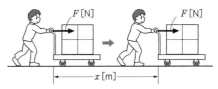

　　仕事＝力の大きさ×力の向きに動いた距離＝F [N]×x [m]

⊛力を加えても物体が動かなかったり，物体をもったまま一定の速さで水平方向に移動しても仕事をしたことにはならない。

(2)**仕事の単位**　仕事の単位はジュール（記号 **J**）を使う。物体に 1 N の力を加えて，物体を力の向きに 1 m 動かすときの仕事を 1 J とする。

　　1 [J]＝1 [N]×1 [m]

⊛1 kg重の力で物体を 1 m 移動させたときの仕事を 1 kg重·m という。

2 いろいろな仕事

(1)**重力にさからってする仕事**　物体をゆっくりもち上げるには，物体にはたらく重力と等しい大きさで，上向きの力を加え続けなければならない。物体をもち上げる仕事を，**重力にさからってする仕事**という。

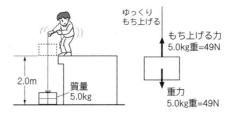

たとえば，質量 5.0 kg の物体を 2.0 m もち上げる仕事は，質量 5.0 kg の物体にはたらく重力 5.0 kg重を，1 kg重＝9.8 N から，5.0 kg重＝49 N と換算して，

　　49 [N]×2.0 [m]＝98 [J]

となる。このとき，**人は物体に仕事をし，物体は人に仕事をされた**という。

(2)**摩擦力にさからってする仕事**　物体を一定の速さで水平方向に動かすには，物体にはたらく摩擦力とつり合う力を加え続けなければならな

い。したがって，物体を水平方向に動かす仕事を，**摩擦力にさからっ
てする仕事**という。

たとえば，水平面上にある物体を一定の速さで動かし続けるのに
100Nの力が必要であるとき，この物体を3m動かす仕事は，

100 [N]×3 [m]＝300 [J]

となる。

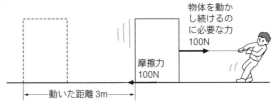

③仕事の原理

道具や機械を使うと，必要とす
る力の大きさを小さくすることが
できるが，行わなければならない
仕事を変えることはできない。こ
れを**仕事の原理**という。

たとえば，重さ2Nのおもりつ
き滑車を0.2m引き上げるとき，
図2のように，動滑車を使うと力
は$\frac{1}{2}$の1Nにすることができるが，
糸を引く距離は2倍の0.4mにな
るので，仕事は変化しない。

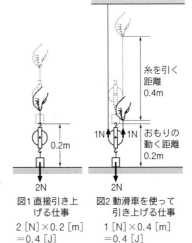

図1 直接引き上
げる仕事
2 [N]×0.2 [m]
＝0.4 [J]

図2 動滑車を使って
引き上げる仕事
1 [N]×0.4 [m]
＝0.4 [J]

④仕事率

単位時間（1秒間）あたりにする仕事を**仕事率**という。**1秒間あたり
に1Jの仕事をしたときの仕事率を1ワット（記号W）という。**

$$仕事率 [W]＝\frac{仕事 [J]}{かかった時間 [秒]}$$

⑤エネルギー

(1)**エネルギーとは** ある物体が他の物体に対して仕事をすることができ
る状態にあるとき，その物体は**エネルギー**をもっているといい，もっ
ている**エネルギーの大きさは，その物体が行うことのできる仕事の大**

きさで表すことができる。したがって，**エネルギーの単位は仕事と同じジュール（記号 J）を使う**。

(2)**位置エネルギー**　右の図のように，高いところにあるおもりは，エネルギーをもち，落下させると，くいを地面に打ちこむ仕事をする。このように，高いところにある物体がもつエネルギーを**位置エネルギー**という。

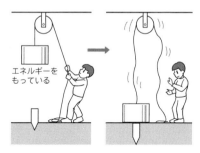
エネルギーをもっている

　位置エネルギーは，物体の重さと，物体の置かれている高さに比例する。

(3)**運動エネルギー**　勢いよくころがしたボーリングのボールは，ピンをはねとばす仕事をする。このボールのように，運動している物体のもつエネルギーを**運動エネルギー**という。

　運動エネルギーは，物体の質量と，物体の速さの2乗に比例する。

(4)**力学的エネルギー保存の法則**　右の図のように，ふりこが AC 間を往復運動する場合，A 点から B 点までは，おもりのもつ位置エネルギーが減少して運動エネルギーが増加していくが，B 点から C 点までは運動エネルギーが減少して位置エネルギーが増加していく。このように，位置エネルギーと運動エネルギーはたがいに移り変わる。また，物体のもつ位置エネルギーと運動エネルギーとの和を**力学的エネルギー**という。

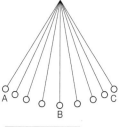

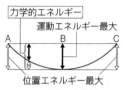

力学的エネルギー
運動エネルギー最大
位置エネルギー最大
ふりこの運動と力学的エネルギー

　物体の運動では，摩擦や空気抵抗などがなければ力学的エネルギーは一定に保たれる。これを**力学的エネルギー保存の法則**という。

＊基本問題＊＊①仕事────────────────────────────

＊問題15 次の場合，どちらも人が荷物に対して仕事をしたとはいえない。その
理由を簡潔に説明せよ。
　(1) 重い荷物をもって，しばらくの間立っていた。
　(2) 重い荷物をもったまま，一定の速さで水平方向に移動した。

＊基本問題＊＊②いろいろな仕事────────────────────

＊問題16 右の図のように，重さ100Nの物体を4.0
mの高さまでゆっくりもち上げた。
　(1) このとき，必要な力の大きさは何Nか。
　(2) 行った仕事は何Jか。

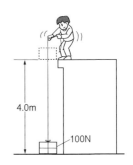

＊問題17 右の図のように，質量400g
の木片を，横向きでも使えるばねはか
りを使って，床にそってゆっくりと引

いて移動する実験を行った。木片を引いて移動させているとき，ばねはかりの
目盛りが150g重を示していた。ただし，100g重＝1N とする。
　(1) 木片を移動させているとき，木片と床との接触面には木片の移動をさまた
　　げる力がはたらく。この力の名称を答えよ。また，この力の大きさは何N
　　か。
　(2) 下線部のようにして木片を50cm移動させたとき，人が木片にした仕事は
　　何Jか。

＊基本問題＊＊③仕事の原理────────────────────────

＊問題18 次の文の（　　）にあてはまる語句を入れよ。
　　物体を動かすとき動滑車やてこなどの道具を使うと，必要とする（　ア　）
　の大きさを小さくすることができるが，糸を引く距離や（　イ　）は大きくな
　る。このとき，（　ウ　）を変えることはできない。これを仕事の原理という。

＊問題19 右の図のようなてこを使って，重
さ 300 N の物体を 0.5 m もち上げるとき，
150 N の力でもち上げることができた。こ
のとき，てこを押す距離は何 m か。

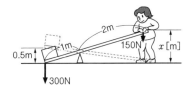

＊基本問題＊＊ ④仕事率────────────

＊問題20 右の図のように，重さ 4500 N の物体を
クレーンで 4.0 m もち上げるのに 90 秒かかった。
このとき，クレーンが物体をもち上げた仕事率は
何 W か。

＊基本問題＊＊ ⑤エネルギー────────────

＊問題21 図1のような実験装置を使って，おもりを落下させると，くいが打ち
こまれた。おもりの高さや質量を変え，打ちこまれたくいの移動距離を測定し
たところ，図2と図3のグラフが得られた。この実験では，くいにはたらく摩
擦力は一定であり，くいの移動距離は，おもりがした仕事に比例すると考える。

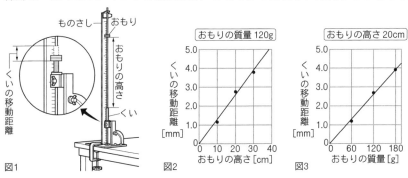

(1) おもりの質量は変えないで，おもりの高さを2倍にすると，くいの移動距
離は何倍になるか。図2のグラフから考えよ。

(2) おもりの高さは変えないで，おもりの質量を2倍にすると，くいの移動距
離は何倍になるか。図3のグラフから考えよ。

(3) おもりの位置エネルギーは，おもりの高さや質量とどのような関係にある
といえるか。

*問題22 図1のような実験装置を使って，運動している力学台車を，厚い本に
はさまれた質量の小さいものさしに衝突させると，台車はものさしを押しこん
で静止した。ものさしの押しこまれた長さを測定し，記録タイマーで，ものさ
しに衝突する直前の台車の速さを求めた。台車とおもりの質量の和を1kg，2
kg，3kgと変え，それぞれの質量について台車の速さを変えて行った。図2
は，その実験結果を表したグラフである。

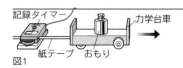
記録タイマー　力学台車
紙テープ　おもり
図1

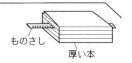
ものさし
厚い本

(1) 台車がもっていた運動エネルギーは，何
に変わっているか。

(2) 台車の速さは変えないで，台車とおもり
の質量の和を2倍にすると，台車の運動エ
ネルギーは何倍になるか。図2のグラフか
ら考えよ。

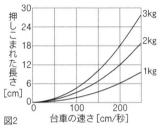
図2

(3) 台車とおもりの質量の和は変えないで，
台車の速さを2倍にすると，台車の運動エ
ネルギーは何倍になるか。図2のグラフから考えよ。

*問題23 次の文の（　）に，「運動」または「位置」のどちらかを入れよ。

(1) 図1のように，ふりこがAC間を往復運動する
場合，A点からB点までは，おもりのもってい
る（　ア　）エネルギーが減少して（　イ　）エ
ネルギーが増加していくが，B点からC点まで
は，（　ウ　）エネルギーが減少して（　エ　）
エネルギーが増加していく。

(2) 図2のように，ボールを真上に投げ上げると，
ボールのもっている（　オ　）エネルギーは減少し，（　カ　）
エネルギーが増加していく。ボールが最高点に達するのは，
（　キ　）エネルギーが0になり，（　ク　）エネルギーだけを
もつようになったときである。その後，再び（　ケ　）エネル
ギーが減少して，（　コ　）エネルギーが増加し，地面に落下
したときは（　サ　）エネルギーが0になる。

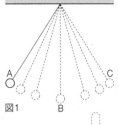
図1
図2

◀例題5──仕事の原理と仕事率

次の方法で，重さ 60 N の物体を地面から 4.0 m の高さに移動した。

① 直接もち上げる。　② 斜面を使う。ただし，斜面　③ 動滑車を使う。
　　　　　　　　　　　　　と物体との間の摩擦は考え
　　　　　　　　　　　　　ない。

(1) 必要とする力の大きさと，行う仕事は，どのようにちがうか。

(2) ②では，斜面にそって，重さ 60 N の物体を地面から 4.0 m の高さに引き
　　上げるのに 80 秒かかった。このときの仕事率は何 W か。

[ポイント] 道具や機械を使うと，必要とする力の大きさを小さくすることができるが，行わ
なければならない仕事を変えることはできない。これを仕事の原理という。

▷解説◁ (1)① 60 N の力を加えて物体を 4.0 m 動かすから，行う仕事は，

$$60 \,[\text{N}] \times 4.0 \,[\text{m}] = 240 \,[\text{J}]$$

② 必要とする力の大きさは，重力の斜面に平行
な分力の大きさに等しい。

　重力と斜面に平行な分力を 2 辺とする直角
三角形は，斜辺の長さ 8.0 m，高さ 4.0 m を 2
辺とする直角三角形と相似なので，必要とす
る力の大きさは，

$$60 \,[\text{N}] \times \frac{\text{高さ}}{\text{斜辺の長さ}} = 60 \,[\text{N}] \times \frac{4.0 \,[\text{m}]}{8.0 \,[\text{m}]} = 30 \,[\text{N}]$$

行う仕事は，$30 \,[\text{N}] \times 8.0 \,[\text{m}] = 240 \,[\text{J}]$

③ 必要とする力の大きさは $\frac{1}{2}$ になるから，30 N ですむ。しかし，動滑車と物体を 4.0 m

引き上げるには，綱を 8.0 m 引かなくてはならない。

行う仕事は，$30 \,[\text{N}] \times 8.0 \,[\text{m}] = 240 \,[\text{J}]$

(2) 仕事率 [W] $= \dfrac{\text{仕事 [J]}}{\text{かかった時間 [秒]}}$ なので，$\dfrac{240 \,[\text{J}]}{80 \,[\text{秒}]} = 3.0 \,[\text{W}]$

1 秒間あたりに 1 J の仕事をしたときの仕事率を 1 W という。電気はモーターを回して，
エレベーターをもち上げたり，電車を走らせるなどの仕事ができる。同じ単位 W をも
つ電力は，モーターなどの電気器具の仕事率である（電力と熱量→p.163）。また，馬力
も仕事率を表す単位の 1 つで，1 馬力は約 735 W に相当する。

◁**解答**▷ (1) ①に比べて，②，③は，必要とする力の大きさを小さくすることができるが，動かさなければならない距離は大きくなり，行う仕事は，①，②，③ともに変わらない。

(2) 3.0 W

注(1)で行う仕事は，実際は，斜面の摩擦や滑車の重さがあるので，①より②，③のほうが大きくなる。

[斜面を使った仕事]

斜面にそって，重さ W [N] の物体を高さ S [m] まで引き上げる仕事を求める。

物体を引く力の大きさ＝重さ×$\dfrac{高さ}{斜辺の長さ}$ なので，

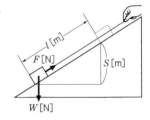

$$F\,[\mathrm{N}] = W\,[\mathrm{N}] \times \frac{S\,[\mathrm{m}]}{l\,[\mathrm{m}]}$$

$$
\begin{aligned}
仕事 &= F\,[\mathrm{N}] \times l\,[\mathrm{m}]\\
&= \left(W\,[\mathrm{N}] \times \frac{S\,[\mathrm{m}]}{l\,[\mathrm{m}]}\right) \times l\,[\mathrm{m}]\\
&= W\,[\mathrm{N}] \times S\,[\mathrm{m}]
\end{aligned}
$$

いっぱんに，斜面を使っても仕事は変わらない。

[動滑車を使った仕事]

動滑車を１つ使って，重さ W [N] の物体を高さ S [m] まで引き上げる仕事を求める。

定滑車は，力の向きを変えることができるが，力の大きさや綱を引く距離は変わらない。動滑車を１つ使うと，重さ W [N] の物体を引き上げるのに，$\dfrac{1}{2}$ の $\dfrac{W}{2}$ [N] の力ですむが，綱を引く距離は，直接人がもち上げる距離の２倍の $2S$ [m] になる。

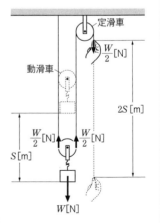

$$
\begin{aligned}
仕事 &= \frac{W}{2}\,[\mathrm{N}] \times 2S\,[\mathrm{m}]\\
&= W\,[\mathrm{N}] \times S\,[\mathrm{m}]
\end{aligned}
$$

いっぱんに，動滑車を使っても仕事は変わらない。

◀**演習問題**▶

◀**問題24** 重さ50Nの物体を0.40m引き上げる。

(1) 物体を直接もち上げる場合，行う仕事は何Jか。

(2) 右の図のような輪軸を使って，この仕事を行う場合，矢印のところに何Nの力を加えればよいか。ただし，輪軸は，直径の異なる2つの滑車を，中心軸を同じにして固定したものである。また，摩擦や綱の重さは考えなくてよい。

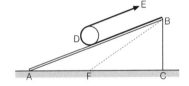

(3) (2)のとき，綱は何m引かなければならないか。

(4) (2)のとき，行う仕事は何Jか。

◀**問題25** 右の図のように，地面ACから1m高いB点まで，長さ3mの板ABを渡して重さ600Nのドラム缶をのせ，これに綱BDEをかけ，矢印の向きに引いて上げた。

(1) Eを引く力の大きさは，少なくとも何N必要か。

(2) 図のような装置で，A点からB点までドラム缶を引き上げるには，何Jの仕事が必要か。

(3) 次の場合，板ABを使った場合に比べてどのようなことがいえるか。ア～オからそれぞれ選べ。

① 板ABより短い板FB（図の点線）を使った場合

② 板ABより長い板（図には示していない）を使った場合

　ア．力の向きに動かす距離は大きくなるが，仕事は小さくなる。

　イ．Eを引く力は大きくなるが，力の向きに動かす距離は小さくなる。

　ウ．仕事は大きくなるが，Eを引く力は小さくなる。

　エ．Eを引く力も仕事も小さくなる。

　オ．仕事は変化しないが，Eを引く力は小さくなる。

◀**問題26** 次の問いに答えよ。

(1) 体重 50kg重の人が，10m の階段を 70 秒でかけ上がるとき，行う仕事は何Jか。また，このときの仕事率は何Wか。ただし，1kg重＝9.8N とする。

(2) 水平な床の上に置いた物体を，床と平行に 20N の力で引き続けたところ，物体は 0.80m/秒の速さで移動した。このときの仕事率は何Wか。

★**進んだ問題**★

★**問題27** 図1のような装置を使って，力学台車を斜面にそって引き上げる実験を行った。ばねと糸の質量および斜面の摩擦は考えないものとして，下の問いに答えよ。ただし，100g重＝1N とする。

[実験] ① 斜面上で50cm 離れた2点 A，B の高さの差をはかると 30cm であった。

② モーターで糸を斜面に平行に巻き取って，台車をゆっくりと引き上げた。台車が AB 間を進む間，電圧計は 3.0V，電流計は 320mA を示し，ばねののびは 3.0cm で一定であった。

③ 台車に取りつけたばねについて，ばねに加える力とそののびとの関係を調べると，図2のようになった。

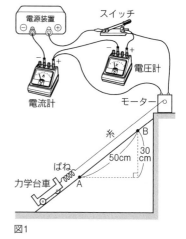

図1

(1) ばねが台車を引く力が，AB 間で行った仕事は何Jか。

(2) 台車の質量は何gか。

(3) モーターがばねを自然の長さから 3.0cm 引きのばすのに行った仕事は何Jか。

(4) 台車を AB 間で引き上げたとき，モーターが消費した電力は何Wか。

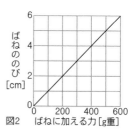

図2

◀例題6──運動エネルギーと位置エネルギー

　下の図のように，水平面上の両端に測定器，中央部に台形の台を固定した実験装置がある。この測定器は，くいに与えられる仕事と，くいが押しこまれる長さとが比例するようになっている。この装置を使って，次の実験を行った。

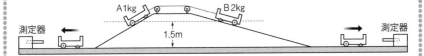

[実験] 質量1kgの台車Aと，質量2kgの台車Bがある。2つの台車A，Bを軽い糸でつないで滑車を通して，水平面から1.5mの高さの斜面上に置き，台車の高さを等しくしてから静かに手をはなしたところ，台車A，Bは静止したままであった。

　つぎに，台車A，Bをつないでいる糸をろうそくの火で焼き切ると，台車A，Bは動き出し，まっすぐに斜面を走り下りて測定器のくいを押しこんだ。

　この実験について，次の問いに答えよ。ただし，2つの測定器は同じもので，水平面と台形の台はなめらかに接続し，台車との摩擦や空気の抵抗などはないものとする。

(1) 台車Bがくいを押しこんだ長さは，台車Aがくいを押しこんだ長さの何倍か。

(2) 台車Aが水平面を走るときの速さは，台車Bが水平面を走るときの速さの何倍か。

(3) 台車Bが走り出してからくいを打つ直前までに，台車Bが走った距離と運動エネルギーの関係を正しく表しているグラフはどれか。ア～エから選べ。

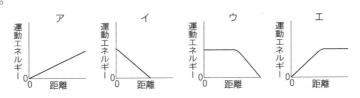

［ポイント］位置エネルギーは，物体の重さと，物体の置かれている高さに比例する。

$$（位置エネルギー）＝k_1×（物体の重さ）×（高さ）　（k_1 は比例定数）……①$$

運動エネルギーは，物体の質量と，物体の速さの2乗に比例する。

$$（運動エネルギー）＝k_2×（物体の質量）×（速さ）^2　（k_2 は比例定数）……②$$

▷解説◁ 台車が斜面を走り下りる運動は落下運動である。摩擦や空気の抵抗などがない状態で，物体が高いところから落下するときは，**物体のもつ力学的エネルギーはつねに一定に保たれる**。すなわち，物体が落下するにしたがって位置エネルギーは減少していくが，その分運動エネルギーは増加し，力学的エネルギーは変わらない。

　　（位置エネルギー）＋（運動エネルギー）＝（力学的エネルギー）

(1) 2つの台車がくいを押しこむという仕事をしたのは，台車A，Bがエネルギーをもっていたからであり，このエネルギーは，それぞれの台車が最初にもっていた位置エネルギーである。台車Bの重さは，台車Aの重さの2倍なので，ポイントの①式から，台車Bのもっていた位置エネルギーは，台車Aのもっていた位置エネルギーの2倍となり，行った仕事も2倍になる。

(2) 斜面があってもなくても，同じ高さから落下した物体の速さは，物体の質量に関係なく等しい（等加速度運動→p.197，例題4解説(4)）。

(3) 台車が斜面を走り下りている間は，位置エネルギーが減少し運動エネルギーが増加していく。水平面に達した後は速さが変わらず，運動エネルギーも一定となる。水平面から1.5mの高さから物体が落下するとき，摩擦や空気の抵抗などがなければ，物体の位置エネルギーと運動エネルギーの移り変わりの関係は，右の図のように模式的に表すことができる。

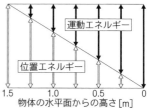
⇦は位置エネルギーの大きさを表す。
➡は運動エネルギーの大きさを表す。

◁解答▷ (1) 2倍　　(2) 1倍　　(3) エ

◀**演習問題**▶

◀**問題28** ボールをA点から投げたところ，右の図のような経路を通って，D点に落ちた。ただし，空気の抵抗は考えないものとする。

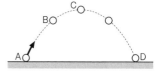

(1) A点でボールに与えたエネルギーは何エネルギーか。

(2) B点では，ボールのもつ位置エネルギーは減少しつつあるのか，増加しつつあるのか。また，運動エネルギーについてはどうか。

(3) A点でボールに与えたエネルギーは，C点でのボールの位置エネルギーに比べて大きいか，小さいか。また，その理由を簡潔に説明せよ。

◀**問題29** AB＝BC＝CD＝1m で，B点，C点で自由に曲げることができる3m
のパイプと，その中を摩擦なくすべることができる小さな物体Mを使って，
次の実験を行った。

[実験1] 図1のように，BCを
水平に，AB，CDがそれぞ
れ60°，30°になるようにパ
イプを曲げて，物体MをA
点に置いて手をはなした。物
体Mはパイプの中をすべってD点から飛び出した。

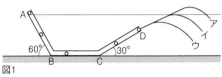
図1

[実験2] 図2のように，CDは
実験1のときと同じにして，
ABをBCと同じく水平にし，
物体MをA点からある速さ
ですべらせた。物体MはD
点から飛び出し，その後の経
路は実験1と同じであった。

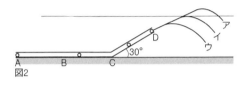
図2

(1) 実験1について，次の問いに答えよ。

① 物体MがAB間をすべり下りているとき，物体に
はたらいている力の合力の向きを，図3から選び番
号で答えよ。

② 物体MがBC間を右向きにすべっているとき，物
体にはたらいている力の合力の向きを，図3から選
び番号で答えよ。

③ 物体MがCD間をすべり上がっているとき，物体
にはたらいている力の合力の向きを，図3から選び
番号で答えよ。

合力が0のときは
0と答えよ。
図3 合力の向き

④ 物体MがD点から飛び出した後の経路を，図1のア～ウから選び，記
号で答えよ。

(2) 実験1のときB点を通過するときの速さ V_1 と，実験2のA点で与えた速
さ V_2 との関係はどうなるか。ア～ウから選び，記号で答えよ。

　　ア. $V_1 > V_2$　　　　　　　イ. $V_1 = V_2$　　　　　　ウ. $V_1 < V_2$

◀**問題30** 図1のように，質量 1.0kg の物体 M₁ と質量 2.0kg の物体 M₂ を軽いじょうぶな糸でつなぎ，長さ 2.0m の板 AB の A 点に固定されている軽くて摩擦が無視できる滑車にかけ，物体 M₁ を板 AB の上に置き，物

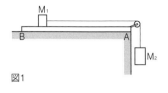
図1

体 M₂ をつるして支えておく。ただし，1kg重＝9.8N とする。

(1) 板 AB を水平にして固定し，物体 M₂ を静かにはなした。次の問いに答えよ。ただし，板 AB と物体 M₁ との間の摩擦は無視できるものとする。

① 物体 M₁ はどのような運動をするか。ア～カからすべて選べ。

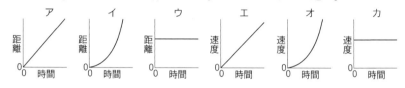

② 物体 M₂ が 0.60m 落下した瞬間の M₂ の位置エネルギーは，何J減少したか。

③ 物体 M₂ が 0.60m 落下した瞬間の物体 M₁ の運動エネルギーは，何Jか。

(2) 図2のように，板 AB の A 点を B 点より 1.0m 高く固定し，物体 M₂ を静かにはなした。

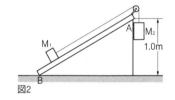
図2

① 物体 M₁ と板 AB との間の摩擦を無視すると，物体 M₂ が 0.60m 落下した瞬間の M₁ の運動エネルギーは何Jか。

② 物体 M₁ と板 AB との間の摩擦力が 2.0N であったとすると，物体 M₂ が 0.60m 落下した瞬間の M₁ の運動エネルギーは何Jか。

エネルギーと環境

1——エネルギーと環境 　　　解答編 p.80

1 エネルギー

(1)エネルギーの種類

エネルギーには**位置エネルギー**と**運動エネルギー**の力学的エネルギーのほかに，**熱エネルギー**，**電気エネルギー**，**光エネルギー**，**音エネルギー**，化学変化にともなって出入りする**化学エネルギー**などがある。

(2)エネルギーの変換

それぞれのエネルギーは，他のエネルギーに変換できる。

高いところにあるダムにたくわえられた水は，位置エネルギーをもっている。水の位置エネルギーは，落下して運動エネルギーに変換され，発電機を回して電気エネルギーに変換される。

(3)エネルギー保存の法則

ジェットコースターで，車輪の摩擦を考えると，力学的エネルギーの一部は，熱エネルギーや音エネルギーにも変換され，力学的エネルギーは減少する。しかし，熱エネルギーや音エネルギーをふくめて考えると，エネルギーの総量は変化しない。

エネルギーはたがいに変換できるが，変換の前後で，エネルギーの総量は変化しない。これを，**エネルギー保存の法則**という。

(4)化学エネルギーと燃料電池

燃焼や化学かいろの発熱では化学エネルギーを熱エネルギーとして変換し，利用している。また，**電池は化学エネルギーを電気エネルギーに変換する装置である**。たとえば，燃料電池は，水素と酸素が反応して水が生成するときの化学エネルギーを電気エネルギーに変換する。このときの廃棄物は水であり，環境に悪影響を与えないエネルギー資源として注目されている。

水素　酸素
炭素棒　炭素棒
電子オルゴール　うすい水酸化ナトリウム水溶液

燃料電池

うすい水酸化ナトリウム水溶液に電圧をかけ，水を水素と酸素に電気分解した後，電源をはずして，電子オルゴールを電極につなぐと，電子オルゴールはしばらく鳴り続ける。これは，水素と酸素から水が生成し，化学エネルギーが電気エネルギーに変換されるからである。

$$2H_2 + O_2 \longrightarrow 2H_2O + 電気エネルギー$$

2 環境

(1)**地球温暖化**　大気中の二酸化炭素など（温室効果ガス）の増加により，地表から放射される熱が温室効果ガスに吸収され，気温が上昇する。

(2)**酸性雨**　石油や石炭の燃焼により発生する硫黄酸化物や窒素酸化物が，雨水にとけて酸性雨となる。

(3)**オゾン層の破壊**　エアコンの冷却剤やスプレーなどに使われていたフロンが，大気中に放出されると，人体に有害な紫外線を吸収するオゾン層を破壊する。

＊基本問題＊＊1 エネルギー —————————————————

＊問題1 次の文の（　）にあてはまる語句を入れよ。ただし，同じものがはいることがある。

(1) 高いところにあるダムにたくわえられた水は，（　ア　）エネルギーをもっている。この水は，落下するにしたがって（　イ　）エネルギーが減少し，（　ウ　）エネルギーが増加していく。

(2) 水力発電所では，落下した水の（　エ　）エネルギーを（　オ　）エネルギーに変換するが，火力発電所では，石油や石炭のもっている（　カ　）エネルギーを（　キ　）エネルギーに変換している。

(3) ハンマーでかたい鉄の台をたたくと，温度が上がる。これは，（　ク　）エネルギーが（　ケ　）エネルギーに変換するからである。

(4) 電気エネルギーは，最終的に電灯では（　コ　）エネルギーに，電熱器では（　サ　）エネルギーに，モーターでは（　シ　）エネルギーに変換される。

(5) ガソリンエンジンは，ガソリンのもつ（　ス　）エネルギーを（　セ　）エネルギーに変換する装置である。

＊問題2 右の図のような実験装置を組み立て，水の電気分解を行った。電気分解終了後，炭素棒 A，B に電子ブザーを取りつけると音がした。

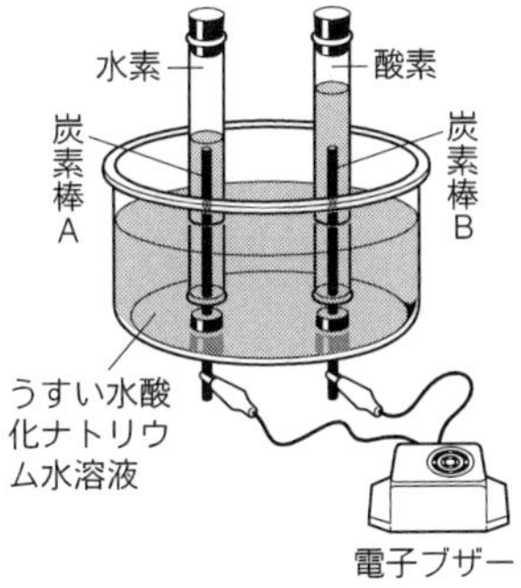

(1) この現象は，実験装置内で電気分解の逆の反応がおこり，それによって，電気エネルギーが生じるためにおこる。このときの反応を化学反応式で表せ。

(2) この原理を応用してつくられた発電装置は，現在スペースシャトル内での発電に利用されている。また，これからの自動車の電源としても注目されている。この発電装置を何というか。

＊問題3 電気エネルギーを，テレビのように，光エネルギーや音エネルギーに変換するとき，電気エネルギーの一部分は熱エネルギーになってしまう。しかし，この熱エネルギーをふくめると，「エネルギーが変換する前後で，エネルギーの総量は変化しない」という法則が成り立つ。この法則を何というか。

＊基本問題＊＊②環境

＊問題4 次の文は，地球の環境問題について述べたものである。（　）にあてはまる語句または物質名を入れよ。

(1) 大気中の（　ア　）などの増加により，気温が上昇し，地球の温暖化がおこっている。

(2) スプレーなどで使用された（　イ　）が，人体に有害な（　ウ　）線を吸収する（　エ　）層を破壊することがわかった。

(3) 生物の残がいが変化した石油や石炭などの化石燃料の燃焼により発生する（　オ　）酸化物や（　カ　）酸化物が雨水にとけて（　キ　）となる。

◀例題1——いろいろなエネルギーの変換

次の①〜⑥は，エネルギーの変換について述べたものである。

① 太陽電池でモーターを回す。CからBを経てDへ変わる。

② 扇風機で風を送る。BからDへ変わる。

③ 水を電気分解して水素と酸素を得る。BからEへ変わる。

④ ある植物は光合成によってデンプンをつくる。CからEへ変わる。

⑤ 電熱器で水を湯にする。BからAへ変わる。

⑥ 灯油を燃やして暖房する。EからAへ変わる。

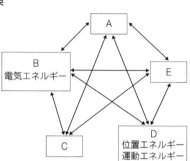

(1) 図の中のA，C，Eは，それぞれ何エネルギーか。

(2) 次のア〜カは，いろいろなエネルギーの変換に関したものである。この中には，①のようにエネルギーが2段階に移り変わるものがある。図のDからBを経て，そのほかのエネルギーへと2段階に変わるものはどれか。

ア.太陽熱で風呂をわかす　　イ.ウランを燃料とした発電
ウ.ホタルの光　　　　　　　エ.乾電池を使った懐中電灯
オ.走行中の自転車のライト　カ.火力発電

[ポイント] エネルギーは，他のエネルギーに変換できる。

▷解説◁ (1)① 太陽電池は光エネルギーを電気エネルギーに変換し，さらに，モーターは電気エネルギーを運動エネルギーに変換する。

③ 水は水素と酸素に電気分解される。このとき，電気エネルギーは化学エネルギーに変換される。

④ 光合成では，二酸化炭素と水から光エネルギーを使ってデンプンをつくる。このとき，光エネルギーはデンプン中の化学エネルギーに変換される。

⑤ 電熱器は電気エネルギーを熱エネルギーに変換して，水を湯にする。

⑥ 灯油を燃やすと化学エネルギーが熱エネルギーに変換され，暖房に利用される。

(2)自転車のライトは，発電機が車輪の回転による運動エネルギーを電気エネルギーに変換し，電球が電気エネルギーを光エネルギーに変換している。

◁解答▷ (1) A.熱エネルギー　　C.光エネルギー　　E.化学エネルギー　　(2) オ

◀演習問題▶

◀**問題5** 次の会話文を読んで，後の問いに答えよ。

> 太郎：電気はどのようにつくられるのか知っているかい？
> 花子：現在，日本の発電所での発電は，ほとんどが火力発電，原子力発電，水力発電の3種類の発電方式で行われているわ。
> 太郎：火力発電は，化石燃料のもつ化学エネルギーを，ボイラーで熱エネルギーに変え，水を高温の水蒸気にしてタービンを回転させることによって，熱エネルギーを運動エネルギーに変え，そして発電機を回転させて電気エネルギーを取り出しているんだよ。
> 花子：3種類の発電方式のほかに，どんな発電方式があるのかしら。

(1) 火力発電，原子力発電，水力発電以外の発電方式を1つ書け。

(2) 太郎君の説明を参考にして，水力発電によって電気エネルギーを取り出す過程におけるエネルギーの変換について，簡潔に説明せよ。

◀**問題6** 右の図のような装置に水酸化ナトリウム水溶液を入れ，水の電気分解を行った。手回し発電機のハンドルを回し続けたところ，電極から泡が発生した。

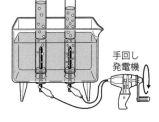

(1) 水が電気分解されたときの反応を化学反応式で表せ。

(2) 手回し発電機のハンドルを速く回すと，電極からたくさんの泡が発生し，回すのをやめると，泡の発生も止まる。下の図は，この実験でのエネルギーの変換を示したものである。（　）にあてはまる語句を入れよ。

| （ ア ）エネルギー | →手回し発電機→ | （ イ ）エネルギー | →電気分解→ | 化学エネルギー |

(3) つぎに，手回し発電機をはずし，電極に電子オルゴールをつなぐと，しばらく鳴り続けた。下の図は，この実験でのエネルギーの変換を示したものである。（　）にあてはまる語句を入れよ。

| 化学エネルギー | →燃料電池→ | （ ウ ）エネルギー | →電子オルゴール→ | （ エ ）エネルギー |

◀**問題7** 次の会話文の中の A，B，C は，それぞれフロン，二酸化炭素，窒素酸化物のどれか。

> 太郎：このごろ，いろいろな物質が環境にどのような影響を与えているかについて，新聞などでよくとりあげられているね。A，B，C は，環境にさまざまな影響を与えるようだよ。
>
> 恵 ：大気中の A の濃度は，近年少しずつ増加しているけれど，これは大量の化石燃料を燃やすことによるらしいわ。A の濃度の増加は，温室効果が大きくなる1つの原因といわれているわね。
>
> 太郎：B は，古いタイプの冷蔵庫やエアコンの冷却剤などに使われていたね。大気中に放出された B が上空に達し，オゾン層の破壊を引きおこすそうだね。
>
> 恵 ：C は高熱を発するエンジンやボイラーで発生すると本で読んだわ。C は水にとけると酸性を示すので，酸性雨の原因といわれているわ。

◀**問題8** 次の文は，春子さんが，ペットボトルのリサイクルについてインターネットで調べ，まとめたレポートの一部である。

> 平成11年度に分別収集により回収されたペットボトルのうち，約93％が製品として再生されました。おもな再生製品は，作業服やワイシャツなどの繊維，調味料や洗剤などの容器のボトルです。一方，ある調査の結果，海岸に漂着または廃棄されたペットボトルなどのプラスチック類のごみが，年間1万トンから2万トンにもおよぶことがわかりました。私は，これからの社会では，もっとリサイクルを進め，資源を有効利用するように努める必要があると思いました。

(1) ペットボトルには，分別しやすいように，右の図のような表示がある。春子さんは，このような表示を他の製品でも探したところ，似た表示をジュースのかんに見つけた。そして，空きかんも分別収集され，資源が有効利用されていることを知った。このようなかんの材料となっている金属は何か。物質名を2つ答えよ。

(2) 近年，分別収集に取り組む地方自治体がふえている。分別収集が進めば，リサイクルが促進され，資源が有効利用される。このこと以外に，分別収集が進むことにより，エネルギーに関して，どのような効果が期待できるか。

★**進んだ問題**★

★**問題9** 右の図のように，モーターに電流計
と電圧計を導線でつないだ装置をつくり，細
い糸で質量 100g の物体 M をつるした。A
と B の高さの差は 4.0m であり，物体 M は
いずれの場合でも AB 間を等速で運動する
ものとする。また，100g重＝1N とする。

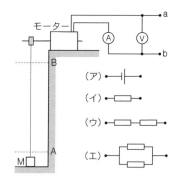

[実験1] ab 間に(ア)の電池をつないだところ，
物体 M は上昇し，AB 間を 5.0 秒で通過
した。この間，電圧計は 3.0V，電流計は
0.40A を示していた。

[実験2] ab 間に(イ)の電熱線をつなぎ，物体 M を B より上から落下させた。
物体 M が AB 間を通過するとき，電圧計は 2.0V，電流計は 0.20A を示し
た。

[実験3] ab 間に(ウ)の電熱線をつないだ場合と，(エ)の電熱線をつないだ場合と
で，実験2と同じ操作を行った。ただし，両方の実験とも実験2のときと等
しい速さで落下するように，それぞれつるす物体の質量を選んだ。両方の実
験とも電圧計は 2.0V を示した。エネルギーの変換率は実験2と同じであり，
電熱線も同じものを使った。

(1) 実験1について，次の問いに答えよ。

① この間に物体 M がモーターからされた仕事は何 J か。また，その仕事率
は何 W か。

② この間にモーターの消費した電力は何 W か。また，電力量は何 J か。

③ この間にモーターで消費した電気エネルギーの何％が物体 M をもち上
げるのに使われたか。四捨五入して整数で答えよ。

(2) 実験2で，位置エネルギーの 50％ が，電気エネルギーに変換されるとす
ると，AB 間を物体 M が落下する速さは何 m/秒か。

(3) 実験3について，次の問いに答えよ。

① (ウ)，(エ)をつないだ場合の消費電力は，それぞれ何 W か。

② (ウ)，(エ)をつないだ場合の物体の質量は，それぞれ何 g か。

222

付録――おもな化学反応式

1 気体の発生

□□二酸化マンガンにうすい過酸化水素水を加える。

□□$2H_2O_2 \longrightarrow 2H_2O + O_2$

□□炭酸カルシウム（石灰石）にうすい塩酸を加える。

□□$CaCO_3 + 2HCl \longrightarrow CaCl_2 + H_2O + CO_2$

□□亜鉛にうすい塩酸を加える。

□□$Zn + 2HCl \longrightarrow ZnCl_2 + H_2$

□□マグネシウムにうすい硫酸を加える。

□□$Mg + H_2SO_4 \longrightarrow MgSO_4 + H_2$

□□塩化アンモニウムと水酸化カルシウムを混ぜて加熱する。

□□$2NH_4Cl + Ca(OH)_2 \longrightarrow CaCl_2 + 2H_2O + 2NH_3$

□□塩化アンモニウムと水酸化ナトリウムを混ぜて水を少し加える。

□□$NH_4Cl + NaOH \longrightarrow NaCl + H_2O + NH_3$

□□亜硝酸ナトリウムと塩化アンモニウムの混合物に水を加えて加熱する。

□□$NaNO_2 + NH_4Cl \longrightarrow NaCl + 2H_2O + N_2$

□□硫黄を燃やす。

□□$S + O_2 \longrightarrow SO_2$

2 化合

□□鉄と硫黄との反応

□□$Fe + S \longrightarrow FeS$

□□銅と硫黄との反応

□□$Cu + S \longrightarrow CuS$

□□銅と塩素との反応

□□$Cu + Cl_2 \longrightarrow CuCl_2$

3 分解

□□炭酸水素ナトリウムの熱分解

□□$2NaHCO_3 \longrightarrow Na_2CO_3 + H_2O + CO_2$

□□酸化銀の熱分解

□□$2Ag_2O \longrightarrow 4Ag + O_2$

□□炭酸アンモニウムの熱分解

□□$(NH_4)_2CO_3 \longrightarrow 2NH_3 + H_2O + CO_2$

□□水の電気分解

□□$2H_2O \longrightarrow 2H_2 + O_2$

4 燃焼

□□炭素の燃焼

□□$C + O_2 \longrightarrow CO_2$

□□水素の燃焼

□□$2H_2 + O_2 \longrightarrow 2H_2O$

□□マグネシウムの燃焼

□□$2Mg + O_2 \longrightarrow 2MgO$

□□鉄（スチールウール）の燃焼

□□$3Fe + 2O_2 \longrightarrow Fe_3O_4$

□□エタノールの燃焼

□□$C_2H_6O + 3O_2 \longrightarrow 2CO_2 + 3H_2O$

□□メタンの燃焼

□□$CH_4 + 2O_2 \longrightarrow CO_2 + 2H_2O$

□□プロパンの燃焼

□□$C_3H_8 + 5O_2 \longrightarrow 3CO_2 + 4H_2O$

5 酸化・還元

□□銅の酸化

□□$2Cu + O_2 \longrightarrow 2CuO$

□□酸化銅を炭素で還元

□□$2CuO + C \longrightarrow 2Cu + CO_2$

□□酸化銅を水素で還元

□□$CuO + H_2 \longrightarrow Cu + H_2O$

6 沈殿ができる反応

□□水酸化カルシウム水溶液（石灰水）と二酸化炭素との反応

□□$Ca(OH)_2 + CO_2 \longrightarrow H_2O + CaCO_3 \downarrow$

□□塩化バリウム水溶液と硫酸ナトリウム水溶液との反応

□□$BaCl_2 + Na_2SO_4 \longrightarrow 2NaCl + BaSO_4 \downarrow$

□□硝酸銀水溶液と塩化ナトリウム水溶液との反応

□□$AgNO_3 + NaCl \longrightarrow NaNO_3 + AgCl \downarrow$

□□塩化カルシウム水溶液と炭酸ナトリウム水溶液との反応

□□$CaCl_2 + Na_2CO_3 \longrightarrow 2NaCl + CaCO_3 \downarrow$

7 中和反応

□□塩酸と水酸化ナトリウム水溶液との反応

□□$HCl + NaOH \longrightarrow NaCl + H_2O$

□□硫酸と水酸化ナトリウム水溶液との反応

□□$H_2SO_4 + 2NaOH \longrightarrow Na_2SO_4 + 2H_2O$

□□硫酸と水酸化バリウム水溶液との反応

□□$H_2SO_4 + Ba(OH)_2 \longrightarrow BaSO_4\downarrow + 2H_2O$

新Aクラス中学理科問題集1分野（4訂版）

2005 年 12 月　初版発行
2021 年 2 月　16版発行

著　者　有山智雄　　　　奥脇　亮
　　　　齊藤幸一　　　　森山剛之
発行者　斎藤　亮
組版所　錦美堂整版
印刷所　光陽メディア
製本所　光陽メディア
装　丁　麒麟三隻館
装　画　アライ・マサト

発行所　昇龍堂出版株式会社

〒101-0062　東京都千代田区神田駿河台 2-9
TEL 03-3292-8211　　FAX 03-3292-8214
ホームページ http://www.shoryudo.co.jp/

ISBN978-4-399-01507-4 C6340 ¥1400E　　　Printed in Japan
落丁本・乱丁本は，送料小社負担にてお取り替えいたします
本書のコピー，スキャン，デジタル化等の無断複製は著作権
法上での例外を除き禁じられています。本書を代行業者等の
第三者に依頼してスキャンやデジタル化することは，たとえ
個人や家庭内での利用でも著作権法違反です。

新Aクラス 中学理科問題集

1分野

4訂版

解答編

昇龍堂出版

この解答編は薄くのりづけされています。軽く引けば簡単にとりはずすことができます。

1 身のまわりの物質

＊問題1 (1) 砂糖，プラスチック　　(2)（金属）鉄，アルミニウム　（共通な性質）電気をよく通す。熱が伝わりやすい。特有のかがやき（金属光沢）がある。細い線やうすい板に加工しやすい（延性・展性がある）。

　　解説　(2)の共通な性質は，上記のうち3つを答えればよい。

＊問題2 (1) A. 空気調節ねじ　　B. ガス調節ねじ　　(2) ア. B　　イ. d　　ウ. A　　エ. b

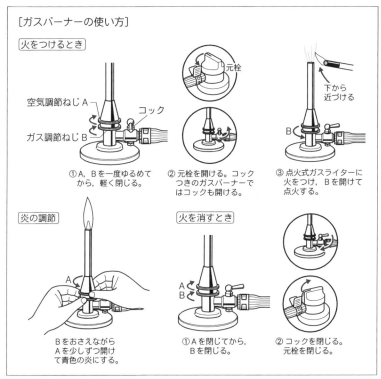

［ガスバーナーの使い方］

火をつけるとき

空気調節ねじA
ガス調節ねじB
コック
元栓
下から近づける
B

① A，Bを一度ゆるめてから，軽く閉じる。

② 元栓を開ける。コックつきのガスバーナーではコックも開ける。

③ 点火式ガスライターに火をつけ，Bを開けて点火する。

炎の調節

火を消すとき

A
A
B

BをおさえながらAを少しずつ開けて青色の炎にする。

① Aを閉じてから，Bを閉じる。

② コックを閉じる。元栓を閉じる。

＊問題3　A. ペットボトルを細かくしたもの　　B. スチールウール　　C. 食塩

　　解説　A. 石灰水が白くにごることから，物質Aは燃えて二酸化炭素が生成していることがわかる。したがって，炭素がふくまれている物質が考えられる。ペットボトルは，ポリエチレンテレフタラートというプラスチックであり，炭素をふくむ有機物である。

　B. 装置の○の位置に物質Bを置くと豆電球がつくことから，電気を通す物質，すなわち金属が考えられる。3種類の物質の中で金属はスチールウール（鉄）である。

　C. 3種類の物質の中で水にとける物質は食塩である。

＊問題4　イ

> **解説**　まず，両方の皿に同じ種類で，同じ大きさの薬包紙をのせる。つぎに，一方の皿に2gの分銅1つと，1gの分銅2つをのせ，他方の皿に少しずつ銅粉をのせていく。

[上皿てんびんの使い方]
① 上皿てんびんは，水平な台の上に置く。うでの番号が皿の番号と一致していることを確認する。
② 針が左右に振れる幅が等しくなるように調節ねじを回す（上皿てんびんがつり合っているかどうかは，針が止まるまで待つ必要はなく，針が左右に等しく振れていればよい）。
③ はかるものを一方の皿にのせる。他方の皿に，少し質量の大きいと思われる分銅をのせる（ピンセット使用）。質量が大きすぎたら質量の小さい分銅に取りかえ，質量が小さすぎたら分銅を追加して，つり合うようにする。
④ 薬品をはかりとるときは，両方の皿に薬包紙をのせておき，一方の皿にはかりとりたい質量の分銅をのせる。他方の皿に薬品を少量ずつのせていき，つり合わせる。
⑤ 測定を終えたら，分銅は定められた位置にもどし，皿はてんびんのうでが動かないように一方に重ねてかたづける。

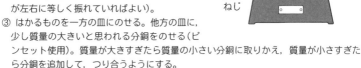

＊問題5　(1) $1\,\mathrm{m}l$，または，$1\,\mathrm{cm}^3$　　(2) **イ**　　(3) $83.0\,\mathrm{cm}^3$

> **解説**　(1) 体積の単位には cm^3 を使うが，化学の実験に使用する器具では，l や $\mathrm{m}l$ が用いられている。$1\,\mathrm{m}l=1\,\mathrm{cm}^3$，$1\,l=1000\,\mathrm{cm}^3$
>
> (3) $83.0\,\mathrm{m}l$ と読む。$83\,\mathrm{m}l$ では1目盛りの $\dfrac{1}{10}$ まで読んだことにはならない。83.0 $\mathrm{m}l$ を cm^3 の単位に換算して，$83.0\,\mathrm{cm}^3$ と答える。

[メスシリンダーの使い方]
① 水平な台の上に置く。
② 目は液面の水平なところと同じ高さに合わせ，真横から1目盛りの $\dfrac{1}{10}$ まで目分量で読む。

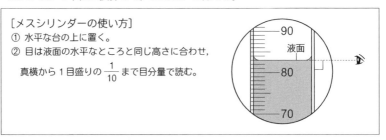

＊問題6　(1) $74.9\,\mathrm{g}$　　(2) **イ**　　(3) $2.7\,\mathrm{g/cm}^3$　　(4) **エ**

> **解説**　(1) 使った分銅の質量の総和が，金属Aの質量である。$1\,\mathrm{g}=1000\,\mathrm{mg}$ より，$50\,[\mathrm{g}]\times1+10\,[\mathrm{g}]\times2+2\,[\mathrm{g}]\times2+0.5\,[\mathrm{g}]\times1+0.2\,[\mathrm{g}]\times2=74.9\,[\mathrm{g}]$
>
> (2) $40.0\,\mathrm{cm}^3$ の水に $15.2\,\mathrm{cm}^3$ の金属Bを入れたのであるから，メスシリンダーの目盛りは $15.2\,\mathrm{cm}^3$ ふえる。$40.0\,[\mathrm{cm}^3]+15.2\,[\mathrm{cm}^3]=55.2\,[\mathrm{cm}^3]$　この目盛りを示しているのはイである。

このメスシリンダーは，1目盛りが1m*l*になっている。目盛りのない水面は，
1目盛りの$\frac{1}{10}$まで目分量で読む。

(3) $\frac{40.9\,[\text{g}]}{15.2\,[\text{cm}^3]} = 2.69\,[\text{g/cm}^3] \fallingdotseq 2.7\,[\text{g/cm}^3]$

(4) 密度は物質の1cm³あたりの質量で，物質に固有のものである。温度が変わる
と質量は変わらないが，体積が変わり，密度も変化する。ほとんどの物質は，高
温になるほど膨張して体積がふえ，密度は小さくなる。

*問題7 （密度）$\frac{M}{V}\,[\text{g/cm}^3]$ （体積）$\frac{1}{d}\,[\text{cm}^3]$，または，$\frac{V}{M}\,[\text{cm}^3]$

解説 （密度）$\frac{M\,[\text{g}]}{V\,[\text{cm}^3]} = \frac{M}{V}\,[\text{g/cm}^3]$

（体積）$\frac{1\,[\text{g}]}{d\,[\text{g/cm}^3]} = \frac{1}{d}\,[\text{cm}^3]$ または，$1 \div \frac{M}{V}\,[\text{g/cm}^3] = \frac{V}{M}\,[\text{cm}^3/\text{g}]$

*問題8 **1930g，または，1.93×10^3 g**

解説 $19.3\,[\text{g/cm}^3] \times 100\,[\text{cm}^3] = 1930\,[\text{g}] = 1.93 \times 10^3\,[\text{g}]$
1.93×10^3 gと表すと，有効数字が3けたであることがはっきりする。

*問題9 **（鉄）8.0g/cm³ （アルミニウム）2.7g/cm³**

解説 グラフは，縦線と横線の交差している見やすい点を読む。

鉄の密度は，$\frac{40\,[\text{g}]}{5.0\,[\text{cm}^3]} = 8.0\,[\text{g/cm}^3]$

アルミニウムの密度は，$\frac{15\,[\text{g}]}{5.5\,[\text{cm}^3]} = 2.72\,[\text{g/cm}^3] \fallingdotseq 2.7\,[\text{g/cm}^3]$

◀問題10 (1)（グラニュー糖）ウ （食塩）エ （かたくり粉）オ
(2) まず，水にとかす。とけない物質はかたくり粉である。つぎに，残りの2つの
物質の水溶液に電圧をかける。電流が流れるほうが食塩がとけている水溶液である。

◀問題11 (1) **鉛** (2) **鉄**

解説 (1) 79gの金属Aの体積は，メスシリンダーの水の増加した量から，
$27.0\,[\text{cm}^3] - 20.0\,[\text{cm}^3] = 7.0\,[\text{cm}^3]$

したがって，金属Aの密度は，$\frac{79\,[\text{g}]}{7.0\,[\text{cm}^3]} = 11.2\,[\text{g/cm}^3] \fallingdotseq 11\,[\text{g/cm}^3]$

密度の表から，金属Aは鉛であることがわかる。
(2) アルミニウム，鉄，銅，鉛のうち，磁石に引きつけられる金属は鉄である。

◀問題12 (1) **ガラス細片にすき間があるから。**

(2)（密度）**2.5g/cm³** （計算式）$\frac{30\,[\text{g}]}{12\,[\text{cm}^3]}$

解説 (2) 水面の高さの増加した分がガラスの体
積である。
ガラス30gの体積は，
$32\,[\text{cm}^3] - 20\,[\text{cm}^3] = 12\,[\text{cm}^3]$

◀問題13 (1) **7.9g** (2) **BとC，DとE** (3) **図I**
(4) **BとC** (5) **F**

解説 (1) 固体Aの体積5.0cm³の質量が39.30
gであるから，1cm³あたりの質量は，

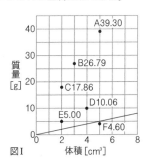
図I

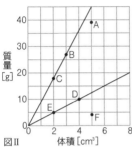

$$\frac{39.30\,[\mathrm{g}]}{5.0\,[\mathrm{cm^3}]}=7.86\,[\mathrm{g/cm^3}]\fallingdotseq7.9\,[\mathrm{g/cm^3}]$$

(2) 密度は物質に固有のものである。原点を通る同一直線上にある物質は同じ密度であり，同じ密度の物質は同じ物質である。図Ⅱのように，固体BとCは，原点を通る同一直線上にあり，同じ密度を示す。また，固体DとEも，原点を通る同一直線上にあり，やはり同じ密度を示す。

(3) 水の密度は$1.0\,\mathrm{g/cm^3}$なので，グラフ上で点のとりやすい原点と$5.0\,\mathrm{cm^3}$で$5.0\,\mathrm{g}$の点を通る直線をひく。この直線の傾きよりも大きい傾きの直線上にある物質は，密度が水より大きく，水に沈む。

(4) 図Ⅱで，原点を通る直線の傾きが大きいほど，物質の密度は大きい。

(5) 水の密度は$1.0\,\mathrm{g/cm^3}$である。水より密度の小さい物質は水に浮く。

固体Fの密度は，$\dfrac{4.60\,[\mathrm{g}]}{5.0\,[\mathrm{cm^3}]}=0.92\,[\mathrm{g/cm^3}]$

◀問題14　**190cm³**

　解説　100cm³のエタノールの質量は，$0.79\,[\mathrm{g/cm^3}]\times100\,[\mathrm{cm^3}]=79\,[\mathrm{g}]$
100cm³の水の質量は，$1.0\,[\mathrm{g/cm^3}]\times100\,[\mathrm{cm^3}]=100\,[\mathrm{g}]$
エタノールと水の混合物の質量は，$79\,[\mathrm{g}]+100\,[\mathrm{g}]=179\,[\mathrm{g}]$
この混合物の密度が$0.94\,\mathrm{g/cm^3}$であるから，求める体積は，
$$\frac{179\,[\mathrm{g}]}{0.94\,[\mathrm{g/cm^3}]}=190.4\,[\mathrm{cm^3}]\fallingdotseq190\,[\mathrm{cm^3}]$$

◀問題15　**1.2g/l**

　解説　メスシリンダーに集めた空気の質量は，$98.13\,[\mathrm{g}]-97.38\,[\mathrm{g}]=0.75\,[\mathrm{g}]$
625cm³$=0.625l$であるから，空気の密度は，$\dfrac{0.75\,[\mathrm{g}]}{0.625\,[l]}=1.2\,[\mathrm{g}/l]$

気体の密度はとても小さいので，数値が扱いやすいように気体$1l$の質量（g/l）で表すことが多い。

＊問題16　(1) **固体**　　(2) **液体**　　(3) **気体**

＊問題17　ア.**液体**　　イ.**気体**　　ウ.**体積**　　エ.**ふくら**　　オ.**質量**

　解説　物質の状態が変わると，物質を構成している粒の集まり方が変わるが，物質の質量や粒そのものは何も変化しない。固体を液体，さらに気体に変えるときは，加熱しなければならない。したがって，液体は固体より，気体は液体より加熱された分だけ熱を多くもっている。

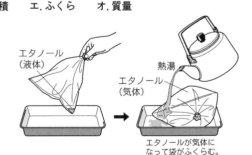

エタノール（液体）

熱湯

エタノール（気体）

エタノールが気体になって袋がふくらむ。

＊問題18　(1) A.**昇華**　　B.**昇華**
C.**融解**　　D.**凝固**　　E.**凝縮**　　F.**蒸発**　　(2) **A，C，F**

　解説　(1) 液体の内部から蒸発がおこる場合は，沸とうという。

＊**問題19**　ア. 固体　　イ. 水　　ウ. 氷

　解説　物質の固有の性質の１つとして密度があるが，物質の密度はつねに一定であるとはいえない。
物質は加熱することによって固体，液体，気体と状態が変化する。このとき，質量は変化しないが，いっぱんに体積は増加する。したがって，固体から液体，さらに気体になるにつれて密度は減少する。水は例外で，固体が液体になると体積が減少するので密度は大きくなる。
気体の場合は，圧力によっても体積が変わるから密度も変わる。密度は温度や圧力によって変化する。

＊**問題20**　(1) 融点　　(2) 沸点　　(3) 物質の種類がわかる。

＊**問題21**　(1) エタノール　　(2) 水　　(3) 蒸留

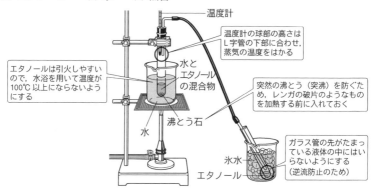

　温度計

　温度計の球部の高さは
　L字管の下部に合わせ，
　蒸気の温度をはかる

　エタノールは引火しやすいので，水浴を用いて温度が100℃以上にならないようにする

　水とエタノールの混合物

　突然の沸とう（突沸）を防ぐため，レンガの破片のようなものを加熱する前に入れておく

　水　　沸とう石

　氷水　　エタノール

　ガラス管の先がたまっている液体の中にはいらないようにする（逆流防止のため）

◀**問題22**　(1) 0.84 倍　　(2) ア　　(3) ウ

　解説　(1) 固体の体積は，76.5 [cm³] − 12.5 [cm³] = 64.0 [cm³]

$$\frac{64.0\,[\text{cm}^3]}{76.5\,[\text{cm}^3]} = 0.836 ≒ 0.84$$

(2) パラフィンは周辺部から熱を失って凝固し，体積が減少しながら，しだいに中央部へと凝固が進む。したがって，凝固し終わると，中央部がへこむことになる。いっぱんに，質量が一定であるとき，固体の体積は，液体の体積より小さい。

(3) パラフィンなどの混合物は，固体の融解が始まっても，温度は一定にならず，上がり続ける。

◀**問題23**　(1) A. パラフィン　　C. ナフタレン

(2) (2.5 分) 固体　　(7.5 分) 固体と液体が混じった状態　　(12.5 分) 液体

(3) ウ

◀**問題24**　(1) オ　　(2) イ　　(3) ア

　解説　(1) 80℃ のとき液体であるためには，その物質の融点は 80℃ 以下で，沸点は 80℃ 以上でなければならない。したがって，オである。

(2) 沸点が −150℃ 以下の物質はイである。

(3) 融点が −10℃ 以上，−5℃ 以下で，沸点が −5℃ 以上の物質を選べばよい。
−10℃ 以上，−5℃ 以下の融点をもつ物質にはアがあり，−5℃ 以上の沸点をもつ物質にはア，ウ，オ，カがある。この２つの条件を満たす物質はアである。

◀問題25 (1) 右の図　(2) 突然の沸とうを防ぐ。または，
突沸（とっぷつ）を防ぐ。　(3) カ

温度計

冷水

　解説　(1) 誤った3か所は，次の3点である。
　① 温度計の球部が，枝つきフラスコの液体
　の中にはいっている。温度計の球部の高さ
　は，蒸発してくる物質の沸点をはかるため，
　枝つきフラスコの枝の管のつけ根部分にく
　るようにする。
　② 枝つきフラスコに入れる液体の量が多す
　ぎる。
　③ 蒸気を冷却する試験管が空気中にある。
　蒸気を冷却して液体として回収する試験管
　は冷水などにつけておく。
　できれば，沸点が90℃以下で引火性のあるエタノールを蒸留するときには，水
のはいったビーカーなどに枝つきフラスコを入れて加熱すると（水浴），温度が
100℃以上にならず安全である。
(2) 液体を加熱するときは，レンガの破片のような沸とう石を必ず，加熱する前に
　入れておく。加熱の途中で入れると，突然の沸とう（突沸）がおこり，液がふき
　こぼれ，危険である。
　沸とう石を入れた液体を加熱すると，沸とう石の中にふくまれている空気がじょ
　じょに気泡となって出ていき，この気泡が核となって，水蒸気が出やすくなる。
　したがって，沸とうがスムーズにおこり，突沸が防止できる。
(3) ア.C以降も，エタノールは残っており，エタノールの蒸発は続く。
　イ.100℃以下でも水の蒸発はおこっており，純粋なエタノールではない。
　ウ.AB間でもエタノールは蒸発しており，液体の量は決められない。
　エ.CD間でも沸とうしている。
　オ.AB間でも水は蒸発している。

*問題26　ア.（うすい）塩酸　　イ.（うすい）硫酸（ア，イ順不同）
　ウ.過酸化水素水，または，オキシドール　　エ.二酸化炭素
　オ.炭酸カルシウム　　カ.アンモニア
　解説　アイ.水素を集める容器は，必ず試験管を用いる。絶対にフラスコなど口
　の狭まった容器を用いてはいけない。口の狭まった容器で集めた水素に火がつく
　と，口の部分で燃焼が激しくおこり，容器が破損することがある。
　水素と酸素が混じり合った状態で火がつくと爆発音を発して燃えるので，たいへ
　ん危険である。発生装置に火を近づけてはいけない。
　ウ.うすい過酸化水素水はオキシドールとして，消毒殺菌剤に使われている。
　カ.アンモニアは空気より密度が小さいので，アンモニアを集めた試験管にはふた
　をしておく。また，アンモニアは有毒であるから，実験のさい換気に注意する。
　気体を集める場合，はじめは空気が出てくるので，しばらくしてから気体を集める。
　または，試験管の1本目に集めた気体は空気が多く混じっているので，性質を調べ
　るときは2本目以降を使う。いずれの場合も，ゴム管が折れ曲がらないようにする。

*問題27 (1) ア.上方置換法　　イ.水上置換法　　ウ.下方置換法
(2) ① ア　　② ウ　　③ イ
　解説　(2) 水上置換法は，空気が混ざらないので，純粋な気体を集めるのに適し
　ている。また，集めた気体の量が見やすいので，たいへん便利である。

*問題28

気体	方法	結果
酸素	火のついた線香を広口びんに近づける。	線香が炎を出して燃える。
水素	火のついたマッチを試験管の口に近づける。	燃える。空気が混じっていると爆発音を発する。
アンモニア	においをかぐ。	特有な刺激臭がある。
	水でぬらした赤色リトマス紙をつける。	赤色リトマス紙が青色に変化する。
	こい塩酸をつけたガラス棒を近づける。	白煙を生じる。
二酸化炭素	石灰水に通す。	白くにごる。

解説 空気には，酸素が体積の割合で約 $\frac{1}{5}$ しかふくまれていないので，空気の中では，線香は酸素の中ほど激しく燃えない。

水素を集めた試験管に火を近づけると爆発音を発して燃え，水ができて水滴で内側がくもる。空気が混じっていない水素に点火すると，音をたてずに燃える。

火をつけるときは，やけどに注意する。気体のにおいをかぐときは，直接鼻を近づけるのではなく，手であおぐようにしてかぐ。

◀問題29 **ア，エ**

解説 気体Aは酸素，気体Bは水素，気体Cはアンモニア，気体Dは二酸化硫黄である。

イ．水素は水にとけにくいので水上置換法で集め，アンモニアは水にひじょうにとけやすく，空気より密度が小さいので上方置換法で集める。

ウ．水素は空気より密度が小さく，二酸化硫黄は空気より密度が大きい。

オ．二酸化硫黄は無色の気体である。

◀問題30 (1) **B** (2) **二酸化マンガン** (3) **A** (4) **右の図**

解説 (1) A．二酸化炭素は，石灰石にうすい塩酸を加えて発生させる。

B．二酸化硫黄は，硫黄を燃やすか，亜硫酸ナトリウムに塩酸や硫酸を加えて発生させる。

C．酸素は，二酸化マンガンにうすい過酸化水素水を加えて発生させる。

D．水素は，亜鉛にうすい塩酸を加えて発生させる。

E．アンモニアは，固体の塩化アンモニウムと水酸化カルシウムをよく混ぜて加熱し，発生させる。

(2) 過酸化水素が分解して，酸素が発生する。二酸化マンガンそのものは変化しないで，反応を速めるはたらきをしている。反応を速めるはたらきをする物質を触媒という。

(3) 石灰石は二酸化炭素をふくんだ水にとける。とけたところが空洞になり，鍾乳洞となる。

　　(4) 塩化アンモニウムに水酸化カルシウムをよく混ぜて加熱すると，アンモニアと
　　水蒸気と塩化カルシウムができる。生じた水蒸気が試験管の口で冷やされ水滴と
　　なり，加熱されている試験管の底にもどると，試験管が割れるので，試験管の口
　　を少し下げて固定する。また，アンモニアは水にひじょうにとけやすく，空気よ
　　り密度が小さいので，上方置換法で集める。

◀問題31 (1)

	酸素	水素	二酸化炭素	アンモニア
A群	キ, ク	ウ, カ	イ, オ	ア, エ
B群	a	a	c	c
C群	f	f	d, または, f	e

　　(2)

	方法	結果
操作1	BTB溶液を加える。	① 黄色に変化する。
		② 青色に変化する。
操作2	火のついた線香を近づける。	④ 線香が炎を出して燃える。
		⑤ 気体が燃える。空気が混じると試験管の中の気体が爆発音を発する。

　　解説　(1) 炭素の粉末と酸化銅を混ぜて加熱すると，二酸化炭素が発生する。二
　　酸化炭素は水に少ししかとけないので，水上置換法でも捕集できる。
　　(2) 水でぬらした青色リトマス紙を二酸化炭素につけても，明確に赤色には変化し
　　ない。したがって，この場合には，BTB溶液を使う。BTB溶液は酸性で黄色，
　　中性で緑色，アルカリ性で青色を示す（酸・アルカリ→本文 p. 95）。

◀問題32 (1) **窒素**
　　(2) **空気を銅網のあるガラス管に少しずつ送るため。**
　　(3) **加熱された銅は酸素と化合することによって，ガラス管に送りこまれた空気か
　　ら酸素を除くから。**
　　　解説　(1) 空気は窒素と酸素が混じった気体である。酸素は熱した銅と結びつく
　　が，窒素は銅と結びつくこともなく，ガラス管を通過して集気びんに集まる。
　　(2) 水のはいった分だけ三角フラスコの空気が送り出されていく。
　　(3) ガラス管の中の空気中の酸素は高い温度で銅と結びついて，銅を酸化銅という
　　　物質に変える。したがって，空気から酸素が除かれる（酸化・還元→本文
　　　p. 39）。
　　窒素は燃える危険がなく，人体にも無害なため，自動車事故のさいに衝撃から身を
　　守るエアバッグを膨張させる気体として利用されている。

*問題33 ア. 溶解　　イ. 溶液　　ウ. 溶質　　エ. 溶媒　　オ. 溶媒　　カ. 溶液　　キ. 溶質
　　ク. 溶媒　　ケ. 二酸化炭素　　コ. 溶質

*問題34 ア. 刺激　　イ. 青色　　ウ. 赤色　　エ. アンモニア　　オ. 二酸化炭素
　　カ. 白くにごる，または，白色の沈殿が生じる　　キ. 白色の固体，または，食塩
　　ク. 黄　　ケ. 塩化銀　　コ. 炭素　　サ. 刺激　　シ. 青
　　ス. 白色の沈殿，または，塩化銀　　セ. 水素　　ソ. 塩化水素

解説 水溶液は無色のものばかりではなく，塩化銅水溶液のように，青色のものもある。水溶液のにおいをかぐときは，手であおぐようにしてかぐ。

(2) 炭酸水は実際には，青色リトマス紙を赤色に変化させることが，塩酸などに比べて明確ではない。二酸化炭素を石灰水に通すと，炭酸カルシウムの白色の沈殿が生じる。

＊問題35 (1) 質量パーセント濃度　(2) $\dfrac{100\,w}{W+w}$ [％]　(3) 10％

解説 (3) $\dfrac{10\,[\text{g}]}{100\,[\text{g}]} \times 100 = 10\,[\%]$

＊問題36 (1) ア. 100　イ. 溶解度　(2) ホウ酸　(3) 食塩　(4) 硝酸カリウム

解説 (4) 水溶液を冷却することで，結晶を取り出しやすいのは，温度変化により溶解度の数値が大きく変化する物質である。硝酸カリウムが，温度変化による溶解度の変化が最も大きい。

食塩は温度によって溶解度があまり変化しないので，飽和水溶液の温度を下げても結晶はわずかしか出ない。

＊問題37 (1) ア

(2) 水溶液を冷却する。水溶液の水を蒸発させる。

解説 (1) 固体を速くとかすには，いっぱんに，固体をくだいて粉末にすること，溶媒を加熱して温度を高くすること，固体を溶媒に加えた後よくかき混ぜることなどがある。したがって，固体を粉末にして，溶媒の温度を高くし，その中に入れてよくかき混ぜると固体を最も速くとかすことができる。

(2) いっぱんに，水溶液から結晶を取り出すには，水溶液を冷却し溶解度を減少させたり，水を蒸発させればよい。

＊問題38 (1) エ　(2) イ

解説 (1) アはミョウバン，イは硫酸銅，ウは硝酸カリウム，エは食塩（塩化ナトリウム）の結晶である。

(2) 硫酸銅の結晶は青色である。

＊問題39 約 53.6 g

解説 溶解度は100 gの水にとける物質の質量の数値である。硝酸カリウムの溶解度は50℃で85.2である。50℃での飽和水溶液185.2 gの中には，硝酸カリウムが85.2 gとけている。この水溶液を冷却すると溶解度が減少して，20℃では31.6になる。したがって，とけきれなくなる硝酸カリウムは，

85.2 [g]－31.6 [g]＝53.6 [g]

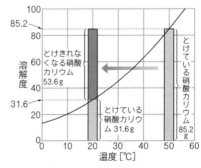

＊問題40 (1) イ

(2) かたくり粉

解説 (1) 液体と固体が混じっているとき，ろ紙を使ってろ過し液体と固体に分ける。

(2) 砂糖と食塩は水にとけ，水溶液となってろ紙を通過する。水にとけにくいかたくり粉（デンプン）だけがろ紙の上に残る。

[ろ過のしかた]

① ろうとにろ紙を入れ，水でぬらし，ぴったり
とつける。

② ろうとのあし（切り口の長いところ）はビー
カーの壁につける。

③ ろ過する液をガラス棒を伝わらせて入れ，少
しずつろ紙に注ぐ（入れすぎない）。

◀問題41 (1) ウ　　(2) ア　　(3) 石灰石

解説　(1) かたくり粉と石灰石は水にとけにくく，粉末が試験管の底にたまる。

(2) 重曹の水溶液は弱いアルカリ性を示すので，赤色リトマス紙を青色に変える。

(3) かたくり粉や砂糖を加熱すると，水と炭素になるので，実験3で黒くこげる。
実験4で，かたくり粉はデンプンであり，ヨウ素溶液と反応して青色になる。こ
の反応はデンプンに特有な反応である。他の物質はヨウ素溶液と反応しない。
以上のことから，物質Aは砂糖，物質Bは食塩，物質Cは石灰石，物質Dは重曹，
物質Eはかたくり粉であることがわかる。

◀問題42 (1) B，C，E　　(2) A，C　　(3) ア，ウ，オ

解説　有色の水溶液Dは塩化銅水溶液である。刺激臭のある水溶液はアンモニ
ア水と塩酸である。塩酸はマグネシウムと反応して水素を発生するので，水溶液A
は塩酸，水溶液Cはアンモニア水となる。二酸化炭素と反応して白色の沈殿がで
きる水溶液Eは水酸化カルシウム水溶液（石灰水）である。残りの水溶液Bは水
酸化ナトリウム水溶液である。

(1) フェノールフタレイン溶液で赤色に変わるものはアルカリ性の水溶液で，水酸
化ナトリウム，アンモニア，水酸化カルシウムの水溶液である（アルカリ→本文
p.95）。

(2) 塩酸は気体の塩化水素がとけたものであり，アンモニア水は気体のアンモニア
がとけたものであるから，それぞれ蒸発により，気体となって出ていくので，後
に何も残らない。

(3) 貝殻，大理石，鍾乳石の主成分は炭酸カルシウムである。凍結防止剤は塩化カ
ルシウム，石コウは硫酸カルシウムなどを使っている。消石灰は水酸化カルシウ
ムのことである。

◀問題43 (1) 20 g　　(2) 37.5 g

解説　(1) 4％の硝酸カリウム水溶液100gの中にふくまれる硝酸カリウムの質

量は，$100\,[\text{g}] \times \dfrac{4}{100} = 4\,[\text{g}]$

加える硝酸カリウムの質量を $x\,[\text{g}]$ とすると，$\dfrac{(4+x)\,[\text{g}]}{(100+x)\,[\text{g}]} \times 100 = 20\,[\%]$

これを解いて，$x = 20\,[\text{g}]$

(2) 必要な20％の食塩水の質量を $y\,[\text{g}]$ とすると，4％の食塩水の質量は，

$(100-y)$ [g] である。

10％の食塩水100gの中にふくまれる食塩の質量は，$100 \, [\text{g}] \times \dfrac{10}{100} = 10 \, [\text{g}]$

$(100-y) \, [\text{g}] \times \dfrac{4}{100} + y \, [\text{g}] \times \dfrac{20}{100} = 10 \, [\text{g}]$　　これを解いて，$y=37.5 \, [\text{g}]$

◀**問題44** **40g**

解説　物質Aは，100gの水に50
℃では50g，80℃では150gとける。
求める物質Aの質量を$x \, [\text{g}]$とする。
80℃での飽和水溶液
$100 \, [\text{g}] + 150 \, [\text{g}] = 250 \, [\text{g}]$を50℃に
冷やすと，物質Aが，
$150 \, [\text{g}] - 50 \, [\text{g}] = 100 \, [\text{g}]$とけきれな
くなって出てくるから，飽和水溶液
100gでは$x \, [\text{g}]$がとけきれなくなっ
て出てくる。
$250 \, [\text{g}] : 100 \, [\text{g}] = 100 \, [\text{g}] : x \, [\text{g}]$
これを解いて，$x=40 \, [\text{g}]$

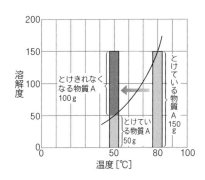

◀**問題45** **3.2g**

解説　20℃で質量パーセント濃度20％の硝酸カリウム水溶液60gにとけてい
る硝酸カリウムの質量は，$60 \, [\text{g}] \times \dfrac{20}{100} = 12 \, [\text{g}]$であり，水の質量は，

$60 \, [\text{g}] - 12 \, [\text{g}] = 48 \, [\text{g}]$である。

求める硝酸カリウムの質量を$x \, [\text{g}]$とすると，$\dfrac{\text{硝酸カリウムの質量}}{\text{水の質量}}$は一定である

から，$\dfrac{31.6 \, [\text{g}]}{100 \, [\text{g}]} = \dfrac{(12+x) \, [\text{g}]}{48 \, [\text{g}]}$　　これを解いて，$x=3.16 \, [\text{g}] ≒ 3.2 \, [\text{g}]$

（**別解**）20℃の水100gには，硝酸カリウム31.6gがとけて，
$100 \, [\text{g}] + 31.6 \, [\text{g}] = 131.6 \, [\text{g}]$の飽和水溶液ができる。

$\dfrac{\text{硝酸カリウムの質量}}{\text{硝酸カリウム水溶液の質量}}$は一定である。

20℃で質量パーセント濃度20％の硝酸カリウム水溶液60g中には硝酸カリウム
は12gとけており，硝酸カリウムをあと$x \, [\text{g}]$とかすことができるとすると，

$\dfrac{31.6 \, [\text{g}]}{131.6 \, [\text{g}]} = \dfrac{(12+x) \, [\text{g}]}{(60+x) \, [\text{g}]}$　　これを解いて，$x=3.16 \, [\text{g}] ≒ 3.2 \, [\text{g}]$

◀**問題46** **(1) 塩化ナトリウム　　(2) エ**

解説　(2) 硝酸カリウムと塩化カリウムは，たがいに影響し合わずにそれぞれ水
にとける。水50g，硝酸カリウム40g，塩化カリウム20gであるから，水100g,
硝酸カリウム80g，塩化カリウム40gを考える。グラフより，水100gに硝酸カ
リウム80gは，約50℃のときに全部とける。また，水100gに塩化カリウム
40gは，約45℃のときに全部とける。

＊**問題47** **ウ**

解説　ア．混合物は純物質が決まった割合で混じっているものではなく，任意の
割合で混じっているものであるが，任意の割合といっても水溶液のように，ある

程度以上は溶質がとけこまないものもある。

イ. 混合物では純物質の性質を失わないから，蒸発，蒸留，再結晶などで純物質に分離することができる。

ウ. 混合物は，純物質が任意の割合で混じっているので，その割合によって，密度・融点・沸点の値も変化する。

エ. この章でいう混合物とは2つ以上の純物質がただ混じっているだけで，化学変化は行われない。化学変化，化合物については，「2章 化学変化と原子・分子」でくわしく学習する（→本文 p.38）。

オ. 空気には，窒素や酸素を主体にアルゴン，ネオン，二酸化炭素，水蒸気などが混じっている。花こう岩には，チョウ石，ウンモ，セキエイなどがふくまれ，産地によってその割合が異なる。

＊問題48 ア. 蒸発　　イ. 磁石に引きつけられる性質　　ウ. とけにくい　　エ. ろ過

オ. 溶解度　　カ. 再結晶　　キ. 沸点　　ク. 蒸留，または，分留

解説　ク. 物質によって沸点がちがうことを利用して，2種類以上の液体の混合物から各成分を分離する方法を，特に分留という。たとえば，原油は，沸点のちがいを利用して，粗製ガソリン・灯油・軽油などに分留する。

◀問題49 混合物を水にとかし，水にとけないナフタレンをろ過してナフタレンを得，ろ液から水を蒸発させて食塩を得る。

または，混合物をエタノールにとかし，エタノールにとけない食塩をろ過して食塩を得，ろ液からエタノールを蒸発させてナフタレンを得る。

◀問題50 (1)（図1）ろ過　　（図2）蒸発　　(2) ア

解説　(2) 固体のとけている水溶液を加熱して沸とうさせると，沸点はしだいに高くなる。これは水溶液がこくなり，水が蒸発しにくくなるからである。

★問題51 (1) A. 食塩，水　　B. パラジクロロベンゼン，エタノール

(2) 水を多量に入れよくかき混ぜ，ろ過し，さらにろ液を蒸留する。　　(3) ア

(4) ウ　　(5) 塩化カルシウム，水，塩化水素

解説　(1) 操作1で水にとけるのは食塩であり，ろ液Aは食塩水である。つぎに，パラジクロロベンゼンは水にとけないが，エタノールにはとけるので，ろ液Bはパラジクロロベンゼンエタノール溶液となっている。

(2) エタノールはパラジクロロベンゼンとも結びつくが，水との結びつきのほうが強い。ろ液Bに多量の水を入れると，パラジクロロベンゼンをとかしていたエタノールが水とよく結びつくので，パラジクロロベンゼンをとかしていたエタノールが減少し，パラジクロロベンゼンは沈殿してくる。ろ過してパラジクロロベンゼンを取り出すと，ろ液はエタノールと水の混合物なので，蒸留すればエタノールが取り出せる。

(3)〜(5) 石灰石をうすい塩酸に入れてよくかき混ぜると，二酸化炭素が発生し，塩化カルシウムの水溶液が生成する。すなわち，石灰石はうすい塩酸にとける。一方，鉄やアルミニウムをうすい塩酸に入れると，水素を発生し，塩化鉄や塩化アルミニウムの水溶液ができる。すなわち，鉄やアルミニウムはうすい塩酸にとける。また，水酸化ナトリウム水溶液を操作3に用いると，アルミニウムは，水素を発生してとけてしまう。硝酸銀やエタノールでは石灰石はとけない。銅はうすい塩酸にはとけない（→本文 p.93，例題2解説(3)）。したがって，操作3は「うすい塩酸に入れて，よくかき混ぜる」になる。ただし，このような実験では，塩酸（塩化水素の水溶液）を過剰に入れるので，ろ液Cには，反応しないで余った塩酸が存在する。

2 化学変化と原子・分子

＊問題1 (1) 状態変化　(2) 状態変化　(3) 化学変化　(4) 化学変化
(5) 状態変化　(6) 化学変化

> **解説**　(1), (5)は融解, (2)は蒸発で, いずれも状態変化である。

＊問題2 (1) 変化後の物質　(2) 硫化銅　(3) 化合

> **解説**　(2)(3) 銅と加熱した硫黄が化合して, 硫化銅が生成する。
> 銅＋硫黄─→硫化銅①
> この化合は, 右の図のように, 銅線の表面に近い部分だけでお
> こって, 銅線の内部は変化していない。

銅線

未反応の
銅線

硫化銅

加熱後の銅
線の断面

＊問題3 (1) 酸素　(2) 銀　(3) 減少した。　(4) 分解
(5) 右の図

> **解説**　(1)〜(3) 酸化銀を加熱すると, 次のように分解
> して, 酸素が発生し, 後に銀が残る。
> 酸化銀─→銀＋酸素②
> (4) 「酸化・還元」と答えてもよいが, 「還元」という答
> えは間違いである。この反応は酸化銀という酸化物か
> ら酸素がうばわれているので, 「還元」と答えそうで
> あるが, 酸化・還元は同時におこることから「酸化・
> 還元」と答えるべきである。酸化銀にふくまれている
> 銀は還元され, 酸素は酸化されているといえる。ここでは「分解」と答えておく
> ほうがよい。
> (5) 外炎が試験管にあたるように加熱する。

酸化銀
の粉末

＊問題4 (1) イ, ウ, オ　(2) イ, カ

> **解説**　(1) 酸化水銀と砂糖は, それぞれ次のように分解するので化合物である。
> 酸化水銀─→水銀＋酸素③　　砂糖─→炭素＋水④
> (2) 単体は, それ以上ほかの物質に分解できない物質である。したがって, 分解で
> きる物質Aは単体ではなく, 化合物である。分解によって生じた新しい物質は,
> 単体であるときも（酸化銀─→銀＋酸素⑤, 水─→水素＋酸素⑥）, 化合物で
> あるときも（炭酸水素ナトリウム─→炭酸ナトリウム＋水＋二酸化炭素⑦）あ
> る。したがって, 物質Bと物質Cはどちらかに決めることはできない。

＊問題5 エ

> **解説**　物質が燃焼するとき, つねに二酸化炭素と水が生成するとは限らない。

＊問題6 (1) ア. 水　イ. 二酸化炭素　（元素名）水素, 炭素
(2) 酸化鉄　(3) （質量）増加した。　（色）黒色に変化した。
（手ざわり）弾力性が失われ, もろくなった。

> **解説**　(1) 塩化コバルト紙を水につけると, 青色から赤色に変化する。このこと
> から, エタノールの燃焼によって, 水が生成していることがわかる。エタノール
> の燃焼によって, エタノールにふくまれている水素が水に, 炭素が二酸化炭素に
> 変化している。
> (2) スチールウールは鉄を細くしてまるめたもので, 完全燃焼すると酸化鉄になる。
> (3) 鉄の質量より, 酸化鉄の質量のほうが, 化合した酸素の質量分だけ増加する。
> また, スチールウールの灰色が酸化鉄の黒色に変化する。黒色の酸化鉄を黒さび
> ともいう。

性質	鉄	酸化鉄
金属光沢の有無	ある	ない
色	灰色	黒色
塩酸との反応	水素を発生してとける	気体を発生せずにとける
電気の通しやすさ	よく通す	通さない

*問題7　(1) 二酸化炭素　　(2) 銅　　(3) 酸化　　(4) 還元

　　　解説　　(1) 酸化銅にふくまれている酸素と炭素が化合して，二酸化炭素が発生する。

　　(2) 酸化銅は炭素と反応して酸素を失い，銅になる。

　　(3) 炭素は酸化銅に酸化され，二酸化炭素になる。

　　(4) 酸化銅は炭素に還元され，銅になる。

*問題8　(1) ア.酸化銅　　イ.還元　　(2) ウ.分解　　エ.化合　　オ.酸化　　カ.燃焼

　　　解説　　(1) 酸化銅は水素に還元され，銅になる。このとき，水素は酸化銅に酸化され，水になる。酸化と還元は同時におこる。炭素や水素のように相手を還元する物質を還元剤，酸化銅のように相手を酸化する物質を酸化剤という。

　　(2) 酸化は，物質が酸素と化合することであり，熱や光をともなう激しい酸化が燃焼である。

*問題9　ア

　　　解説　　分解の化学変化では，熱し続けないと反応が止まる。

　ロウを燃やすには，加熱する必要はあるが，いったん燃え始めると，燃焼によって熱が発生するので，次々に燃え続ける。鉄と硫黄との化合もいったん反応が始まると，熱が発生し，この反応熱で化合が次々におこる。激しい化合なので加熱を続けるのは危険である。

　マグネシウムと塩酸との反応は，混ぜ合わせるだけで反応がおこり，加熱する必要はない。

◀問題10　(1) イ　　(2) 熱が発生し，この反応熱で化合が次々におこるから。

　　(3) 硫化鉄　　(4) A　　(5) A.水素，無臭　　C.硫化水素，腐卵臭

　　　解説　　(1) ウやエの部分を加熱すると，反応熱で，ウやエの上層部の硫黄が鉄粉とは反応しないでとけ出し，試験管の底のほうに移動してしまう。また，加熱するときに試験管に栓（脱脂綿）をしないと，加熱によって生成した硫黄の蒸気と空気中の酸素が次のように反応して，有害な二酸化硫黄を生成し，危険である。

　　硫黄＋酸素──→二酸化硫黄⑧

　　(3) 鉄と硫黄の混合物の一部を熱すると，熱や光を出して反応が始まり，鉄と硫黄が化合して硫化鉄ができる。

　　鉄＋硫黄──→硫化鉄⑨

　　(4) 鉄は磁石に引きつけられるが，硫黄や硫化鉄は磁石に引きつけられない。

　　(5)（試験管A）鉄＋塩酸──→塩化鉄＋水素⑩

　　　（試験管C）硫化鉄＋塩酸──→塩化鉄＋硫化水素⑪

　　水素と硫化水素はともに可燃性の気体なので，ガスバーナーなどの火が近くにあれば引火する危険性がある。

◀問題11 (1) 生成した水が試験管 A の底に流れないようにするため。
(2) 石灰水の逆流を防ぐため。　(3) 二酸化炭素　(4) 白くにごる。
(5) 赤色　(6)（炭酸水素ナトリウム）うすい赤色　（加熱後の物質）赤色
(7) ふくらし粉の成分，または，胃腸薬の成分

解説　(1) 生成した水蒸気が試験管 A の口のところで凝縮し，水滴となる。この水滴が熱せられた試験管 A の底に流れると，試験管 A が割れることがある。
(2) ガラス管を石灰水の中に入れたまま加熱をやめると，試験管 A の中の気体が収縮して圧力が低くなり，石灰水が逆流し，試験管 A が割れることがある。
(3) 炭酸水素ナトリウムは次のように熱分解して，二酸化炭素を発生する。
　炭酸水素ナトリウム──→炭酸ナトリウム＋水＋二酸化炭素⑫
(4) 石灰水（水酸化カルシウム水溶液）は次のように反応して，水にとけにくい炭酸カルシウムが生成し，白色の沈殿となる。
　水酸化カルシウム＋二酸化炭素──→水＋炭酸カルシウム⑬
(5) 青色の塩化コバルト紙を水につけると，赤色に変化する。
(6) 炭酸水素ナトリウムは水にとけると，弱いアルカリ性を示し，フェノールフタレイン溶液はうすい赤色に変化する。炭酸ナトリウムは加熱前の炭酸水素ナトリウムより水によくとけ，強いアルカリ性を示し，フェノールフタレイン溶液は赤色に変化する。
(7) カルメ焼きやホットケーキをつくるとき，ふくらし粉（ベーキングパウダー）を入れるとよくふくらむ。これは，ふくらし粉にふくまれている炭酸水素ナトリウムから発生した，二酸化炭素によるものである。また，胃腸薬にも炭酸水素ナトリウムが胃酸の中和のためにはいっている。なお，炭酸水素ナトリウムを重曹ともいう。

◀問題12 (1) エ　(2) エ　(3) 黄色　(4) イ，オ

解説　(1) 発生した気体をそれぞれの溶液にとかして反応を見るので，左側のガラス管は溶液の中に入れる。また，右側のガラス管は溶液の中から出てくる気体を次の試験管に送るので，溶液の中に入れない。
(3) 炭酸アンモニウムは次のように熱分解する。
　炭酸アンモニウム──→アンモニア＋水＋二酸化炭素⑭
したがって，発生する気体の中でアンモニアのほうが二酸化炭素より水にとけやすいので，アンモニアが試験管 B の溶液にすべてとけ，フェノールフタレイン溶液は赤色に変化する。
二酸化炭素は試験管 C に移動して溶液にとけ酸性を示し，BTB 溶液は黄色に変化する。さらに，試験管 C にとけきれなかった二酸化炭素が試験管 D に移動して，石灰水を白くにごらせる。
(4) ア．二酸化炭素もアンモニアも，可燃性ではない。
　イ．二酸化炭素は，卵の殻の主成分である炭酸カルシウムとうすい塩酸との反応で発生する。
　　炭酸カルシウム＋塩酸──→塩化カルシウム＋水＋二酸化炭素⑮
　ウ．黄緑色の気体は，塩素である。
　エ．水の電気分解で発生する気体は，水素と酸素である。
　オ．アンモニアは，こい塩酸から発生する塩化水素と反応して，塩化アンモニウムの白煙を生成する。
　　アンモニア＋塩化水素──→塩化アンモニウム⑯
　カ．二酸化マンガンにオキシドール（うすい過酸化水素水）を加えると，酸素が

発生する。

二酸化マンガンは反応を速めるはたらきをする触媒である。

過酸化水素──→水＋酸素⑰

◀問題13 (1) エ　　　(2) 線香は炎を出して燃える。

(3) 燃える。または，空気が混じっていると爆発音を発して燃える。

(4) 酸素　　　(5) 水素　　　(6) 1：2　　　(7) 電気分解　　　(8) 水素，酸素

解説　(1) 純粋な水は電流が流れにくいので，水を電気分解するには，水酸化ナトリウムや硫酸を少量加えて，電流を流れやすくする必要がある。

(6) 気体の体積は温度や圧力で変化するので，何種類かの気体の体積の比を考えるときには，それぞれの気体の体積を同温・同圧のもとで測定した値を用いる。

(8) 水を電気分解して得られる水素や酸素は，それ以上ほかの物質に分解できない単体である。単体は，1種類の基本的な成分から構成されている物質である。この物質を構成する基本的な成分が，元素である。いっぱんに，単体の物質名と単体を構成する元素名は同じであるが，ダイヤモンドや黒鉛（グラファイト）は例外である。ダイヤモンド，黒鉛は単体の物質名であるが，元素名は炭素である。

◀問題14 (1)（結果）水がフラスコ内にはいってくる。

（理由）スチールウールの燃焼に酸素が使われたから。

(2) フラスコから気体が出てくる。

解説　(1) スチールウール（鉄）はフラスコ内部の酸素を使って燃焼する。フラスコ内の圧力は，酸素の減った分だけ，燃焼前より小さくなる。

(2) フロギストン説では，スチールウールからフロギストンが出るから，フラスコ内の圧力は燃焼前より大きくなり，フラスコ内の気体が出てくる。

◀問題15 (1) ろ過　　　(2) 水素　　　(3) ア.増加　　イ.鉄粉，または，鉄　　ウ.酸素

解説　(1) 固体と水溶液を分けるにはろ過が適切である。鉄粉と活性炭は水にとけないので，固体としてろ紙上に残る。

(2) 鉄粉（鉄）とうすい塩酸とが反応して，水素が発生する。

鉄＋塩酸──→塩化鉄＋水素⑱

(3) かいろがあたたかくなるのは，鉄粉が酸素でさびる（酸化される）とき，発熱するからである。活性炭や食塩水は鉄が酸化されるのを速めるはたらきをする。

◀問題16 (1) 黒色　　　(2) 酸化・還元　　　(3) 赤色　　　(4) マグネシウム，炭素，水素，銅

(5) ア，ウ

解説　実験1～4でおこっている化学変化は，それぞれ次のようになる。

[実験1] 銅＋酸素──→酸化銅(黒色)⑲

マグネシウム＋酸素──→酸化マグネシウム(白色)⑳

[実験2] 酸化銅＋水素──→銅＋水㉑

酸化マグネシウムと水素は反応しない。

[実験3] マグネシウム＋二酸化炭素──→酸化マグネシウム(白色)＋炭素(黒色)㉒

[実験4] 炭素＋水蒸気──→一酸化炭素＋水素㉓

(1) 酸化銅は黒色である。

(2) 酸化物が酸素をうばわれる化学変化を還元という。ただし，酸素をうばった物質は酸化されている。したがって，酸化・還元は同時におこる。

(4) 実験2から，酸素をうばった物質である水素は，酸素をうばわれてできた物質の銅より酸素と化合しやすいといえる。

また，酸化マグネシウムと水素は反応しないことから，マグネシウムは水素より強く酸素と化合していることがわかる。

実験3から，酸素をうばった物質であるマグネシウムは，酸素をうばわれてできた物質の炭素より，酸素と化合しやすいことがわかる。同様に，実験4から，炭素は水素より酸素と化合しやすいことがわかる。

(5) (4)から，酸素と化合しやすい順に，マグネシウム，炭素，水素，銅であることを考えると，おこる可能性がある反応は，次のようになる。
ア．酸化銅＋マグネシウム──→銅＋酸化マグネシウム㉔
ウ．水蒸気＋マグネシウム──→水素＋水酸化マグネシウム㉕
エでは，二酸化炭素と水素は変化しないので，塩化コバルト紙は変化しない。

★問題17 (1) 水素，炭素　　(2) 17kJ　　(3) 0.31g　　(4) 54kJ

解説 (1) メタンが完全燃焼するとガラス板がくもったことから，水が生成したことがわかり，石灰水が白くにごったことから，二酸化炭素が発生したことがわかる。燃焼によって，水と二酸化炭素が生成したことから，メタンには少なくとも水素と炭素が元素としてふくまれていることがわかる。

(2) 水1gの温度を1℃上げるのに必要な熱量が4.2Jである。物質1gの温度を1℃上げるのに必要な熱量を，比熱という。比熱の単位はJ/g・℃で，水の比熱は4.2J/g・℃となる（比熱→本文 p.144）。
水の密度は1g/cm³であるから，水75cm³は75gとなる。
熱量[J]＝物質の質量[g]×比熱[J/g・℃]×温度変化[℃]であるから，水がメタンの燃焼で得た熱量を Q_1[J] とすると，
Q_1＝75[g]×4.2[J/g・℃]×(65−27)[℃]＝11970[J]
ビーカーなどがメタンの燃焼で得た熱量を Q_2[J] とすると，
Q_2＝125[J/℃]×(65−27)[℃]＝4750[J]
メタンの燃焼によって発生した熱量は，
Q_1+Q_2＝11970[J]＋4750[J]＝16720[J]≒17[kJ]
注 比熱の単位J/g・℃は，℃が分母にあることを強調するために，J/(g・℃)という表記を使うこともある。

(3) 実験1から，メタンは20秒間に80cm³流れているので，120秒間にガスバーナーから流れたメタンの体積は，$80[cm^3] \times \dfrac{120[秒間]}{20[秒間]} = 480[cm^3]$
したがって，メタンの質量は，メタンの密度が0.00065g/cm³であるから，
0.00065[g/cm³]×480[cm³]＝0.312[g]≒0.31[g]

(4) メタンが燃焼したときに発生した熱量は，メタン1gあたり，
$\dfrac{16.7[kJ]}{0.312[g]} = 53.5[kJ/g] ≒ 54[kJ/g]$

*問題18 (1) 変わらない。
(2) ① 質量保存の法則　② 化学変化の前後で物質全体の質量は変わらない。
解説 硫酸銅＋塩化バリウム──→塩化銅＋硫酸バリウム㉖ の反応がおこる。
生成した硫酸バリウムは水にとけにくく，白色の沈殿となる。

*問題19 (1) 18g　　(2) 4.03g
解説 (2) 2.43gのマグネシウムと化合した酸素の質量は，
4.00[g]−2.40[g]＝1.60[g]
したがって，生成した酸化マグネシウムの質量は，
2.43[g]＋1.60[g]＝4.03[g]

*問題20 (1) 比例　　(2) 化合する物質の質量の比は，つねに一定である。

解説 (1) グラフは原点を通る直線になっている。したがって，スチールウールの質量と，スチールウールと化合した酸素の質量は，比例の関係にある。

(2) 定比例の法則という。

◀**問題21** (1) **空気中の酸素とふれ合う銅粉の表面積を大きくするため。**

(2) **右の図** (3) **4：1** (4) **0.40 g**

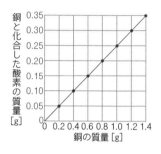

解説 銅 ＋ 酸素 ⟶ 酸化銅 ㉗ の反応がおこる。

(1) 銅と酸素 が完全に化合するように，銅と空気中の酸素がふれ合う表面積を大きくする。

(2) 銅と化合した酸素の質量の目盛りは，最大値が，$1.75 [g] － 1.40 [g] ＝ 0.35 [g]$ であることを考えて，グラフ全体が正方形に近い形になるように，間隔を決める。

(3) 実験結果の表から，銅 0.20 g と化合している酸素の質量は，
$0.25 [g] － 0.20 [g] ＝ 0.05 [g]$
したがって，（銅の質量）：（酸素の質量）＝ $0.20 [g]：0.05 [g] ＝ 4：1$

(4) 酸化されずに残っている銅の質量を $x [g]$ とすると，酸化された銅の質量は $(2.40 － x)[g]$ である。
$(2.40 － x)[g]$ の銅と化合した酸素の質量は，$2.90 [g] － 2.40 [g] ＝ 0.50 [g]$
(3)から，（酸化された銅の質量）：（酸素の質量）＝ $(2.40 － x)[g]：0.50 [g] ＝ 4：1$
これを解いて，$x ＝ 0.40 [g]$

◀**問題22** (1) **白色**

(2) **マグネシウムが完全に酸化されたため，それ以上反応しなくなったから。**

(3) **3：2** (4) **0.3 g**

(5) **加熱すると，鉄の皿も酸化されてしまい，加熱後の物質全体の質量が正しくはかれなくなるから。**

解説 マグネシウム ＋ 酸素 ⟶ 酸化マグネシウム ㉘ の反応がおこる。

(2) 加熱後の物質全体の質量は，
（実験③のステンレス皿をふくめた全体の質量）－（ステンレス皿の質量）
であり，加熱した回数が1回目より2回目，2回目より3回目のほうが増加している（ただし，マグネシウム 0.3 g のときは，加熱回数2回目で完全に酸化されている）。
このことから，加熱回数1〜2回目では，マグネシウムの酸化が不じゅうぶんであることがわかる。したがって，3回目以後は，加熱後の物質全体の質量は増加していないので，マグネシウムは完全に酸化されたと考えてよい。すなわち，加熱回数0回目のときは，すべてマグネシウム，3回目以後はすべて酸化マグネシウム，0回目から3回目の間は，マグネシウムと酸化マグネシウムが，混じり合っている状態である。

(3) マグネシウムの粉末 0.3 g をはかりとったとき，加熱回数2回目以後 0.5 g で一定となっている。したがって，マグネシウムの粉末 0.3 g が完全に酸化されると，酸化マグネシウムが 0.5 g 生成することがわかる。
このとき，化合した酸素の質量は，$0.5 [g] － 0.3 [g] ＝ 0.2 [g]$ であるから，
（マグネシウムの質量）：（酸素の質量）＝ $0.3 [g]：0.2 [g] ＝ 3：2$

(4) 酸化されずに残っているマグネシウムの質量を $x [g]$ とすると，酸化されたマ

グネシウムの質量は（1.2−x）[g] である。

（1.2−x）[g] のマグネシウムと化合した酸素の質量は，

1.8 [g]−1.2 [g]＝0.6 [g]

(3)から，（酸化されたマグネシウムの質量）：（酸素の質量）

＝（1.2−x）[g]：0.6 [g]＝3：2

これを解いて，x＝0.3 [g]

(5) 鉄の皿の酸化により，鉄の皿をふくめた全体の質量が増加する。

◀**問題23** (1) 右下の図　　(2) **100 cm³**

(3) **発生した気体が容器の外に逃げられないので，反応前後の全体の質量の差はない。**

解説　塩酸＋炭酸カルシウム──→塩化カルシウム＋水＋二酸化炭素 ㉙ の反応がおこる。

(1)（反応前後の全体の質量の差）＝（うすい塩酸の質量）＋（三角フラスコの質量）＋（石灰石の質量）−（反応後の三角フラスコをふくめた全体の質量）

反応前後の全体の質量の差は，発生した二酸化炭素の質量に等しい。

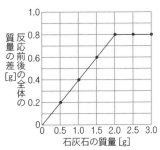

(2) 一定量の塩酸に，いろいろな質量の石灰石を加えると，ある質量までは，加えた石灰石の質量と，発生する二酸化炭素の質量（体積）は比例する。塩酸がすべて反応してしまい石灰石が余り出すと，発生してくる二酸化炭素の質量（体積）は一定になる。

したがって，(1)のグラフから，この実験で使った塩酸 40 cm³ と過不足なく反応する石灰石の質量は 2.0 g であることがわかる。このことから，石灰石 5.0 g が過不足なく反応するためのうすい塩酸の体積を x [cm³] とすると，

（石灰石の質量）：（うすい塩酸の体積）＝2.0 [g]：40 [cm³]＝5.0 [g]：x [cm³]

これを解いて，x＝100 [cm³]

(3) 密閉した容器の中で気体が発生する反応において，質量保存の法則が確認できる。

◀**問題24** (1) **塩酸が完全に反応したため，それ以上反応しなくなったから。**

(2) **右下の図**　　(3) **450 cm³**　　(4) **0.25 g**

解説　マグネシウム＋塩酸──→塩化マグネシウム＋水素 ㉚ の反応がおこる。

(1) この実験で使った塩酸 10 cm³ はマグネシウム 0.3 g と過不足なく反応して，水素が 300 cm³ 発生する。

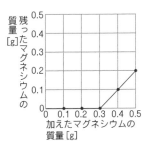

(2) (1)から，マグネシウム 0.3 g までは，うすい塩酸 10 cm³ にすべてとけるが，マグネシウム 0.4 g では，0.3 g がとけ，0.1 g がとけないことになる。

(3) この実験で使ったうすい塩酸 15 cm³ と過不足なく反応するマグネシウムの質量は，

$0.3 [g] \times \dfrac{15 [cm^3]}{10 [cm^3]} = 0.45 [g]$

したがって，発生する水素の体積は，

$$300\,[\mathrm{cm^3}]\times\frac{0.45\,[\mathrm{g}]}{0.3\,[\mathrm{g}]}=450\,[\mathrm{cm^3}]$$

(4) 反応せずに残ったマグネシウムの質量は，
0.7 [g]－0.45 [g]＝0.25 [g]

★問題25 (1) 右の図
(2) 約 3.3 cm³
(3) A，B，C
(4) 2.5 cm³
(5) 7.9

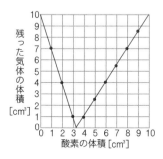

解説 水素 ＋ 酸素 ⟶ 水 ③① の反応がおこる。

(2) (1)のグラフより，残った気体の体積が 0
cm³ となるのは，1 目盛りの $\frac{1}{10}$ まで目分
量で読みとると，酸素の体積が 3.3 cm³ の
ときである。

このとき，水素は，10.0 [cm³]－3.3 [cm³]＝6.7 [cm³]
化合しており，水が生成する。
生成した水は液体となり，その体積は気体の体積に比べて小さく，無視できるの
で，化合した水素と酸素の気体の体積の減少分だけ，水そうの水がプラスチック
の筒の上のほうに上昇してくる。

(3) (2)より，水素と酸素は，
（水素の体積）：（酸素の体積）＝6.7 [cm³]：3.3 [cm³]≒2：1
で過不足なく化合する。
したがって，実験 A～C では水素が残り，実
験 D～I では酸素が残る。

(4) 残った気体は酸素であるから，
5 [cm³]－2.5 [cm³]＝2.5 [cm³]

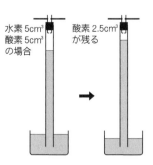

水素5cm³
酸素5cm³
の場合

酸素2.5cm³
が残る

(5) 水素と酸素は，
（水素の体積）：（酸素の体積）＝2：1
で過不足なく化合するから，水素 2l と酸素
1l は過不足なく化合する。
水素 2l の質量は，
2 [l]×0.082 [g/l]＝0.164 [g]
酸素 1l の質量は，
1 [l]×1.3 [g/l]＝1.3 [g]
このときの質量の比は，
（水素の質量）：（酸素の質量）＝0.164 [g]：1.3 [g]＝1：7.92≒1：7.9
したがって，A＝7.9
このように，実際に実験を行うと，いろいろな誤差がふくまれるので，理論的な
値である1：8とは，多少異なることが多い。

[「1節 化学変化」「2節 化学変化と物質の量」に出てくるおもな化学反応式]

「1節 化学変化」「2節 化学変化と物質の量」の解説に出てくる化学変化を，化学反応式で表した。①〜㉛は，解説の化学変化①〜㉛に対応している。

① $Cu + S \longrightarrow CuS$

② $2Ag_2O \longrightarrow 4Ag + O_2$

③ $2HgO \longrightarrow 2Hg + O_2$

④ $C_{12}H_{22}O_{11} \longrightarrow 12C + 11H_2O$

⑤ $2Ag_2O \longrightarrow 4Ag + O_2$

⑥ $2H_2O \longrightarrow 2H_2 + O_2$

⑦ $2NaHCO_3 \longrightarrow Na_2CO_3 + H_2O + CO_2$

⑧ $S + O_2 \longrightarrow SO_2$

⑨ $Fe + S \longrightarrow FeS$

⑩ $Fe + 2HCl \longrightarrow FeCl_2 + H_2$

⑪ $FeS + 2HCl \longrightarrow FeCl_2 + H_2S$

⑫ $2NaHCO_3 \longrightarrow Na_2CO_3 + H_2O + CO_2$

⑬ $Ca(OH)_2 + CO_2 \longrightarrow H_2O + CaCO_3$

⑭ $(NH_4)_2CO_3 \longrightarrow 2NH_3 + H_2O + CO_2$

⑮ $CaCO_3 + 2HCl \longrightarrow CaCl_2 + H_2O + CO_2$

⑯ $NH_3 + HCl \longrightarrow NH_4Cl$

⑰ $2H_2O_2 \longrightarrow 2H_2O + O_2$

⑱ $Fe + 2HCl \longrightarrow FeCl_2 + H_2$

⑲ $2Cu + O_2 \longrightarrow 2CuO$

⑳ $2Mg + O_2 \longrightarrow 2MgO$

㉑ $CuO + H_2 \longrightarrow Cu + H_2O$

㉒ $2Mg + CO_2 \longrightarrow 2MgO + C$

㉓ $C + H_2O \longrightarrow CO + H_2$

㉔ $CuO + Mg \longrightarrow Cu + MgO$

㉕ $2H_2O + Mg \longrightarrow H_2 + Mg(OH)_2$

㉖ $CuSO_4 + BaCl_2 \longrightarrow CuCl_2 + BaSO_4$

㉗ $2Cu + O_2 \longrightarrow 2CuO$

㉘ $2Mg + O_2 \longrightarrow 2MgO$

㉙ $2HCl + CaCO_3 \longrightarrow CaCl_2 + H_2O + CO_2$

㉚ $Mg + 2HCl \longrightarrow MgCl_2 + H_2$

㉛ $2H_2 + O_2 \longrightarrow 2H_2O$

*問題26 ア.質量保存　イ.一定　　ウ.原子　　エ.分ける，または，分割する
オ.等し　　カ.異　　キ.生成　　ク.結びつき方，または，結合のしかた
ケ.分子

*問題27 (1) H　(2) O　(3) C　(4) N　(5) Cl　(6) S　(7) Na　(8) Ca
(9) Al　(10) Mg　(11) Ag　(12) Cu

解説 元素記号を書くときは，Na，Ag，Al，Cl のように小文字の活字体 a，g，l を筆記体 a，g，ℓ で書いてよい。ただし，na，ag，AL，$c\ell$ などは誤りである。

[元素記号の書き方]

アルファベット1文字で表す元素　　水素　**H**
└── 大文字で書く

アルファベット2文字で表す元素　　銀　**Ag**
└── 大文字と小文字で書く

*問題28 ア.化合物　　イ.化学式　　ウ.種類　　エ.数　　オ.H　　カ.H_2　　キ.2H
ク.$2H_2$　　ケ.分子　　コ.Fe　　サ.C　　シ.CO_2　　ス.NaCl

解説 化合物の化学式を書くときは，Na，Mg，Fe などの金属元素は化学式の左側に，Cl，O，S などの非金属元素は化学式の右側に書くことが多い。化学式を読むときは，いっぱんに，まず後ろにある元素名に「化」をつけて読み，つぎに前にある元素名を読む。ただし，塩素化は塩化，酸素化は酸化，硫黄化は硫化となる。たとえば，NaCl は塩化ナトリウム，MgO は酸化マグネシウム，FeS は硫化鉄と読む。

＊問題29

(1)	(2)	(3)	(4)
Ⓗ～Ⓗ	Ⓞ≈Ⓒ≈Ⓞ	Ⓗ～Ⓝ～Ⓗ ～ Ⓗ	Ⓗ ～ Ⓗ～Ⓒ～Ⓗ ～ Ⓗ
H₂	CO₂	NH₃	CH₄

解説 二酸化炭素分子 CO_2 は，1個の炭素原子 C と2個の酸素原子 O が2本ずつの結合のカギでつながっている。これを二重結合という。酸素分子 O_2 は，酸素原子 O どうしの結合であり，二重結合である。窒素分子 N_2 は，窒素原子 N どうしが3本ずつの結合のカギでつながっている。これを三重結合という。それに対して，水素分子 H_2 やアンモニア分子 NH_3 は，1本ずつの結合のカギでつながっていて，この結合を単結合という。

(3)(4) NH_3 や CH_4 は，三水素化窒素や四水素化炭素とはいわないので注意が必要である。アンモニア，メタンの物質名は暗記すること。

＊問題30 (1) $CaCl_2$　　(2) Al_2O_3　　(3) Na_2S　　(4) KI

解説 金属元素と非金属元素からなる(1)～(4)の物質は分子をつくらない化合物である。これらの化学式（組成式）を書くときには，周期表の族と結合のカギの数の関係を使うと，結びついている原子の数の比を知る手がかりが得られる。ただし，金属元素の原子どうしの結合のカギはつながず，非金属元素の原子どうしの結合のカギもつながない。

(1) カルシウム Ca は周期表の2族にあり，結合のカギの数は2。
塩素 Cl は周期表の17族にあるので，結合のカギの数は1。

Ⓒⓛ～Ⓒa～Ⓒⓛ ➡ $CaCl_2$ 塩化カルシウム

塩化カルシウムは多数のカルシウム原子と多数の塩素原子が，原子の数の比で1：2で規則正しく集まって結びついている。

(2) アルミニウム Al は周期表の13族にあり，結合のカギの数は3。
酸素 O は周期表の16族にあるので，結合のカギの数は2。

Ⓞ≈Ⓐl～Ⓞ～Ⓐl≈Ⓞ ➡ Al_2O_3 酸化アルミニウム

(3) ナトリウム Na は周期表の1族にあり，結合のカギの数は1。
硫黄 S は周期表の16族にあるので，結合のカギの数は2。

Ⓝa～Ⓢ～Ⓝa ➡ Na_2S 硫化ナトリウム

(4) カリウム K は周期表の1族にあり，結合のカギの数は1。
ヨウ素 I は周期表の17族にあるので，結合のカギの数は1。

Ⓚ～Ⓘ ➡ KI ヨウ化カリウム

＊問題31 (1)（図2）状態変化，または，蒸発　　（図3）化学変化，または，分解
(2) 図2では変化後に水分子そのものは変化していないが，図3では変化後に異なる種類の分子が生成している。

解説 (2) 図2は水の蒸発であり，状態変化なので水分子そのものは変化していない。図3は水の分解であり，次のような化学変化がおこり原子の結びつき方が変化している。

$2H_2O \longrightarrow 2H_2 + O_2$

（水 ⟶ 水素 ＋ 酸素）

＊問題32 ア.O_2　イ.2　ウ.2

解説 ア.単体の酸素は2個の酸素原子からできているので，元素記号 O で表すと，OO であるが，これを O_2 と表す。また，2O と表してはいけない。

＊問題33 (1) ア.2　イ.4　(2) ウ.2　(3) エ.2　(4) オ.2

解説 (1) $Ag_2O \longrightarrow Ag + O_2$

$2Ag_2O \longrightarrow Ag + O_2$（酸素原子 O の数を合わせる）

$2Ag_2O \longrightarrow 4Ag + O_2$（銀原子 Ag の数を合わせる）

(2) $Zn + HCl \longrightarrow ZnCl_2 + H_2$

$Zn + 2HCl \longrightarrow ZnCl_2 + H_2$（水素原子 H と塩素原子 Cl の数を合わせる）

＊問題34 (1) ● ＋ ○○ ⟶ ○●○

(2) ◎ ＋ ⊕ ⟶ ◎⊕

(3) ⊗○ ＋ ●● ⟶ ⊗ ＋ ●○●

解説 例では，分子をつくらない物質である酸化銅 CuO のモデルを，⊗○ と分子のように表した。実際の酸化銅 CuO は，分子という単位粒子はなく，多数の銅原子 Cu と多数の酸素原子 O が，原子の数の比で1：1で規則正しく集まって結びついている。

下の図のような，酸化銅 CuO と炭素原子 C の化学変化でも，化学反応式は例と同じになる。

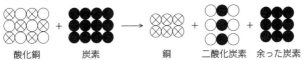

酸化銅　　　炭素　　　　　銅　　二酸化炭素　余った炭素

$6CuO + 12C \longrightarrow 6Cu + 3CO_2 + 9C$ とはしない。

反応しなかった炭素と余った炭素を考えずに，反応した物質だけを考えて，

$6CuO + 3C \longrightarrow 6Cu + 3CO_2$

両辺を3で割ると，

$2CuO + C \longrightarrow 2Cu + CO_2$

㊟11族の銅 Cu は，結びつく物質によって，結合のカギの数が1の場合と2の場合がある。1の場合は Cu_2O 酸化銅（Ⅰ），2の場合は CuO 酸化銅（Ⅱ）などがある。

◀問題35 (1) ア.3　イ.二酸化炭素　ウ.2　エ.3

(2) $C_2H_6O + 3O_2 \longrightarrow 2CO_2 + 3H_2O$

解説 (1) 物質が燃焼するということは，物質が酸素と化合することである。エタノールが完全燃焼すると，水が生成し，石灰水をにごらせる物質である二酸化炭素が発生する。このとき，エタノールにふくまれる水素原子が，生成した水にふくまれる水素原子となり，同様に，エタノールにふくまれる炭素原子が，発生した二酸化炭素にふくまれる炭素原子となる。

図2から，水素分子 H_2 2個（水素原子 H 4個）と酸素分子 O_2 1個（酸素原子 O 2個）から，2個の水分子 H_2O が生成しているので，エタノール分子1個にふくまれる水素原子6個は酸素原子が3個あれば，3個の水分子が生成する。
同様に，炭素原子 C 1個と酸素分子 O_2 1個（酸素原子 O 2個）から，1個の二酸化炭素 CO_2 が発生しているので，エタノール分子1個にふくまれる炭素原子2個は酸素分子2個（酸素原子4個）があれば，2個の二酸化炭素分子が発生する。
したがって，エタノール分子1個にふくまれる水素原子と炭素原子が水や二酸化炭素に変化するためには，7個の酸素原子が必要であるが，エタノール分子1個には酸素原子1個がふくまれているので，空気中から酸素分子3個（酸素原子6個）を取り入れればよいことになる。
なお，エタノールの分子式は C_2H_6O であるが，原子のつながり方がよくわかるように，C_2H_5OH という化学式で表すこともある。

◀問題36 (1) C，D　(2) B　(3) A，B
(4) 右の図

①　②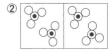

解説　(1) C，D は2種類の分子が混じっている。
(2) B だけが同じ体積でありながら分子が1個多い。
(3) 2種類以上の原子からできている純物質が化合物である。D は2種類の化合物からなる混合物である。
(4) 1つの □ の中に2個の分子がはいるようにする。

①の分子は ○○○，⦹ ，②の分子は ⬮○，⬤○○ などでもよい。

★問題37 (1) ① N　② Na　③ S　④ Cl　⑤ Ca
(2) ① H_2S　② CuO　③ H_2　④ $CaCO_3$

解説　(1) 表2の物質を化学式で表すと，水 H_2O，アンモニア NH_3，石灰石 $CaCO_3$，食塩 NaCl，塩酸 HCl，硫酸 H_2SO_4，エタノール C_2H_6O （C_2H_5OH）である。ただし，塩酸は塩化水素を水にとかした水溶液であり，化学式で表すときは，溶質の HCl で表すが，実際は水 H_2O がふくまれている。
したがって，原子番号1は H，原子番号6は C，原子番号7は N，原子番号8は O，原子番号11は Na，原子番号16は S，原子番号17は Cl，原子番号20は Ca とわかる。
原子番号12の Mg は表2からの推定はむずかしい。見返しに掲載されている周期表の元素の中で，原子番号1から原子番号20までは，暗記が必要である。
(2) 原子番号26の鉄と原子番号29の銅は，表2の文章と(2)の設問の文章から判断する。
　① $Fe + S \longrightarrow FeS$
　（鉄 ＋ 硫黄 ⟶ 硫化鉄）
　$FeS + 2HCl \longrightarrow FeCl_2 + H_2S$
　（硫化鉄 ＋ 塩酸 ⟶ 塩化鉄 ＋ 硫化水素）
原子番号26の鉄 Fe と原子番号16の硫黄 S をよく混ぜ合わせて加熱すると，激しく反応して，黒色の固体の硫化鉄 FeS が生成する。この硫化鉄にうすい塩酸を加えると，くさった卵のようなにおいのする硫化水素 H_2S が発生する。また，鉄は磁石に引きつけられるが，硫化鉄は引きつけられない。

② $2Cu + O_2 \longrightarrow 2CuO$
（銅 ＋ 酸素 —→ 酸化銅）
赤色をおびた原子番号 29 の銅は酸化すると，黒色の固体の酸化銅 CuO に変化する。
③ $Mg + H_2SO_4 \longrightarrow MgSO_4 + H_2$
（マグネシウム ＋ 硫酸 —→ 硫酸マグネシウム ＋ 水素）
原子番号 12 のマグネシウムにうすい硫酸を加えると，水素が発生する。
④ $Ca(OH)_2 + CO_2 \longrightarrow CaCO_3 + H_2O$
（水酸化カルシウム ＋ 二酸化炭素 —→ 炭酸カルシウム ＋ 水）
原子番号 20 のカルシウムの水酸化物は水酸化カルシウムであり，水酸化カルシウムの水溶液は石灰水という。石灰水に二酸化炭素を通すと，炭酸カルシウムの白色の沈殿が生成する。

＊**問題38** 14

解説 （炭素原子 1 個の質量）：（窒素原子 1 個の質量）＝ $12 : X$ としたときの X の値が，窒素の原子量になる。
（炭素原子 1 個の質量）：（窒素原子 1 個の質量）＝ $6 : 7 = 12 : 14$
したがって，窒素の原子量は 14 となる。

＊**問題39** (1) 32　(2) 44　(3) 111　(4) 80

解説 (1) $16 \times 2 = 32$
(2) $12 \times 1 + 16 \times 2 = 44$
(3) $40 \times 1 + 35.5 \times 2 = 111$
(4) $64 \times 1 + 16 \times 1 = 80$

＊**問題40** 4 : 1　**解説** 銅と酸素が化合するとき，銅の質量と酸素の質量の比を求める。
$2Cu + O_2 \longrightarrow 2CuO$
（銅 ＋ 酸素 —→ 酸化銅）
a. 周期表で，銅の原子量と酸素の原子量を調べる。
銅の原子量 64，酸素の原子量 16
b. 酸化銅の化学式から，銅原子の数と酸素原子の数の比を求める。
酸化銅の化学式 CuO
（銅原子の数）：（酸素原子の数）＝ 1 : 1
c. 銅の質量と酸素の質量の比を求める。
（銅の原子量×数）：（酸素の原子量×数）＝ $(64 \times 1) : (16 \times 1) = 4 : 1$
したがって，（銅の質量）：（酸素の質量）＝ 4 : 1

＊**問題41** 3.2 g

解説 4.8 g のマグネシウムと化合する酸素の質量は，次のように求めることができる。
$2Mg + O_2 \longrightarrow 2MgO$
（マグネシウムの質量）：（酸素の質量）
＝ $\{2 \times (マグネシウムの原子量)\}$ ：（酸素の分子量）
したがって，（酸素の質量）＝（マグネシウムの質量）$\times \dfrac{(酸素の分子量)}{2 \times (マグネシウムの原子量)}$
＝ $4.8 \,[g] \times \dfrac{16 \times 2}{2 \times 24} = 3.2 \,[g]$

◀**問題42** (1) **4：1**　　(2) **7：16**　　(3) **2：3**

　解説　(1) グラフから，

（金属Aの質量）：（酸素の質量）＝0.8［g］：（1.0−0.8）［g］＝4：1

この質量の比は，金属Aの原子の数と酸素原子の数が1：1の比で化合することから，金属Aの原子1個の質量と酸素原子1個の質量の比となる。

(2) グラフから，

（金属Bの質量）：（酸素の質量）＝0.7［g］：（1.5−0.7）［g］＝7：8

一方，金属Bの原子の数と酸素原子の数が2：1の比で化合することから，金属Bの原子1個の質量と酸素原子1個の質量の比を$a：b$とすると，

$2a：b＝7：8$　　これを解いて，$a＝\dfrac{7}{16}b$

したがって，$a：b＝\dfrac{7}{16}b：b＝7：16$

(3) グラフから，

（金属Xの質量）：（酸素の質量）＝0.9［g］：（1.7−0.9）［g］＝9：8

X_mO_nより，金属Xの酸化物は，金属Xの原子の数と酸素原子の数が$m：n$の比で化合し，金属Xの原子1個の質量と酸素原子1個の質量の比が27：16であるから，$27m：16n＝9：8$　　これを解いて，$m＝\dfrac{2}{3}n$

したがって，$m：n＝\dfrac{2}{3}n：n＝2：3$

◀**問題43** (1)（**質量の比**）**3：4**　　（**酸素の原子量**）**16**

　(2) $C_3H_8 + 5O_2 \longrightarrow 3CO_2 + 4H_2O$　　(3) **80 g**　　(4) **36 g**

　解説　(1) 炭素と酸素が化合して二酸化炭素が生成する。

炭素の燃焼を化学反応式で表すと，

$C + O_2 \longrightarrow CO_2$

（炭素 ＋ 酸素 ⟶ 二酸化炭素）

炭素原子C 24 gが燃焼して二酸化炭素分子CO_2 88 gが生成したから，炭素原子Cと化合した酸素分子O_2の質量は，88［g］−24［g］＝64［g］

このとき，酸素分子O_2の質量は64 gなので，反応した炭素原子と同数の酸素原子Oの質量は，$\dfrac{64}{2}$［g］＝32［g］となり，

（炭素原子1個の質量）：（酸素原子1個の質量）＝24［g］：32［g］＝3：4＝12：16

（炭素原子1個の質量）：（他の原子1個の質量）＝12：Xより，酸素の原子量は16となる。

(2) プロパンと酸素が化合して二酸化炭素と水が生成する。

プロパン ＋ 酸素 ⟶ 二酸化炭素 ＋ 水

$C_3H_8 + O_2 \longrightarrow CO_2 + H_2O$

つぎに，炭素原子Cと水素原子Hの数を合わせるために，二酸化炭素分子CO_2，水分子H_2Oの前にそれぞれ係数3，4をつける。

$C_3H_8 + O_2 \longrightarrow 3CO_2 + 4H_2O$

さらに，酸素原子Oの数を合わせるために，酸素分子O_2の前に係数5をつける。

$C_3H_8 + 5O_2 \longrightarrow 3CO_2 + 4H_2O$

(3) 酸素原子 O 1 個の質量を a [g] とすると，(1)から，炭素原子 C 1 個の質量は $\frac{3}{4}a$ [g] となる。

O$_2$ の質量は，酸素原子 O 1 個の質量の 2 倍である $2a$ [g] であり，CO$_2$ の質量は，炭素原子 C 1 個の質量 $\frac{3}{4}a$ [g] と酸素原子 O 2 個の質量 $2a$ [g] の和

$\left(\frac{3}{4}a+2a\right)$ [g]$=\frac{11}{4}a$ [g] となる。

また，(2)から，5O$_2$ から 3CO$_2$ が生成する。

5O$_2$ の質量は，$5\times 2a$ [g]$=10a$ [g]

3CO$_2$ の質量は，$3\times\frac{11}{4}a$ [g]$=\frac{33}{4}a$ [g]$=8.25a$ [g]

したがって，生成した二酸化炭素が 66 g のとき，必要な酸素の質量を x [g] とすると，$10a$ [g]$:8.25a$ [g]$=x$ [g]$:66$ [g]　これを解いて，$x=80$ [g]

(4) プロパン 22 g と酸素 80 g が化合して，二酸化炭素 66 g が生成した。したがって，質量保存の法則から，生成した水は，$(22$ [g]$+80$ [g]$)-66$ [g]$=36$ [g]

（別解） 周期表から，炭素の原子量 12，酸素の原子量 16 がわかる。

(1)（炭素原子 1 個の質量）:（酸素原子 1 個の質量）
=（炭素の原子量）:（酸素の原子量）$=12:16=3:4$

(3) プロパン 22 g と化合する酸素の質量は，次のように求めることができる。

C$_3$H$_8$ + 5O$_2$ ⟶ 3CO$_2$ + 4H$_2$O

（プロパンの質量）:（酸素の質量）
=｛1×（プロパンの分子量）｝:｛5×（酸素の分子量）｝

したがって，（酸素の質量）=（プロパンの質量）$\times\dfrac{5\times（酸素の分子量）}{1\times（プロパンの分子量）}$

$=22$ [g]$\times\dfrac{5\times(16\times 2)}{1\times(12\times 3+1\times 8)}=80$ [g]

(4) プロパン 22 g が燃焼したとき，生成した水の質量は，次のように求めることができる。

（プロパンの質量）:（水の質量）=｛1×（プロパンの分子量）｝:｛4×（水の分子量）｝

したがって，（水の質量）=（プロパンの質量）$\times\dfrac{4\times（水の分子量）}{1\times（プロパンの分子量）}$

$=22$ [g]$\times\dfrac{4\times(1\times 2+16\times 1)}{1\times(12\times 3+1\times 8)}=36$ [g]

★**問題44** (1) ア. 16　イ. 9　(2) $\frac{2}{3}$ 倍　(3) 7.5 g

解説 (1) まず，実験 1，2 より，反応する物質の質量の比（2H$_2$:O$_2$ や C:O$_2$）から，原子 1 個の質量の比（H:C:O）を求める。

つぎに，原子 1 個の質量の比（H:C:O）から，反応する物質と生成する物質の質量の比（CH$_4$:2O$_2$:2H$_2$O）を求める。

実験 1 から，反応する水素の質量と酸素の質量の比は，2H$_2$:O$_2$=4H:2O=1:8

水素原子 1 個の質量と酸素原子 1 個の質量の比は，H:O=1:16

同様に，実験 2 から，反応する炭素の質量と酸素の質量の比は，

C:O$_2$=C:2O=3:8

炭素原子1個の質量と酸素原子1個の質量の比は，C：O＝3：4＝12：16
したがって，原子1個の質量の比は，H：C：O＝1：12：16 となり，それぞれ
の原子の原子量が求められる。すなわち，水素の原子量は 1，炭素の原子量は 12，
酸素の原子量は 16 となる。
実験3から，反応するメタンの質量と酸素の質量と生成する水の質量の比は，
$CH_4 : 2O_2 : 2H_2O$
＝{1×(メタンの分子量)}：{2×(酸素の分子量)}：{2×(水の分子量)}
＝{1×(12×1+1×4)}：{2×(16×2)}：{2×(1×2+16×1)}＝4：16：9
したがって，ア＝16，イ＝9

(2) 化学反応式において，気体の係数の比は気体の分子の数の比である。また，実
験1〜3から，気体の係数の比は，気体の体積の比にもなっている。すなわち，
気体の分子の数と，気体の分子の体積は比例している。
(1)から，原子量の比が，H：C：O＝1：12：16 であるから，
水素原子1個の質量を a [g] とすると，
水素分子 H_2 1個の質量は，$1×2×a$ [g]＝$2a$ [g] であり，
酸素分子 O_2 1個の質量は，$16×2×a$ [g]＝$32a$ [g] である。
したがって，水素 1.0g と 酸素 2.0g の分子の数の合計は，
$$\frac{1.0\,[g]}{2a\,[g]} + \frac{2.0\,[g]}{32a\,[g]} = \frac{9}{16a}$$
反応する水素の質量と酸素の質量の比は，$2H_2 : O_2 = 1 : 8$ であるから，水素
0.25g と 酸素 2.0g が過不足なく反応して，0.75g の水素が残る。
反応後の水の体積は無視できるので，水素 0.75g の分子の数は，$\dfrac{0.75\,[g]}{2a\,[g]} = \dfrac{3}{8a}$
したがって，(反応後の体積)÷(はじめの体積)＝$\dfrac{3}{8a} \div \dfrac{9}{16a} = \dfrac{2}{3}$

(3) 炭素の質量とメタンの質量の比は，
C：CH_4＝(炭素の原子量)：(メタンの分子量)＝12：(12×1+1×4)＝3：4
メタン 10g を得るのに必要な炭素の質量を x [g] とすると，3：4＝x [g]：10 [g]
これを解いて，$x = 7.5$ [g]

3 化学変化とイオン

* **問題1** (1) イ, エ, ケ　(2) ア, ウ
* **問題2** ア.原子核　イ.電子　ウ.等　エ.陽　オ.陰　カ.2
* **問題3** (1) ろ紙に電流が流れやすくなるから。
  (2) こい塩化銅水溶液の青色が陰極のほうに引かれる。
  (3) 銅イオンは, 水溶液中で青色を示す陽イオンであり, 陰極に引かれるから。

  解説 (1) 硝酸ナトリウム水溶液の中にはナトリウムイオンや硝酸イオンが存在し, 電流が流れやすくなる。

* **問題4** ア.Cu^{2+}　イ.$SO_4{}^{2-}$（ア, イ順不同）　ウ.Na^+　エ.$CO_3{}^{2-}$　オ.Fe^{2+}
  カ.Cl^-

* **問題5** (1) ナトリウムイオンと塩化物イオン　(2) 図I

  解説 (1) 図IIのように, 塩化ナトリウムの結晶では, ナトリウムイオン Na^+ の＋電気と塩化物イオン Cl^- の－電気が引き合って規則正しく並んでいる。

図I

ナトリウムイオン
塩化物イオン

図II 塩化ナトリウムの結晶

［結合のカギの数とイオンの価数］
　結晶中に分子をつくらない化合物の多くは, 塩化ナトリウムのような, 陽イオンと陰イオンが電気的に引き合って, 規則正しく並んだイオンでできている化合物である。イオンでできている化合物は, 塩化ナトリウムを NaCl と表したように, その成分となっているイオンの種類と数の割合を示す組成式で表す。また, イオンでできている化合物中の陽イオンの＋電気と, 陰イオンの－電気は, 打ち消し合う割合で結びつき, 全体として電気をおびていない。したがって, 組成式 NaCl について, 次の関係が成り立っている。
　　(Na^+ の価数 1)×(Na^+ の個数)＝(Cl^- の価数 1)×(Cl^- の個数)
　つぎに, 価数 2 の陽イオンであるカルシウムイオン Ca^{2+} と価数 1 である塩化物イオン Cl^- からなる物質の組成式を考えてみよう。イオンでできている化合物全体としては, 電気をおびていないから, 次の関係が成り立っている。
　　(Ca^{2+} の価数 2)×(Ca^{2+} の個数)＝(Cl^- の価数 1)×(Cl^- の個数)
　　(Ca^{2+} の個数):(Cl^- の個数)＝1:2
　したがって, この物質の組成式は陽イオンを先に書いて, $CaCl_2$ となり, 読み方は後ろから塩化カルシウムと読む。
　「2 章 化学変化と原子・分子」では, 結合のカギの数による化学式のつくり方を学習したが（→本文 p.62）, 結合のカギの数とイオンの価数が一致していることになる。

* **問題6** (1) $CuCl_2 \longrightarrow Cu^{2+} + 2Cl^-$　(2)（物質名）塩素　（化学式）Cl_2
  (3) 炭素棒A　(4)（物質名）銅　（化学式）Cu　(5) ア
  (6)（陽極）イ　（陰極）ウ

  解説 (1) 化学反応式 $CuCl_2 \longrightarrow Cu^{2+} + Cl_2{}^-$ のように, 元素記号の右上に小さ

く 2＋と－をつけただけでは電離式にはならない。

(2) 陽極で発生した塩素は刺激臭があり，漂白作用がある。

(4) 陰極には赤褐色の銅が付着する。電気分解が進むと，
$CuCl_2 \longrightarrow Cu + Cl_2$ の反応が進むことになり，銅イオン Cu^{2+} が減少する。したがって，塩化銅水溶液の青色はうすくなっていく。

(5) 塩化銅 $CuCl_2$ は電解質で，水溶液中では次のように電離している。
$CuCl_2 \longrightarrow Cu^{2+} + 2Cl^-$
したがって，銅イオン Cu^{2+} の数と塩化物イオン Cl^- の数の比は，1：2になっている。

(6) 陽極では塩化物イオン Cl^- が電子を失い，塩素分子 Cl_2 となり
$(2Cl^- \longrightarrow Cl_2 + 2e^-)$，陰極では銅イオン Cu^{2+} が電子を受け取り，
銅原子 Cu となる $(Cu^{2+} + 2e^- \longrightarrow Cu)$。

＊問題7 (1)（陽極）イ （陰極）ウ (2) n 個 (3) $2HCl \longrightarrow H_2 + Cl_2$
(4) 塩素は水にとけるから。

＊問題8 (1) 電池 (2) 銅板
(3)（亜鉛板）亜鉛がとけ出す。 （銅板）水素が発生する。
(4) ウ，エ (5) エ

解説 (2) 電流計の＋端子は電池の正極側につなぐ。
(3) 実験すると，市販の亜鉛板は，不純物をふくむので，亜鉛板のほうからも水素が発生する。

＊問題9 (1) 塩化物イオン (2) $Ag^+ + Cl^- \longrightarrow AgCl\downarrow$

◀問題10 (1)（陽極）$2Cl^- \longrightarrow Cl_2 + 2e^-$ （陰極）$Cu^{2+} + 2e^- \longrightarrow Cu$
(2) 赤色に変化した後，白色になる。 (3) 比例 (4) 比例 (5) 0.60g
(6) 0.10g (7) エ

解説 (1) 塩化銅 $CuCl_2$ は電解質で，水溶液中では次のように電離している。
$CuCl_2 \longrightarrow Cu^{2+} + 2Cl^-$
したがって，銅イオン Cu^{2+} は陰極から電子を受け取り，銅原子 Cu となり，塩化物イオン Cl^- は，水分子 H_2O より陽極で電子を失いやすいので，塩素分子 Cl_2 となる $(2Cl^- \longrightarrow Cl_2 + 2e^-)$。
(2) 生成した塩素は水にとけて一部塩化水素に変化するので，塩酸が生成して酸性を示し，青色リトマス紙は一瞬赤くなるが，塩素の漂白作用により，すぐ白色になる（気体の性質→本文 p.18）。
(3) グラフは原点を通る直線であり，出てきた銅の質量は，電流を流した時間に比例している。
(4) 表より，出てきた銅の質量は，電流の大きさに比例している。
(5) (3)，(4)の結果より，陰極に出てくる銅の質量は，電流の流れた時間と電流の大きさの積に比例している。
したがって，$0.10 [g] \times \dfrac{10 [分]}{5 [分]} \times \dfrac{3.0 [A]}{1.0 [A]} = 0.60 [g]$
(6) 並列につながれたビーカーⅠとビーカーⅡにそれぞれ流れた電流の和は，全体に流れた電流に等しい。
全体では，$0.10 [g] \times \dfrac{10 [分]}{5 [分]} \times \dfrac{2.5 [A]}{1.0 [A]} = 0.50 [g]$ の銅が出てくる。
したがって，ビーカーⅡでは，$0.50 [g] - 0.40 [g] = 0.10 [g]$ の銅が出てくる。

(7) 陰極では，1個の銅イオン Cu^{2+} が2個の電子を受け取り，1個の銅原子 Cu が出てくる（$Cu^{2+} + 2e^- \longrightarrow Cu$）。このとき陽極では，2個の塩化物イオン Cl^- が2個の電子を失い，1個の塩素分子 Cl_2 が発生する（$2Cl^- \longrightarrow Cl_2 + 2e^-$）。

★問題11 (1) ア

(2) ① $2Cl^- \longrightarrow Cl_2 + 2e^-$　　④ $Cu^{2+} + 2e^- \longrightarrow Cu$

⑥ $2H_2O + 2e^- \longrightarrow H_2 + 2OH^-$

(3) 0.05 g　　(4) 水溶液の青色がうすくなる。　　(5) 物質の量は変化しない。

解説　(1) 電解そうⅡの電極④の表面に付着した赤褐色の物質は銅である。塩化銅水溶液の電気分解では陰極に銅が付着するので，④が陰極となる。このことから，電解そうⅡに直列につながれた電解そうⅢの電極⑤が陽極，電極⑥が陰極となり，電極①が陽極となる。

したがって，電流は陽極から陰極に回路を時計回り（b→a）に流れている。電子の移動する向きと電流の向きは逆向きと決められているので，電子は a→b の向きに移動している。

(2) 各電極では，次のような変化がおこる。

（電極①）　$2Cl^- \longrightarrow Cl_2 + 2e^-$
（電極②）　$2H^+ + 2e^- \longrightarrow H_2$
（電極③）　$2Cl^- \longrightarrow Cl_2 + 2e^-$
（電極④）　$Cu^{2+} + 2e^- \longrightarrow Cu$
（電極⑤）　$4OH^- \longrightarrow O_2 + 2H_2O + 4e^-$
（電極⑥）　$2H_2O + 2e^- \longrightarrow H_2 + 2OH^-$

(3) 電解そうⅠ～Ⅲは直列につながれているので，同じ数の電子が各電極でやりとりされる。電極④で2個の電子を受け取って1個の銅原子 Cu が生成するとき，電極②では，2個の電子を受け取って1個の水素分子 H_2 ができる。

電極④と電極②で生成する銅原子 Cu と水素分子 H_2 の質量の比は，

$64 : (1 \times 2) = 32 : 1$

したがって，電極②で生成する物質を x [g] とすると，$32 : 1 = 1.6$ [g] $: x$ [g]

これを解いて，$x = 0.05$ [g]

(4) 電気分解が進むと，水溶液中で青色を示す銅イオン Cu^{2+} が銅原子 Cu になり，減少していくので，水溶液の青色はうすくなっていく。

(5) 電気分解で各電極に生成する物質の量は，電流の大きさと電流を流した時間の積に比例する。したがって，水溶液中の溶質が反応しつくさない限り，濃度には関係しない。

★問題12 (1) ア　　(2)（回転の向き）X の向き　　（回転速度）遅くなる。

解説　(1) 10円硬貨（銅 Cu），1円硬貨（アルミニウム Al），みかんの果汁（酸の水溶液）で電池ができている。実験1から，デジタル電圧計が−の電圧を示したので，この電池は，1円硬貨が負極，10円硬貨が正極になっている。

したがって，電流は10円硬貨の銅から1円硬貨のアルミニウムに流れている。すなわち，アルミニウムが酸にとけて，アルミニウムイオン Al^{3+} となり，アルミニウムに残った電子が銅へ移動していく。

(2) (1)の結果から，銅より酸にとけやすいアルミニウムが負極になり，実験2の③から，電池の負極を B につないだとき，Y の向きにモーターが回転することがわかる。したがって，負極を A につなぐとモーターは X の向きに回転する。実験2の①，②から，鉄は銅よりグレープフルーツの果汁（酸の水溶液）にとけや

すいことがわかる。実験①，③から，モーターの回転速度が①より③が速かったことから，アルミニウムは鉄より酸にとけやすいことがわかる。酸にとけやすい順序は，アルミニウム＞鉄＞銅 である。

したがって，A に酸にとけやすい金属のアルミニウム，B にアルミニウムより酸にとけにくい金属の鉄を用いると，A が負極，B が正極の電池ができ，②のように X の向きに回転する。

また，回転速度は，両極に使う金属の酸へのとけやすさの差が大きいほど速くなるので，銅とアルミニウムの組み合わせを電極とした電池より，鉄とアルミニウムの組み合わせを電極とした電池のほうが回転速度は遅くなる。

★問題13 (1) $\dfrac{W}{a+b}$ 個　　(2) $\dfrac{5W}{4(a+b)}$ 個　　(3) $\dfrac{19W}{4(a+b)}$ 個

解説 (1) グラフより，塩化バリウム $BaCl_2$ 水溶液 $10\,cm^3$ と硫酸ナトリウム Na_2SO_4 水溶液 $8\,cm^3$ は過不足なく反応し，硫酸バリウム $BaSO_4$ の白色沈殿が $W\,[g]$ 生成した。

塩化バリウム水溶液 $10\,cm^3$ 中には，$BaCl_2 \longrightarrow Ba^{2+} + 2Cl^-$ より，バリウムイオン Ba^{2+} が n 個存在したとする。硫酸ナトリウム水溶液 $8\,cm^3$ 中には，$Na_2SO_4 \longrightarrow 2Na^+ + SO_4^{2-}$ より，硫酸イオン SO_4^{2-} は n 個存在する。

したがって，Ba^{2+} 1 個の質量が $a\,[g]$，SO_4^{2-} 1 個の質量が $b\,[g]$ であるから，

$$an + bn = W \qquad これを解いて，n = \dfrac{W}{a+b}$$

(2) 硫酸ナトリウム水溶液 $8\,cm^3$ 中には SO_4^{2-} が $\dfrac{W}{a+b}$ 個存在したから，硫酸ナトリウム水溶液 $10\,cm^3$ 中には，$\dfrac{W}{a+b} \times \dfrac{10\,[cm^3]}{8\,[cm^3]} = \dfrac{5W}{4(a+b)}$ 個存在する。

(3) $BaCl_2 + Na_2SO_4 \longrightarrow BaSO_4 + 2Na^+ + 2Cl^-$ より，塩化バリウム水溶液 $10\,cm^3$ と硫酸ナトリウム水溶液 $8\,cm^3$ は過不足なく反応して，硫酸バリウムの白色沈殿 $W\,[g]$ が生成し，ナトリウムイオン $2Na^+$ と塩化物イオン $2Cl^-$ がイオンとして残る。

(1)より，Ba^{2+} が $\dfrac{W}{a+b}$ 個であるから，$2Na^+$ は，$2 \times \dfrac{W}{a+b} = \dfrac{2W}{a+b}$ 個，同様に，

$2Cl^-$ は $\dfrac{2W}{a+b}$ 個である。

このほかに，硫酸ナトリウム水溶液 $2\,cm^3$ は反応しないでイオンのまま残る。$Na_2SO_4 \longrightarrow 2Na^+ + SO_4^{2-}$ より，硫酸ナトリウム水溶液 $2\,cm^3$ 中の $2Na^+$ は，

$\dfrac{2W}{a+b} \times \dfrac{2\,[cm^3]}{8\,[cm^3]} = \dfrac{W}{2(a+b)}$ 個，SO_4^{2-} は，$\dfrac{W}{2(a+b)} \times \dfrac{1}{2} = \dfrac{W}{4(a+b)}$ 個である。

したがって，混合溶液中に残っているイオンは全部で，

$$\dfrac{2W}{a+b} + \dfrac{2W}{a+b} + \dfrac{W}{2(a+b)} + \dfrac{W}{4(a+b)} = \dfrac{19W}{4(a+b)}$$ 個である。

★問題14 (1) 銅　　(2) 鉄　　(3) マグネシウム，鉄，銅　　(4) 銅とマグネシウム

解説 (1) 実験 1 では，次のような変化がおこっている。

鉄 Fe やマグネシウム Mg が電子を放出して，陽イオンになってとけ出す。

$Fe \longrightarrow Fe^{2+} + 2e^-$

$Mg \longrightarrow Mg^{2+} + 2e^-$

水溶液中の銅イオン Cu^{2+} がその電子を受け取り，銅原子 Cu となって赤褐色の物質が付着する。

$$Cu^{2+} + 2e^- \longrightarrow Cu$$

以上の結果から，鉄 Fe やマグネシウム Mg は水溶液中で，銅 Cu より陽イオンになりやすく，イオン化傾向が大きいといえる。

(2) 実験2では，次のような変化がおこっている。

$$Mg \longrightarrow Mg^{2+} + 2e^-$$
$$Fe^{2+} + 2e^- \longrightarrow Fe$$

以上の結果から，マグネシウム Mg は水溶液中で，鉄 Fe より陽イオンになりやすく，イオン化傾向が大きいといえる。

(3) (1)，(2)より，イオン化傾向の大きさは，$Mg > Fe > Cu$ となる。

(4) 電極に使う金属のイオン化傾向の差が大きいほど，電池の電圧は高くなる。

*問題15　エ，オ，ク

　解説　ア. 酸性ではフェノールフタレイン溶液は無色を示す。

イ. 硫酸には鼻をつくにおいはない。

ウ. 銅は塩酸や酢酸にはとけない。また，硫酸でも熱したこい硫酸を用いないと銅はとけない。

エ. 強いアルカリは皮ふのタンパク質をとかすので，ぬるぬるする。

オ. 酸やアルカリは電解質であり，水溶液中で，酸は水素イオン H^+ と陰イオンが，アルカリは水酸化物イオン OH^- と陽イオンが存在する。

カ. 酢酸の化学式は CH_3COOH であり，1分子中に水素原子が4個存在するが，電離して水素イオン H^+ になる水素原子は1個である。

$$CH_3COOH \longrightarrow CH_3COO^- + H^+$$

キ. こい硫酸を水でうすめると発熱して危険であるから，多量の水にこい硫酸を少しずつ加える。

ク. アンモニアは水にとけて電離すると，水から水素イオン H^+ を受け取って水酸化物イオン OH^- が生じるので，アルカリ性を示す。

$$NH_3 + H_2O \longrightarrow NH_4^+ + OH^-$$

*問題16　(1)（酸）ウ，エ　（アルカリ）ア，イ，オ

(2)（酸）水素イオン，H^+　（アルカリ）水酸化物イオン，OH^-

*問題17　(1)（左）Cl^-　（右）H^+

(2) C

　解説　(1) うすい塩酸中では，塩化水素 HCl は次のように電離している。

$$HCl \longrightarrow H^+ + Cl^-$$

(2) うすい水酸化ナトリウム水溶液中では，水酸化ナトリウム $NaOH$ は次のように電離している。

$$NaOH \longrightarrow Na^+ + OH^-$$

したがって，水酸化物イオン OH^- は陽極に移動し，陽極側で OH^- が多くなるので，赤色リトマス紙Cが青色に変化する。

*問題18　(1) こまごめピペット　(2) ア　(3) D

(4) ア. OH^-　イ. H_2O

(5) ① 塩　② $NaCl$

(6) ア. HCl　イ. $CaCl_2$　ウ. H_2O

　解説　水溶液A〜Cでは，$HCl + NaOH \longrightarrow NaCl + H_2O$ の反応がおこる。

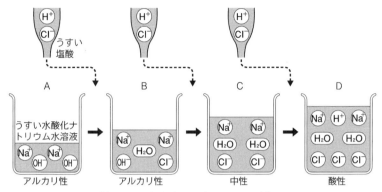

(3) マグネシウムは，酸性を示す水溶液Dと次のように反応する。

$$Mg + 2HCl \longrightarrow MgCl_2 + H_2$$

*問題19 (1) ① 図Ⅰ，酸性

② 図Ⅱ，アルカリ性　　(2) $\dfrac{3}{4}$

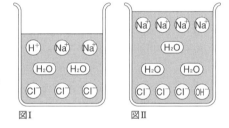

解説　(2) 中性の水溶液では，水素イオン H^+ の数と水酸化物イオン OH^- の数が等しくなり，水 H_2O が生成する。

モデルの図の塩酸中にふくまれている水素イオン H^+ の数は3個で，水酸化ナトリウム水溶液中にふくまれている水酸化物イオン OH^- の数は4個であるから，加える水酸化ナトリウム水溶液の体積を x とすると（はじめの体積を1としたとき），

$3=4\times x$　　これを解いて，$x=\dfrac{3}{4}$

*問題20 （水素イオン）ウ　（塩化物イオン）エ

解説　アはナトリウムイオン，イは水酸化物イオンの数の変化を表している。

*問題21 (1) A　(2) 4倍　(3) 5cm³　(4) A. 2.5cm³　B. 10cm³　C. 20cm³

解説　(2) 水溶液Bでは，10cm³ あたり10個の OH^- が存在するので，水溶液Aを4倍の体積の 40cm³ になるまでうすめれば，10cm³ あたり10個の OH^- が存在することになる。

◀問題22 (1) $H_2SO_4 + 2NaOH \longrightarrow Na_2SO_4 + 2H_2O$

(2) 酢酸水溶液中の酢酸分子は，アルカリと反応して減少した水素イオンを補うように新たに電離する。

解説　(1) 硫酸 H_2SO_4 は1分子中に水素イオン H^+ になる水素原子Hを2個もっている。

$$H_2SO_4 \longrightarrow 2H^+ + SO_4{}^{2-}$$

塩酸 HCl と酢酸 CH_3COOH は1分子中に水素イオン H^+ になる水素原子Hは1個だけである。

$$HCl \longrightarrow H^+ + Cl^-$$

$$CH_3COOH \longrightarrow CH_3COO^- + H^+$$

したがって，100 cm³ に同数の酸の分子がとけているので，中和するために水酸化ナトリウム水溶液の量を最も多く必要とするのは，硫酸である。

(2) 酢酸は塩酸などに比べて弱い酸で，水溶液中にとけている酢酸分子の 1% 程度（とけている分子 100 個のうち 1 個程度）しか電離していない。しかし，アルカリを加えていくと，電離で生じたわずかな水素イオン H^+ とアルカリの水酸化物イオン OH^- が反応して中和され，水 H_2O が生成する。

すると，とけている酢酸分子が新たに電離して，また水素イオン H^+ を補充して中和される。さらにアルカリを加えていくと，結局とけている酢酸分子すべてが電離して中和されることになる。

したがって，電離の割合が大きく強い酸である塩酸も，電離の割合が小さく弱い酸である酢酸も，同数の分子を中和するのに必要な水酸化ナトリウム水溶液の量は等しいことになる。

なお，アンモニアも水酸化ナトリウムなどに比べて弱いアルカリで，水溶液中にとけているアンモニア分子の 1% 程度しか電離していない。

◀問題23 (1) **4 g**　(2) **D**　(3) **黄色**　(4) **10 cm³**　(5) **Na⁺, OH⁻, Cl⁻**

解説 (1) $200 \, [g] \times \dfrac{2}{100} = 4 \, [g]$

(2) 水酸化ナトリウム NaOH 水溶液 Ⅰ液と塩酸 HCl Ⅱ液は，混合溶液 B が中性であるから，同じ体積どうしで中和する。Ⅰ液 1 cm³ 中にふくまれる水酸化物イオン OH^- の数とⅡ液 1 cm³ 中にふくまれる水素イオン H^+ の数は等しい。
OH^- を最も多くふくむ混合溶液は D で，$50 \, [cm^3] - 10 \, [cm^3] = 40 \, [cm^3]$ から，Ⅰ液の 40 cm³ 分だけ OH^- が存在する。

(3) 混合溶液 A は酸性で，BTB 溶液は黄色を示す。

(4) 混合溶液 C 30 cm³ は，Ⅰ液 20 cm³ とⅡ液 10 cm³ の割合で混合しており，Ⅱ液をさらに 10 cm³ 加えると中性になる。

(5) 混合溶液 D は，(NaOH の体積)：(HCl の体積)＝5：1 であるから，
(Na⁺ の数)：(OH⁻ の数)：(Cl⁻ の数)＝5：4：1

◀問題24 (1) **ウ**　(2) **(Na⁺) 1 個　(H⁺) 5 個　(H₂O) 1 個**　(3) **3%**

解説 (1) 塩酸と水酸化ナトリウム水溶液との中和で，塩化ナトリウム水溶液（食塩水）が生成しているので，この混合溶液を煮つめると，塩化ナトリウムの結晶が出てくる。これをルーペで観察すると，立方体の結晶が確認できる。

(2) 塩酸や水酸化ナトリウム水溶液の密度がすべて 1 g/cm³ であるから，3% の塩酸の濃度は 1% の塩酸の 3 倍であり，同じ体積にふくまれる塩化水素 HCl の数も 3 倍と考えてよい。
図 1 より，1% の塩酸 HCl 10 cm³ には水素イオン H^+ と塩化物イオン Cl^- が 2 個ずつ存在するから，3% の塩酸には H^+ と Cl^- が 6 個ずつ存在する。また，この実験で使った水酸化ナトリウム NaOH 水溶液 12 cm³ にもナトリウムイオン Na^+ と水酸化物イオン OH^- が 2 個ずつ存在するから，6 cm³ には Na^+ と OH^- が 1 個ずつ存在する。中和によって，H^+，OH^- が 1 個ずつ減り，新たに水 H_2O が 1 個生成する。したがって，Na^+ は 1 個，H^+ は 5 個，H_2O は 1 個となる。

(3) 体積が $\dfrac{1}{2}$ の塩酸を，この実験で使った水酸化ナトリウム水溶液 12 cm³ で中和できれば，この塩酸の濃度は 1% の塩酸の 2 倍である。

また，中和した水酸化ナトリウム水溶液の体積は，$12\,cm^3$ から$18\,cm^3$ に増加して，$\dfrac{18\,[cm^3]}{12\,[cm^3]}=\dfrac{3}{2}$ 倍となっている。

したがって，この塩酸の濃度は，1％ の塩酸の $2\times\dfrac{3}{2}=3$ 倍になり，3％ となる。

◀**問題25** (1) **$10\,cm^3$**　　(2) **Na^+**

解説　(1) グラフより，硫酸 A $15\,cm^3$ と水酸化ナトリウム水溶液 $15\,cm^3$ が完全に中和するので，水酸化ナトリウム水溶液は，$20\,[cm^3]-15\,[cm^3]=5\,[cm^3]$ 余る。したがって，余った水酸化ナトリウム水溶液$5\,cm^3$を中和するためには，グラフより，硫酸 B が $10\,cm^3$ 必要であることがわかる。

(2) 硫酸と水酸化ナトリウム水溶液は，次のように反応する（硫酸ナトリウム Na_2SO_4 は電離して水にとけている）。

$$H_2SO_4 + 2NaOH \longrightarrow 2Na^+ + SO_4^{2-} + 2H_2O$$

硫酸 A $20\,cm^3$ 中に存在する水素イオン H^+ をn 個とすると，硫酸イオン SO_4^{2-} は，$\dfrac{1}{2}n=0.5n$ 個存在する。

また，硫酸 A $20\,cm^3$ と水酸化ナトリウム水溶液 $20\,cm^3$ が完全に中和することから，水酸化ナトリウム水溶液 $20\,cm^3$ には，ナトリウムイオン Na^+ がn 個と水酸化物イオン OH^- がn 個存在する。

さらに，硫酸 B $20\,cm^3$ と水酸化ナトリウム水溶液 $10\,cm^3$ が完全に中和することから，硫酸 B $20\,cm^3$ には H^+ が，$\dfrac{1}{2}n=0.5n$ 個と，硫酸イオン SO_4^{2-} が，$\dfrac{1}{4}n=0.25n$ 個存在する。

n 個の OH^- は，n 個の H^+ と反応して水 H_2O になる。したがって，

（Na^+の数）：（SO_4^{2-}の数）：（H^+の数）$=n:(0.5n+0.25n):0.5n=4:3:2$

◀**問題26** (1) **$Ba(OH)_2 + H_2SO_4 \longrightarrow BaSO_4 + 2H_2O$**　　(2) **$Na^+$, OH^-, Ba^{2+}**
(3) **Na^+, OH^-, SO_4^{2-}**　　(4) **1.6 倍**　　(5) **イ**

解説　(1) 水酸化バリウムと硫酸との中和でできる塩は，硫酸バリウム $BaSO_4$ で，水にとけにくく白色の沈殿となる。

(2) はじめに水酸化バリウムと硫酸が反応し，その反応が終わったところで，水酸化ナトリウムと硫酸が反応する。硫酸 H_2SO_4 を加えると，硫酸バリウム $BaSO_4$ の沈殿はふえ続け，硫酸を $50\,cm^3$ 加えたとき，混合溶液中のすべてのバリウムイオン Ba^{2+} はすべての硫酸イオン SO_4^{2-} と反応し，沈殿の質量は最大になる。
したがって，硫酸を $40\,cm^3$ 加えたときは，硫酸のすべての水素イオン H^+ は混合溶液中の一部の水酸化物イオン OH^- と反応して水 H_2O になり，すべての SO_4^{2-} は一部の Ba^{2+} と反応して $BaSO_4$ の沈殿となるので，混合溶液中に H^+ と SO_4^{2-} は存在しない。

(3) 硫酸を $90\,cm^3$ 加えたとき，混合溶液中のすべての OH^- が H^+ と反応し，混合溶液は中性となる。また，(2)より，加えた硫酸の体積が $50\,cm^3$ をこえた後は，Ba^{2+} は存在しない。
したがって，硫酸を $70\,cm^3$ 加えたときは，硫酸のすべての H^+ は混合溶液中の一部の OH^- と反応して H_2O になり，**SO_4^{2-} はナトリウムイオン Na^+ と沈殿はつくらないので混合溶液中に存在している。**

(4) 水酸化バリウムと硫酸 50 cm³,水酸化ナトリウムと硫酸 40 cm³
(90 [cm³]－50 [cm³]＝40 [cm³]) が過不足なく反応していることがわかる。
また,水酸化バリウムと硫酸,水酸化ナトリウムと硫酸は,それぞれ次のように
反応する。

$Ba(OH)_2 + H_2SO_4 \longrightarrow BaSO_4 + 2H_2O$

$2NaOH + H_2SO_4 \longrightarrow Na_2SO_4 + 2H_2O$

したがって,最初の混合溶液中の Ba^{2+} の数と Na^+ の数の比は,
(Ba^{2+}の数)：(Na^+の数)＝(1×50)：(2×40)＝5：8

$$\frac{(Na^+の数)}{(Ba^{2+}の数)} = \frac{8}{5} = 1.6$$

(5) 加えた硫酸の体積が 50 cm³ をこえるまでは,1分子の硫酸を加えると,電離で
生じた 2 個の H^+ は混合溶液中の 2 個の OH^- と反応して 2 個の H_2O になり,1
個の SO_4^{2-} は 1 個の Ba^{2+} と反応して 1 個の $BaSO_4$ の沈殿となる。したがって,
2 個の OH^- と 1 個の Ba^{2+} の合計 3 個が減少する。

加えた硫酸の体積が 50 cm³ から 90 cm³ までは,1分子の硫酸を加えると,電離
で生じた 2 個の H^+ は混合溶液中の 2 個の OH^- と反応して 2 個の H_2O になり,
1 個の SO_4^{2-} は Na^+ と沈殿はつくらないので混合溶液中に存在している。した
がって,2 個の OH^- が減少する。

加えた硫酸の体積が 90 cm³ をこえると,1分子の硫酸を加えると,電離で生じ
た 2 個の H^+ と 1 個の SO_4^{2-} の合計 3 個が増加する。

このような変化を表しているグラフはイである。

★問題27 (1) 青色　　(2) Ba^{2+}, OH^-　　(3) $0.5N$ 個　　(4) $X - 0.5aN + bN$ [g]
(5) B 点より左側に移動する。

　解説　(1) A 点では,水酸化バリウムは加えた硫酸では中和しきれず,混合溶液
は全体としてアルカリ性なので,BTB 溶液のはいった混合溶液は青色を示す。

(2) 硫酸中にふくまれる水素イオン H^+ は混合溶液中にふくまれる水酸化物イオン
OH^- の一部と反応して水 H_2O になり,硫酸イオン SO_4^{2-} はバリウムイオン
Ba^{2+} の一部と反応して,硫酸バリウム $BaSO_4$ の沈殿となるので,混合溶液中に
H^+ と SO_4^{2-} は存在しない。したがって,未反応の Ba^{2+} と OH^- が残っている。

(3) B 点は中和点であり,$Ba(OH)_2 + H_2SO_4 \longrightarrow BaSO_4 + 2H_2O$ の反応がちょう
ど完結し,混合溶液中にふくまれるイオンの数は 0 個となる。その結果,混合溶
液を流れる電流も 0 mA となる。

B 点までに加えた硫酸中にふくまれる H^+ を N 個とすると,Ba^{2+} のイオンの総
数は,$\frac{1}{2}N = 0.5N$ 個となる。

(4) C 点で生成している硫酸バリウムの質量 X [g] は,B 点で生成した硫酸バリウ
ムの質量と等しい。

(3)より,Ba^{2+} のイオンの総数は $0.5N$ 個なので,SO_4^{2-} も B 点で $0.5N$ 個存在し,
SO_4^{2-} の総質量は,a [g]×$0.5N$＝$0.5aN$ [g] となる。

また,Ba^{2+} の総質量は,$(X - 0.5aN)$ [g] となる。

B 点での OH^- の数も,硫酸中にふくまれる H^+ と同じ N 個なので,OH^- の総
質量は,b [g]×N＝bN [g] となる。

したがって,水酸化バリウム 100 cm³ にとけていた水酸化バリウムの総質量は,
$(X - 0.5aN + bN)$ [g] となる。

(5) 濃度の大きい硫酸を使うと，少ない体積で水酸化バリウムが中和できるので，電流の値が0mAになる点は，B点より左側に移動する。

★**問題28** (1) **1.5倍**　　(2) **Na⁺**　　(3) **2.5℃**

解説 (1) グラフから，混合前後の温度差が最大となっているのは，うすい塩酸60cm³とうすい水酸化ナトリウム水溶液40cm³を混ぜ合わせたときである。このとき，混合溶液は完全に中和されている。

うすい水酸化ナトリウム水溶液のほうが，うすい塩酸よりこく，イオンの数は，$\dfrac{60\,[\text{cm}^3]}{40\,[\text{cm}^3]}=1.5$ 倍である。

(2) (1)より，30cm³のうすい塩酸には水素イオン H⁺ と塩化物イオン Cl⁻ がそれぞれ n 個存在すると，30cm³のうすい水酸化ナトリウム水溶液には，ナトリウムイオン Na⁺ と水酸化物イオン OH⁻ が1.5n個ずつ存在する。

塩酸と水酸化ナトリウムの中和反応の化学反応式は，次のとおりである。

HCl + NaOH ⟶ NaCl + H₂O

したがって，n 個の H⁺ と n 個の OH⁻ が反応して，n 個の H₂O となる。その結果，H⁺ がなくなり，0.5n 個の OH⁻ が残る。

塩化ナトリウム NaCl は水溶液中では，Na⁺ と Cl⁻ に電離している。

ほかに Cl⁻ が n 個，Na⁺ が1.5n 個存在する。

したがって，混合溶液中で最も多く存在するイオンは Na⁺ である。

(3) (2)より，20cm³ずつの混合溶液において，うすい塩酸20cm³に m 個の HCl が存在すると，うすい水酸化ナトリウム水溶液20cm³には1.5m 個の NaOH が存在する。混合溶液40cm³あたり，中和反応により m 個の H₂O が生成し，このときの中和による熱の発生で混合溶液の温度は上昇する。

50cm³ずつの混合溶液において，うすい塩酸50cm³には，$m\times\dfrac{50\,[\text{cm}^3]}{20\,[\text{cm}^3]}=2.5m$ 個の HCl が存在し，うすい水酸化ナトリウム水溶液50cm³には，$1.5m\times\dfrac{50\,[\text{cm}^3]}{20\,[\text{cm}^3]}=3.75m$ 個の NaOH が存在する。混合溶液100cm³あたり，中和反応により 2.5m 個の H₂O が生成し，このときの中和による熱の発生で混合溶液の温度は上昇し，グラフより 2.5℃ となる。

20cm³ずつの混合溶液も50cm³ずつの混合溶液も，ともに1cm³あたりの中和による水の生成は，$\dfrac{m}{40}=\dfrac{2.5m}{100}=0.025m$ 個である。このとき，どの混合溶液も，密度はすべて1.0g/cm³であり，1gの温度を1℃上げるのに必要な熱量は，すべて等しく4.2Jであるから，20cm³ずつの混合溶液の温度は2.5℃となる。

（別解） うすい塩酸とうすい水酸化ナトリウム水溶液を，50cm³ずつとって混ぜ合わせたときの温度差をグラフから読みとると，2.5℃である。

このとき発生した熱量は，100[g]×4.2[J/g・℃]×2.5[℃]=1050[J]

うすい塩酸とうすい水酸化ナトリウム水溶液を，20cm³ずつとって混ぜ合わせたとき発生した熱量は，$\dfrac{20\,[\text{cm}^3]}{50\,[\text{cm}^3]}\times1050\,[\text{J}]=420\,[\text{J}]$

混合前後の温度差を t[℃]とすると，420[J]=40[g]×4.2[J/g・℃]×t[℃]

これを解いて，$t=2.5$[℃]

[原子の構造とイオンの生成]

原子の構造

原子の中心には，＋の電気をおびた原子核があり，そのまわりを－の電気をおびた電子が回っている。原子核は，＋の電気をおびた陽子と，電気をおびていない中性子という粒子からできている。陽子と中性子の質量はほぼ等しく，電子の質量の約 1840 倍である。また，陽子 1 個がもつ電気の量は，電子 1 個がもつ電気の量と大きさが等しく，符号が反対である。したがって，原子は全体として電気をおびて

ヘリウム原子 He の構造

おらず，電気的に中性であることから，原子核中の陽子の数と，そのまわりを回っている電子の数は等しいことがわかる。原子核にふくまれる陽子の数を原子番号という。周期表は，原子番号の順に元素が並んでいる。

電子配置

原子中の電子は，電子殻とよばれるいくつかの軌道に分かれて原子核のまわりを回っている。電子殻は，原子核に近い内側から，順に K 殻，L 殻，M 殻，N 殻，…とよばれている。また，それぞれの電子殻にはいることのできる電子の数は，K 殻，L 殻，M 殻，N 殻，…の順に，2，8，18，32，…と決まっている。原子には，原子番号と同じ数の電子があり，こ

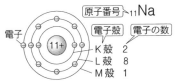

は，原子核中の陽子の数が11個で，原子核が +11 の電気の量をもっていることを示す。

ナトリウム原子 Na の電子配置

れらの電子は，ふつう内側の K 殻から順に収容される。たとえば，原子番号 11 のナトリウム原子 Na では，K 殻に 2 個，L 殻に 8 個，M 殻に 1 個の電子が収容される。このような電子殻への電子の配列のしかたを電子配置という。

希ガスの電子配置

原子の最も外側の電子殻の電子である最外殻電子は，原子が他の原子と結合するときに重要な役割をする。原子の化学的性質は，この最外殻電子の数で決まる。空気中に微量に存在するヘリウム He，ネオン Ne，アルゴン Ar などの気体を希ガスといい（周期表 18 族），他の原子と反応しにくく，1 個の原子が分子のようにふるまう。これは，希ガスの電子配置が安定しており，他の原子と結合しにくいからである。

希ガス原子の電子配置

	K 殻	L 殻	M 殻
ヘリウム He	2		
ネオン Ne	2	8	
アルゴン Ar	2	8	8

イオンの生成と電子配置

いっぱんに，原子は，その原子に近い原子番号の希ガスと同じ安定した電子配置になろうとする傾向がある。原子が電子をやりとりしてイオンが生成するのも，それらの原子が希ガスと同じ安定した電子配置になろうとするからである。ナトリウム原子 Na と塩素原子 Cl を例に，イオンの生成を見てみよう。

ナトリウムイオン Na⁺ の生成

　ナトリウム原子 Na の原子番号は 11 であり，原子核中に 11 個の陽子があり，11 個の電子が電子殻に収容されている。したがって，Na は，Na に近い原子番号の希ガスである原子番号 10 のネオン Ne と同じ電子配置になろうとする。このとき，電子を受け取る原子があれば（塩素原子 Cl など）最外殻電子の M 殻にある 1 個の電子を放出する。電子の放出により，Ne と同じ電子配置になるが，原子全体では陽子の数が大きくなり，原子は＋の電気をおびた陽イオンとなる。すなわち，Na は，1 価の陽イオンとなる。いっぱんに，最外殻電子が 1〜3 個の原子は，それらの電子を放出して，陽イオンになりやすい。

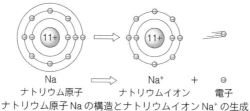

Na　　　　　　　　　Na⁺　　　＋　　⊖
ナトリウム原子　　　ナトリウムイオン　　　電子
ナトリウム原子 Na の構造とナトリウムイオン Na⁺ の生成

塩化物イオン Cl⁻ の生成

　塩素原子 Cl の原子番号は 17 であり，原子核中に 17 個の陽子があり，17 個の電子が電子殻に収容されている。したがって，Cl は，Cl に近い原子番号の希ガスである原子番号 18 のアルゴン Ar と同じ電子配置になろうとする。このとき，電子を放出する原子があれば（ナトリウム原子 Na など）最外殻電子の M 殻に 1 個の電子を受け取る。電子の受け取りにより，Ar と同じ電子配置になるが，原子全体では電子の数が大きくなり，原子は－の電気をおびた陰イオンとなる。すなわち，Cl は，1 価の陰イオンとなる。いっぱんに，最外殻電子が 6〜7 個の原子は，電子を受け取って，陰イオンになりやすい。

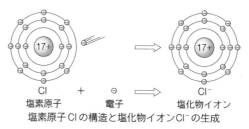

Cl　　　＋　　⊖　　　　　　Cl⁻
塩素原子　　　電子　　　　　塩化物イオン
塩素原子 Cl の構造と塩化物イオン Cl⁻ の生成

4 身のまわりの現象

＊問題1　ア．直進　　イ．光線　　ウ．影

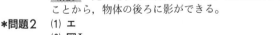

解説　光の通り道に物体があると，光は直進する
ことから，物体の後ろに影ができる。

＊問題2　(1) エ
(2) 図 I
(3) ① ウ　　② 全反射　　③ 光ファイバー

解説　(1) 割りばしから出た光は，水面で屈折して目にはいる。目の位置から逆
に光のくる方向をたどっていくと，図 II のように実際の割りばしの位置より，水
面に近いところに割りばしがあるように見える。いっぱんに，水中にある物体は
実際にある位置より浮き上がって見える。

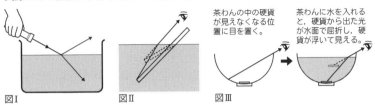

茶わんの中の硬貨
が見えなくなる位
置に目を置く。

茶わんに水を入れる
と，硬貨から出た光
が水面で屈折し，硬
貨が浮いて見える。

図 I　　　　図 II　　　　図 III

(2) 図 IV のように，空気中を AO の向きに入射した光が，水面 MN に当たって一部
は OB の向きに反射し，一部は OC の向きに屈折して進む。ただし，PQ は水面
に垂直な直線である。

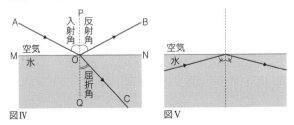

図 IV　　　　　図 V

(3)① 光が水の中から空気中に進むとき，入射角が
約48°より大きくなると，図 V のように光は水
面で全反射し，空気中には進まない。

光ファイバー

②③ 全反射を利用したものに光ファイバーがあ
り，光通信や医学用の内視鏡などに広く利用さ
れている。

＊問題3　ア．焦点　　イ．焦点距離

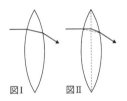

解説　光はレンズを通るときは，図 I のように2
回屈折する。光線を作図するときは，図 II のように，
屈折を1回に省略し，レンズの中央で屈折させてか
くことが多い。

図 I　　図 II

✳問題4 (1)

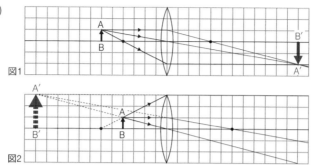

(2) ア. 倒　イ. 実　ウ. 正　エ. 虚

> **解説**　物体ABのAを出た光は，何の障害もなければAを中心として四方八方へ直線状に広がっていく。光の進んでいく道すじに凸レンズがあると，レンズに当たった光は進路を曲げられ，レンズ通過後
> （図I）ある1点A′に集まるように進む
> （図II）ある1点A′から広がるように進む
> のどちらかになる。図1の場合のA′B′を物体ABの実像，図2の場合のA′B′を物体ABの虚像という。

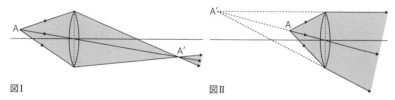

図I　　　　　　　　　　　　　　　　図II

作図によって物体ABの像A′B′を見つけるには，物体ABから出る多くの光の中から，次の条件にあてはまるものを用いて，その交点（実像），または逆方向に延長してその交点（虚像）を求めればよい。
① 光軸に平行に進む光は，レンズ通過後，焦点を通る。
② レンズの中心を通る光は，直進する。
③ 焦点を通る光は，レンズ通過後，光軸に平行に進む。
また，軸と垂直な物体ABの像A′B′は，やはり軸と垂直になるので，物体ABのAを出た光から像A′を求めたら，A′から軸に垂直な線をひき，軸との交点B′を求めればよい。

✳問題5 (1) $\dfrac{1}{10.0}+\dfrac{1}{x}=\dfrac{1}{6.0}$　　(2) **15.0cm**　　(3) **3.0cm**

> **解説**　(2) (1)より，$\dfrac{1}{10.0}+\dfrac{1}{x}=\dfrac{1}{6.0}$
> 両辺を$60x$倍すると，$6x+60=10x$　　これを解いて，$x=15.0$ [cm]
> (3) 像の大きさをy [cm] とする。
> 三角形A′B′Oと三角形ABOとは相似である。
> $\dfrac{A′B′}{AB}=\dfrac{B′O}{BO}$　　$\dfrac{y\,[cm]}{2.0\,[cm]}=\dfrac{15.0\,[cm]}{10.0\,[cm]}$　　これを解いて，$y=3.0$ [cm]

なお，$\dfrac{\text{A}'\text{B}'}{\text{AB}}$ は，

$\dfrac{\text{像の大きさ}}{\text{物体の大きさ}}$ を

表し，**倍率**という。

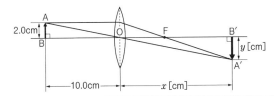

[三角形の相似]
　三角形を一定の割合で拡大したり，縮小したりしてできる三角形は，もとの三角形と相似であるという。
　たとえば，右の図で，三角形 ABC と三角形 A′B′C′ とは相似である。このとき，

$$\dfrac{\text{AB}}{\text{A}'\text{B}'}=\dfrac{\text{BC}}{\text{B}'\text{C}'}=\dfrac{\text{CA}}{\text{C}'\text{A}'}$$

である。

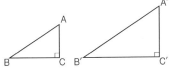

◀**問題6**　(1) **右の図**　　(2) **エ**　　(3) **1.5 cm**

　解説　(1) 光は直進するので，パラフィン紙にうつる像は，図Ⅰのように針穴に対して対称な位置になる。
(2) 針穴を大きくすると，光の量がふえるので，像は明るくなる。しかし，1点から出た光が広がってしまう。たとえば，ろうそくの先端から出た光は，針穴が小さいときはパラフィン紙上の1点にうつるが，針穴を大きくすると，図Ⅱのように，①から出た光は，②〜③の範囲に広がってうつることになる。したがって，像はぼやける。

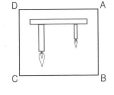

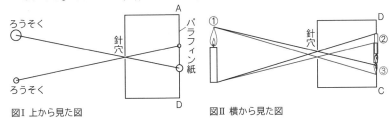

図Ⅰ 上から見た図　　　　　　図Ⅱ 横から見た図

(3) 像の大きさを x [cm] とする。
　図Ⅲより，6.0 [cm] : x [cm]＝48.0 [cm] : 12.0 [cm]　　　$x=1.5$ [cm]

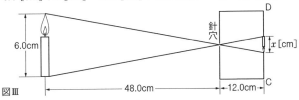

図Ⅲ

◀**問題7**　(1) **180 cm**　　(2) **80 cm**　　(3) **120 cm**　　(4) **ウ**

　解説　(1) 90 [cm]＋90 [cm]＝180 [cm]

(2) 鏡にうつる人の像は，右の図のようになる。
図の PQ の部分の鏡があれば全身がうつって
見える。
全身をうつすのに必要な鏡の長さを x [cm]
とする。
x [cm]：160 [cm]＝90 [cm]：180 [cm]
これを解いて，$x=80$ [cm]
(3) 60 [cm]＋60 [cm]＝120 [cm]

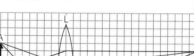

◀問題8 (1) ① **4.0cm** ② **ウ** ③ **エ** (2) **焦点** (3) **エ**

解説 (1)①② 物体 AB の A
を出てレンズを通った光は，
すべてスクリーン S 上の 1
点に集まる。その点がスク
リーン S 上にできる A の
像である（B についても同
じである）。
物体 AB を出てレンズの
中心に向かう光は直進して

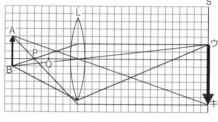

スクリーン S 上の像の位置に達するから，2 点 A，B とレンズの中心を結ぶ直
線がそれぞれスクリーン S と交わる点を求めればよい。A の像はキ，B の像
はウに生じる（上の図）。

③ レンズの一部をかくすと，物体 AB を出てレンズを通る光の量はそれだけ減
るので，像は暗くなる。しかし，レンズの残りの部分を通る光は同じ位置に物
体 AB の像をつくる。

(3) 物体 AB がレンズと焦点との間にあるので虚像になる。スクリーン S 上に像は
うつらない。

◀問題9

	物体とレンズとの距離	像の向き	像の種類	像の大きさ	像の位置
A	f の 2.5 倍	イ	ウ	カ	ケ
B	f の 2.0 倍	イ	ウ	キ	ケ
C	f の 1.5 倍	イ	ウ	オ	ケ
D	f の 1.0 倍	コ	コ	コ	コ
E	f の 0.5 倍	ア	エ	オ	ク

A の場合の作図

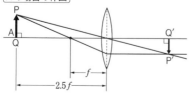

D の場合の作図

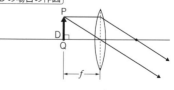

★問題10 (1) $5x$ [cm] (2) $\dfrac{1}{x}+\dfrac{1}{5x}=\dfrac{1}{10}$

(3)（凸レンズとろうそく）12cm
（凸レンズと壁）60cm

解説 (1) 凸レンズと壁との距離を y [cm] とする。

像の炎の大きさを5倍にするから，$\dfrac{y\,[\text{cm}]}{x\,[\text{cm}]}=5$

この式を y [cm] について解いて，$y=5x$ [cm]

(2) レンズの式 $\dfrac{1}{a}+\dfrac{1}{b}=\dfrac{1}{f}$ において，$a=x$ [cm]，$b=5x$ [cm]，$f=10$ [cm] であるから，

$\dfrac{1}{x}+\dfrac{1}{5x}=\dfrac{1}{10}$

(3) (2)より，$\dfrac{1}{x}+\dfrac{1}{5x}=\dfrac{1}{10}$

両辺を $10x$ 倍すると，$10+2=x$　これを解いて，$x=12$ [cm]
したがって，$5x=60$ [cm]

＊問題11 **1700m，または，1.7×10^3m**

解説 音と光は同時に出発するが，光はほぼ一瞬で伝わるので，雷が発生した地点といなずまを見た地点では，いなずまが同時に見えると考えてよい。

340 [m/秒]×5.0 [秒]=1700 [m]=1.7×10^3 [m]

1.7×10^3m と表すと，有効数字が2けたであることがはっきりする。

＊問題12 **900m，または，9.0×10^2m**

解説 音が船から海底までを往復するのに1.2秒かかったから，

1500 [m/秒]×1.2 [秒]÷2=900 [m]=9.0×10^2 [m]

＊問題13 (1) **ウ** (2) **イ**

解説 (1) 一定時間での振動数が一番多いウが，最も高い音である。

(2) 振幅が一番大きいイが，最も大きい音である。

＊問題14 **オ**

解説 ア. 固体中でも，音は伝わる。

イ. 水中では，空気中より音の伝わる速さが速い。

ウ. トランシーバー間を伝わるのは電波であり，電波は約30万km/秒で伝わる。

エ. 振幅と音の高さは関係がない。

＊問題15 (1) **ウ** (2) **イ** (3) **エ** (4) **ア**

解説 (1) お寺の鐘をつくと，高さが少し異なる音が同時に出るため，うなりが発生して周期的に音が大きくなったり小さくなったりする。

(2) こだまは音の反射による現象である。

(3) ジェット機が見えている位置で出た音が観測者に到着するときには，ジェット機ははるか前方に移動している。

(4) 1つの物体から出た音が空気中を伝わり，他の物体を振動させ，その物体も音を出すようになる現象を，共鳴という。

＊問題16 **ア. 左へ移動する　イ. 重くする　ウ. 細くする**

解説 より高い音を出すには，三角柱を左へ移動する（弦を短くする），おもりを重くする（弦を強く張る），弦を細くすることのいずれかが必要である。それらを組み合わせればより高い音を出すことができる。

◀**問題17** (1) **333 m/秒**
(2) **手を 10 回目にたたいた瞬間までの時間を測定したこと。手をたたく音と，壁ではね返ってきた 1 つ前の音とが，同時に聞こえるように手をたたいたこと。**

解説 (1) A 地点と校舎の壁との間を音が 10 往復するのに 3.30 秒かかったから，1 往復するのにかかった時間は，3.30 [秒] ÷10＝0.330 [秒]

$$\frac{55.0\,[\text{m}]\times2}{0.330\,[\text{秒}]}=333\,[\text{m/秒}]$$

(2) 音が 1 往復する時間は，たいへん短く測定しにくいので，10 往復する時間を測定し，その $\frac{1}{10}$ を 1 往復する時間としている。連続 10 往復分の時間を測定するために，壁ではね返ってきた 1 つ前の音が聞こえるのと同時に手をたたいている。

◀**問題18** (1) **エ**　　(2) **イ，オ**　　(3) **ア，ウ**

解説 (1) 音の高さが同じであるということは，一定時間での振動数が図 2 と同じであるということである。
(2) おもりを重くして弦の張りを強くすると高い音が出る。図 2 より高い音になっているのは，図 2 より一定時間での振動数が多いイとオである。
(3) 弦 A と比べて，弦の長さと弦の張りが同じで弦が太くなるので，弦 A より低い音が出る。図 2 より低い音になっているのは，図 2 より一定時間での振動数が少ないアとウである。

★**問題19** (1) **ア．$\dfrac{\sqrt{2}}{4}$　　イ．$\dfrac{1}{3}$**　　(2) **1760 Hz，または，1.76×10^3 Hz**

解説 (1) 振動数（音の高さ）は，弦の太さ，弦を引っ張る力と弦の長さで決まる。この 3 つの条件のうち，2 つの条件が同じであれば，残りの 1 つの条件と振動数の関係を明らかにすることができる。
実験②を実験①と比較すると，弦の太さと弦の長さが同じであり，弦を引っ張る力が 2 倍になると振動数が $\sqrt{2}$ 倍になることがわかる。……Ⅰ
実験③を実験②と比較すると，弦の太さと弦を引っ張る力が同じであり，弦の長さが $\frac{1}{2}$ 倍になると振動数が 2 倍になることがわかる。……Ⅱ
ア．実験⑥を実験⑤と比較すると，弦の太さと弦の長さが同じであり，弦を引っ張る力が 4 倍になっている。
　Ⅰの関係より，振動数は実験⑤の $\sqrt{4}$ 倍になる。$\dfrac{\sqrt{2}}{8}\times\sqrt{4}=\dfrac{\sqrt{2}}{8}\times2=\dfrac{\sqrt{2}}{4}$
イ．実験⑦を実験④と比較すると，弦の太さが同じであり，弦を引っ張る力が 4 倍に，振動数が 6 倍になっている。

条件をそろえるために，実験④と弦の太さと弦の長さが同じであり，弦を引っ張る力が 4 倍である実験⑧をあらたに考える。
Ⅰの関係より，振動数は実験④の $\sqrt{4}$ 倍になる。

	弦	引っ張る力	長さ	振動数
実験④	B	1	1	$\dfrac{1}{2}$
実験⑦	B	4	（イ）	3
実験⑧	B	4	1	1

$\dfrac{1}{2}\times\sqrt{4}=\dfrac{1}{2}\times2=1$

実験⑦を実験⑧と比較すると，弦の太さと弦を引っ張る力が同じであり，弦の長さが（ イ ）倍になると振動数が 3 倍になっていることがわかる。

Ⅱの関係より，弦の長さは実験⑧の $\frac{1}{3}$ 倍であることがわかる。$1 \times \frac{1}{3} = \frac{1}{3}$

(2) 振動数（音の高さ）と，棒の長さの関係を，実験結果から考える問題である。

実験④を実験①と比較すると，長さの 2 乗が $\frac{1}{2}$ 倍になると，振動数が 2 倍になっている。

このことから，振動数は棒の長さの 2 乗に反比例することが予想できる。
実験②，③，⑤において，（振動数）×（長さの 2 乗）の値は，それぞれ 44455，44220，44000 となり，実験の誤差などを考えると，
（振動数）×（長さの 2 乗）＝44000 の関係が成り立ち，振動数は棒の長さの 2 乗に反比例すると考えてよい。

したがって，棒の長さを $\frac{1}{2}$ の 5 cm にしたときの振動数は，

$$440\,[\text{Hz}] \times \frac{10^2}{5^2} = 1760\,[\text{Hz}] = 1.76 \times 10^3\,[\text{Hz}]$$

*問題20 **ア，イ，エ**
　解説　ア.リンゴと地球の間には，重力がはたらく。
イ.磁石とくぎの間には，磁力がはたらく。
エ.ストローとゴミの間には，電気力がはたらく。

> ［電気力（静電気力）］
> 　ストローと綿布をこすり合わせると，ストローと綿布はそれぞれ摩擦により電気をおびる。このとき，綿布からストローへ，－電気が移動し，ストローは－電気，綿布は＋の電気をおびる。
>
>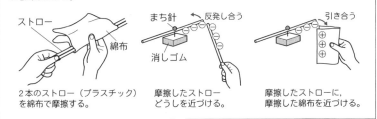
>
> | 2本のストロー（プラスチック）を綿布で摩擦する。 | 摩擦したストローどうしを近づける。 | 摩擦したストローに，摩擦した綿布を近づける。 |

*問題21 (1) **B 君が台車 A に加える力**
(2) （F_1）**地球が箱 B に加える力**　　（F_2）**地面が箱 A に加える力**
(3) **おもり B がばね A に加える力**
　解説　重力以外は，直接接触している相手からのみ力が加わる。
(3)で地球がおもりに加える重力は，おもりの中心からの矢印となる。

*問題22 (1) **10 kg重**
(2) **10 g重**
　解説　(2) 質量 60 g の物体の重さは，地球上では 60 g重であるが，月面上では 10 g重になる。

 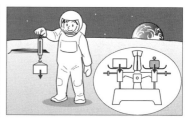

✻問題23 **3cm**

> **解説** ばねに加える力の大きさは，ばねののびる長さに比例する（フックの法則）。
> 重さ30g重のおもりをつるすと，x [cm] のびるとすると，
> 20 [g重]：2 [cm]＝30 [g重]：x [cm]　　これを解いて，x＝3 [cm]

✻問題24 (1)（図1）**5.0kg重**　　（図2）**0.50kg重**
(2)（図1）**10g重/cm²**　　（図2）**25g重/cm²**

> **解説** (2)（図1）圧力＝$\dfrac{5000\,[\text{g重}]}{500\,[\text{cm}^2]}$＝10 [g重/cm²]
>
> （図2）圧力＝$\dfrac{500\,[\text{g重}]}{20\,[\text{cm}^2]}$＝25 [g重/cm²]

✻問題25 ア.**重さ**　　イ.**1g重**　　ウ.**d**　　エ.**d**　　オ.**温度**　　カ.**圧力**（オ，カ順不同）
キ.**大気圧**　　ク.**1033**　　ケ.**1013**　　コ.**すべて**　　サ.**増加**

> **解説** ク.大気圧は，右の図のように，トリチェリー
> の実験によって測定される。
> 平地での大気圧は，水銀柱を760mmの高さまで押
> し上げる。このときの大気圧を1気圧と定める。
> 水銀柱1cm³の重さは13.6g重（13.6g重/cm³）で
> あるから，
> 1 [気圧]＝76.0 [cm]×13.6 [g重/cm³]
> ＝1033.6 [g重/cm²]
> ＝1033.6 [g重/cm²]×$\dfrac{9.8\,[\text{N}]}{1000\,[\text{g重}]}$×$\dfrac{10000\,[\text{cm}^2]}{1\,[\text{m}^2]}$
> ＝101292.8 [N/m²]≒101300 [N/m²]
> ＝101300 [Pa]＝1013 [hPa]
> （注）1気圧＝1013hPa が広く用いられているので，
> ここでは有効数字を考えない。

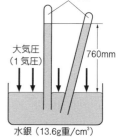

真空の部分

大気圧
（1気圧）

760mm

水銀（13.6g重/cm³）
管が傾いても水銀柱の
高さは同じになる。

✻問題26 (1) ①

②

③

① **垂直抗力**　　② **張力**　　③ **浮力**
(2) **300g重**

*問題27 (1) ①

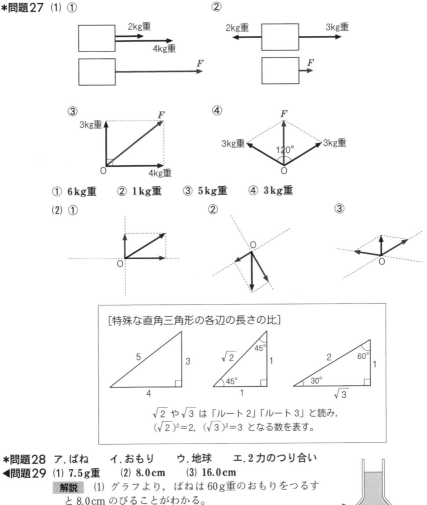

① **6kg重**　② **1kg重**　③ **5kg重**　④ **3kg重**

[特殊な直角三角形の各辺の長さの比]

$\sqrt{2}$ や $\sqrt{3}$ は「ルート2」「ルート3」と読み，
$(\sqrt{2})^2=2$, $(\sqrt{3})^2=3$ となる数を表す。

*問題28 ア.ばね　イ.おもり　ウ.地球　エ.2力のつり合い

◀問題29 (1) **7.5g重**　(2) **8.0cm**　(3) **16.0cm**

　　解説　(1) グラフより，ばねは60g重のおもりをつるす
　　と8.0cmのびることがわかる。

$$\frac{60\,[\text{g重}]}{8.0\,[\text{cm}]}=7.5\,[\text{g重/cm}]$$

　　(2) ばねの両端に60g重のおもりをつるすことは，図1の
　　ように，一端を壁に固定した場合と同じことになる。ば
　　ねに加わる力は60g重である。

　　(3) どちらのばねにも60g重の力が加わり，それぞれ8.0
　　cmのびる。

◀問題30 (1)（水圧）右の図

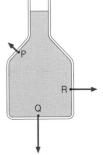

（水圧の大きさ）**P. 8 g重/cm²**　　**Q. 20 g重/cm²**　　**R. 15 g重/cm²**
(2) **12 g重/cm²**

解説 (1) 同じ深さならどの方向にも同じ大きさの圧力がはたらく。また，圧力は物体の表面に垂直にはたらく。

［水中の物体の表面にはたらく圧力］

水 1 cm³ の重さは 1 g重であるから，深さ h [cm] にある物体の表面に受ける水圧 p は，

$p=1$ [g重/cm³]$\times h$ [cm]$=h$ [g重/cm²]

である。

$p_A=h_1$ [g重/cm²]
$p_B=p_D=h_2$ [g重/cm²]
$p_C=h_3$ [g重/cm²]

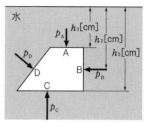

---

(2) $\dfrac{120\,[\text{g重}]}{10\,[\text{cm}^2]}=12$ [g重/cm²]

★**問題31** (1) **250 g重**　　(2) **75 g重**

解説 (1) パスカルの原理より，水面から同じ深さのところは同じ大きさの圧力になる。ピストンの高さが同じなので，左右のピストン上の大気圧は同じである。

左側のおもりによる水面の圧力は，$\dfrac{100\,[\text{g重}]}{10\,[\text{cm}^2]}=10$ [g重/cm²]

右側のおもりの重さを x [g重] とすると，$\dfrac{x\,[\text{g重}]}{25\,[\text{cm}^2]}=10$ [g重/cm²]

これを解いて，$x=250$ [g重]

(2) 左右の大気圧の差は無視できるので，パスカルの原理より，おもりによる圧力は，斜線部の水による圧力に等しい。

斜線部の水の質量は，

1.0 [g/cm³]$\times 10$ [cm²]$\times 3.0$ [cm]$=30$ [g]

この部分の水による圧力は，

$\dfrac{30\,[\text{g重}]}{10\,[\text{cm}^2]}=3.0$ [g重/cm²]

おもりの重さを y [g重] とすると，$\dfrac{y\,[\text{g重}]}{25\,[\text{cm}^2]}=3.0$ [g重/cm²]

これを解いて，$y=75$ [g重]

◀**問題32** (1) **木片が動き出す直前の摩擦力**
(2) **右の図**
木片が動き出す直前の摩擦力は，おもりと木片の重さに比例する。
(3) **57 g重**

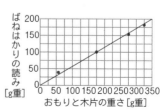

解説 (1) 木片が動き出す直前は，ばねはかりが引く力と摩擦力とはつり合っている。

［最大静止摩擦力と動摩擦力］

　木片を板の上に置き，水平方向に力 F で引いても，小さな力のうちは動かない。このとき，木片には，力 F と反対向きに摩擦力 f がはたらいていて，これらの力がつり合うからである。この摩擦力 f を静止摩擦力という。力 F を少し大きくしても，それに応じて摩擦力 f も大きくなり，木片は動かない。しかし，摩擦力 f には限界があり，力 F が限界の値をこえると木片は動き出す。動き出す直前の f を最大静止摩擦力という。木片が動き出しても，一定の摩擦力を面から受けることになる。この摩擦力を動摩擦力という。

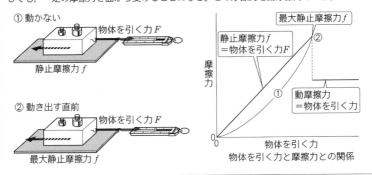

(2) グラフは原点を通る直線となる。木片が動き出す直前の摩擦力を，最大静止摩擦力という。

◀**問題33** (1) **右の図**　(2) **右の図**　(3) **50 g 重**

解説　(1) 30 g 重の力 OP を目盛り 3 つ分で表しているので，40 g 重の力 OQ は目盛り 4 つ分で表す。

(2) 力 OP と力 OQ の合力 ORPは，OP，OQ を 2 辺とする平行四辺形の対角線になる。

(3) 物体 M の重さは力 OR の大きさに等しい。三角形 OPR は各辺の長さの比が 3：4：5 の直角三角形であるから，力 OR の大きさを x [g重] とすると，

3：5＝30 [g重]：x [g重]

これを解いて，x＝50 [g重]

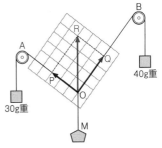

◀**問題34** (1) **200 g 重**　(2) **250 g 重**　(3) **右の図**　(4) **150 g 重**

解説　(1) ばねに加わる力の大きさは，ばねののびる長さに比例する。

(2) おもりは，ばねと台はかりによって支えられている。おもりの重さは，200 [g重]＋50 [g重]＝250 [g重]

(3) F と大きさが等しく向きが反対の力 F' を，OP，OQ の方向に分解する。

(4) O 点にはたらく下向きの力 F は，ばねが加えている力で，その大きさは 200 g 重である。(3)の図より，OP 方向の力

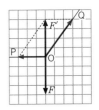

の大きさは力 F の大きさの $\dfrac{3}{4}$ 倍であるから，$200\,[\text{g重}] \times \dfrac{3}{4} = 150\,[\text{g重}]$

★**問題35** (1) **斜面に平行でかつ下向きに 200 g重**
(2) **250 g重** (3) **50 g重**

| 解説 | (1) 重力の分解は図Ⅰのようになる。

三角形 OAB は 1 つの角が 30° である直角三角形なので，辺の長さの比が，

OA：OB：BA＝2：1：$\sqrt{3}$

となり，斜面に平行な分力の大きさは，

（重力の大きさ）$\times \dfrac{\text{OB}}{\text{OA}} = 400\,[\text{g重}] \times \dfrac{1}{2}$
$= 200\,[\text{g重}]$

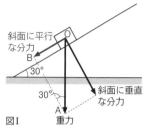

図Ⅰ

(2) 物体は上向きに動き出すので，動き出す直前の摩擦力は図Ⅱのようになる。
物体にはたらく，斜面に平行な力のつり合いより，

（摩擦力の大きさ）＝（ばねはかりが引く力の大きさ）−（重力の斜面に平行な分力の大きさ）
$= 450\,[\text{g重}] - 200\,[\text{g重}] = 250\,[\text{g重}]$

(3) 物体は下向きに動き出すので，動き出す直前の摩擦力は図Ⅲのようになる。
動き出す直前の摩擦力（最大静止摩擦力）の大きさは，上向きでも下向きでも変わらないので，その大きさは(2)より 250 g重である。
物体にはたらく，斜面に平行な力のつり合いより，

（ばねはかりが引く力の大きさ）＝（摩擦力の大きさ）−（重力の斜面に平行な分力の大きさ）
$= 250\,[\text{g重}] - 200\,[\text{g重}] = 50\,[\text{g重}]$

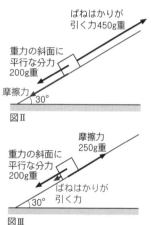

図Ⅱ

図Ⅲ

★**問題36** (1) **180 g重** (2) **180 cm³** (3) **200 cm³**
(4) **変わらない。**

| 解説 | (1) 重力と浮力とがつり合っている。

(2) 浮力の大きさは，氷が押しのけた水の重さに等しい。180 g重の水の体積は 180 cm³ である。

(3) 比重＝$\dfrac{\text{物体の重さ}\,[\text{g重}]}{\text{物体と同体積の水の重さ}\,[\text{g重}]}$

氷の重さは 180 g重である。氷全体の体積を $x\,[\text{cm}^3]$ とすると，氷と同体積の水 $x\,[\text{cm}^3]$ の重さは $x\,[\text{g重}]$ である。

$0.9 = \dfrac{180\,[\text{g重}]}{x\,[\text{g重}]}$　これを解いて，$x = 200\,[\text{g重}]$

したがって，氷の体積は 200 cm³ となる。

(4) 200 cm³ の氷がとけると 180 cm³ の水になる。したがって，水面の高さは変わらない。

★問題37 (1) ① 台はかりが磁石 A を押す力，磁石 B が磁石 A を押す力，地球が磁石 A を
引く力　　② W_2 [N]　　③ (W_1+W_2) [N]
(2) ① (W_3-W_2) [N]　　② $(W_1-W_3+W_2)$ [N]

> **解説**　(1)② 磁石 A と磁石 B の間の磁力を
> F_1 とすると，磁石 B にはたらく重力 W_2
> とつり合うので，$F_1=W_2$ [N]
> 　③ 台はかりが磁石 A を押す力を F_2 とする
> と，F_2 は磁石 A にはたらく重力 W_1 と磁
> 力 F_1 の和とつり合うので，
> 　$F_2=W_1+F_1=(W_1+W_2)$ [N]
> (2)① 磁石 A と磁石 B の間の磁力を F_3 とする
> と，磁石 B にはたらく重力 W_2 と磁力 F_3
> の和が，ばねはかりが磁石 B を引く力 W_3
> とつり合うので，$W_2+F_3=W_3$
> 　$F_3=(W_3-W_2)$ [N]

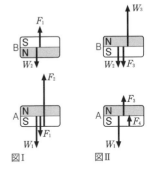

図I　　図II

> 　② 台はかりが磁石 A を押す力を F_4 とすると，磁力 F_3 と磁石 A を押す力 F_4 の
> 和が磁石 A にはたらく重力 W_1 とつり合うので，
> 　$F_3+F_4=W_1$
> 　$F_4=W_1-F_3=W_1-(W_3-W_2)=(W_1-W_3+W_2)$ [N]

＊問題38　ア. 温度　イ. 熱　ウ. 温度　エ. 熱　オ. 温度　カ. 温度

＊問題39　水 B から水 A へ

（熱量）3000 cal，または，$3.0×10^3$ cal

> **解説**　温度の高い水 B は熱を放出し，温度の低い水 A はその熱を吸収して，2
> つの水の温度が 30℃ となる。このとき，水 B が放出した熱量と水 A が吸収した
> 熱量は等しい。
> 水 B が放出した熱量は，150 g の水が 50℃ から 30℃ になったので，
> 150 [g]×1 [cal/g·℃]×(50-30) [℃]=3000 [cal]=$3.0×10^3$ [cal]
> 水 A が吸収した熱量は，300 g の水が 20℃ から 30℃ になったので，
> 300 [g]×1 [cal/g·℃]×(30-20) [℃]=3000 [cal]=$3.0×10^3$ [cal]

＊問題40　ア. 比熱　イ. 比熱　ウ. にく　エ. にく　オ. 1　カ. 大き

> **解説**　陸地をつくっている岩石の比熱は約 0.2 と水に比べて小さく，あたたまり
> やすく冷えやすいため，内陸地方は気温変化が大きくなる。

＊問題41　2100 cal，または，$2.1×10^3$ cal

> **解説**　70 [g]×1 [cal/g·℃]×(50-20) [℃]=2100 [cal]=$2.1×10^3$ [cal]

◀問題42　(1) 右の図　　(2) 袋の水
(3) 水の質量に差があるため。

> **解説**　(2)(3) 袋の水が放出した熱量とコップの水
> が吸収した熱量は等しい。袋の水の温度の変わり
> 方が速いのは，袋の水の質量が，コップの水の質
> 量より小さいからである。

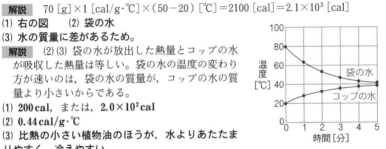

◀問題43　(1) 200 cal，または，$2.0×10^2$ cal
(2) 0.44 cal/g·℃
(3) 比熱の小さい植物油のほうが，水よりあたたま
りやすく，冷えやすい。

解説 (1) グラフは，縦線と横線の交差している見やすい点を読む。

グラフより，水は 10 分間に 10℃ から 30℃ になっている。

水が 10 分間に吸収した熱量は，

100 [g]×1 [cal/g・℃]×(30−10) [℃]＝2000 [cal]

したがって，水が 1 分間に吸収した熱量は 200 [cal]＝$2.0×10^2$ [cal] である。

(2) グラフより，植物油は 10 分間に 10℃ から 55℃ になっている。植物油が吸収した熱量は水と等しく 2000 cal であるから，植物油の比熱を x [cal/g・℃] とすると，

100 [g]×x [cal/g・℃]×(55−10) [℃]＝2000 [cal]

これを解いて，x＝0.444 [cal/g・℃]≒0.44 [cal/g・℃]

(3) あたたまりやすい物質は必ず冷えやすく，あたたまりにくい物質は必ず冷えにくいので，あたたまり方を調べれば冷え方もわかる。

◀**問題44** (1) **5600 cal**，または，**$5.6×10^3$ cal**

(2) **5100 cal**，または，**$5.1×10^3$ cal**

(3) (1)と(2)の熱量の差は，熱がまわりに逃げたり，容器の温度を上げるのに使われたから。

(4) **まったく同じにはならない。**

（理由）実験 1 では，60℃ の水が放出した熱量で 15℃ の水と容器の温度を上げるが，実験 2 では，60℃ の水と容器が放出した熱量で 15℃ の水の温度を上げるから。

解説 (1) 60℃ の水が放出した熱量は，

200 [g]×1 [cal/g・℃]×(60−32) [℃]＝5600 [cal]＝$5.6×10^3$ [cal]

(2) 15℃ の水が吸収した熱量は，

300 [g]×1 [cal/g・℃]×(32−15) [℃]＝5100 [cal]＝$5.1×10^3$ [cal]

◀**問題45** (1) **60 g** (2) **16 g** (3) **16℃**

解説 (1) 氷 72 g が全部とけるのに必要な熱量は，

80 [cal/g]×72 [g]＝5760 [cal]

53 g の水と 300 g の銅製容器が 60℃ から 0℃ まで下がるときに放出する熱量は，

(53 [g]×1 [cal/g・℃]＋300 [g]×0.090 [cal/g・℃])×(60−0) [℃]＝4800 [cal]

したがって，氷が全部とけることはない。

水と銅製容器が放出する熱量で，x [g] の氷がとけるとすると，

80 [cal/g]×x [g]＝4800 [cal]   これを解いて，x＝60 [g]

(2) 72 [g]−60 [g]＝12 [g] の残った氷をとかすのに必要な熱量は，

80 [cal/g]×12 [g]＝960 [cal]

加える 60℃ の水の質量を y [g] とすると，

y [g]×1 [cal/g・℃]×(60−0) [℃]＝960 [cal]   これを解いて，y＝16 [g]

(3) 最初の 53 g の水，加えた 16 g の水，氷がとけてできた 72 g の水（合計 141 g）と，300 g の銅製容器が 0℃ になっている。

100℃ の水 32 g を加えたとき，全体の温度が t [℃] になるとすると，100℃ の水が放出する熱量は，

32 [g]×1 [cal/g・℃]×(100−t) [℃]＝32(100−t) [cal]

0℃ の水 141 g や銅製容器が吸収する熱量は，

(141 [g]×1 [cal/g・℃]＋300 [g]×0.090 [cal/g・℃])×(t−0) [℃]＝168t [cal]

100℃ の水 32 g が放出する熱量と，0℃ の水 141 g と銅製容器が吸収する熱量は等しいから，32(100−t) [cal]＝168t [cal]

これを解いて，t＝16 [℃]

5 電流とそのはたらき

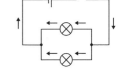

＊問題1　(1) **右の図**　(2) **並列接続**

> **解説**　(1) スイッチは閉じていても開いていても，同じ回路図でよい。

＊問題2　(1) **イ**　(2) **350 mA**　(3) **7.0 V**

> **解説**　(1) 電流計は回路に直列につなぐ。電流計を回路に並列につないだり，電池だけに直接つないだりすると，大きな電流が流れて針が振り切れてしまう。
> 電圧計は回路に並列につなぐ。電圧計を回路に直列につなぐと，回路にはほとんど電流が流れなくなる。電流計や電圧計の＋端子は電池の＋極側に，－端子は－極側につなぐ。
> (2) －端子は 500 mA につないでいるので，右端の目盛りの 5 は 500 mA を表す。
> (3) －端子は 15 V につないでいるので，右端の目盛りの 15 はそのまま 15 V を表す。
> 目盛りの $\dfrac{1}{10}$ まで読むと，6.9 V や 7.1 V でないことがわかるので，7 V ではなく，7.0 V と答える。

＊問題3　(1)（図1）$I = I_1 = I_2$　（図2）$I = I_1 + I_2$
　　　　　(2)（図1）$V = V_1 + V_2$　（図2）$V = V_1 = V_2$

＊問題4　(1) **右の図**
　　　　　(2) **比例**
　　　　　(3) **オームの法則**
　　　　　(4) **抵抗の大きさ**

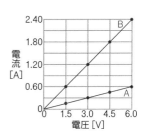

> **解説**　(1) 金属線 A，B のグラフはともに原点を通る直線になっている。
> (2) 金属線を流れる電流の大きさは，金属線にかかる電圧に比例する。

[オームの法則]

電流 [A] ＝ $\dfrac{\text{電圧 [V]}}{\text{抵抗 [\Omega]}}$　　　　$I = \dfrac{V}{R}$

電圧 [V] ＝ 抵抗 [Ω] × 電流 [A]　　$V = RI$

抵抗 [Ω] ＝ $\dfrac{\text{電圧 [V]}}{\text{電流 [A]}}$　　　　$R = \dfrac{V}{I}$

---

(4) グラフの傾きが小さいほど電流が流れにくい。したがって，グラフの傾きが小さいほど抵抗の大きさが大きい。

金属線 A，B の抵抗の大きさは，それぞれオームの法則 $R = \dfrac{V}{I}$ から求める。

（金属線 A）$\dfrac{6.0\ [\text{V}]}{0.60\ [\text{A}]} = 10\ [\Omega]$

（金属線 B）$\dfrac{6.0\ [\text{V}]}{2.40\ [\text{A}]} = 2.5\ [\Omega]$

＊問題5 (1) 18Ω　　(2) 4Ω

解説 (1) 合成抵抗を R [Ω] とすると，$R = 6$ [Ω] $+ 12$ [Ω] $= 18$ [Ω]

(2) 合成抵抗を R [Ω] とすると，$\dfrac{1}{R} = \dfrac{1}{6\ [Ω]} + \dfrac{1}{12\ [Ω]}$

これを解いて，$R = 4$ [Ω]

＊問題6 3.4Ω

解説 同じ材質であれば，金属線の抵抗の大きさは，金属線の長さに比例し，断面積に反比例する。

$1.7\ [Ω] \times \dfrac{400\ [m]}{100\ [m]} \times \dfrac{1.0\ [mm^2]}{2.0\ [mm^2]} = 3.4$ [Ω]

◀問題7 (1) 5.0Ω

(2) （電流計）変化しない。　（電圧計）変化しない。

(3) 右の図

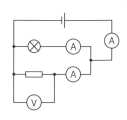

解説 (1) 電圧計は電熱線にかかる電圧を，電流計は電熱線を流れる電流の大きさを測定している。

300 mA ＝ 0.300 A であるから，オームの法則より，

$\dfrac{1.5\ [V]}{0.300\ [A]} = 5.0$ [Ω]

(2) 豆電球と電熱線は並列なので，豆電球をはずしても電熱線にかかる電圧は 1.5 V と変わらず，電熱線を流れる電流も 300 mA で変化しない。電流計は電熱線を流れる電流の大きさだけを測定するように接続されているので，豆電球があってもなくても同じ値を示す。ただし，電流計が導線 A や導線 B の途中にある場合は変化する。

◀問題8 (1) ア. 12 V　　イ. 10 Ω　　ウ. 0.2 A

(2) ① ウ　　② イ

解説 (1) ア. $R_1 = 0$ [Ω] のとき，すなわち R_1 を導線と考えると，R_2 にかかる電圧は 12 V である。

イ. R_2 にかかる電圧が 6 V のとき，R_2，R_3 に流れる電流は，オームの法則より，

それぞれ，$\dfrac{6\ [V]}{15\ [Ω]} = 0.4$ [A]，$\dfrac{6\ [V]}{30\ [Ω]} = 0.2$ [A]

R_1 に流れる電流は，0.4 [A] ＋ 0.2 [A] ＝ 0.6 [A]

また，R_1 にかかる電圧は，12 [V] － 6 [V] ＝ 6 [V]

したがって，R_1 の抵抗値は，オームの法則より，$\dfrac{6\ [V]}{0.6\ [A]} = 10$ [Ω]

ウ. $R_2 = 15$ [Ω] のとき，実験 1 の $R_1 = 10$ [Ω] のときと同じである。

(2)① R_2 の抵抗値がじゅうぶん大きい場合は，R_2 に電流がほとんど流れなくなるので，R_1 と R_3 を直列につないだ場合と同じになる。

R_3 を流れる電流は，オームの法則より，$\dfrac{12\ [V]}{10\ [Ω] + 30\ [Ω]} = 0.3$ [A]

② R_2 の抵抗値がじゅうぶん小さい場合は，電流は流れやすい R_2 のほうに流れ，R_3 には電流はほとんど流れない。

◀問題9 (1) 0.20 A　　(2) 1.2 V　　(3) 45 mA

(4)（R_1）24 Ω　　（R_2）16 Ω

解説 回路図を，右のようにかき かえることができる。

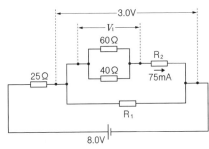

(1) R_1 にかかる電圧が 3.0 V なので，
25Ω の抵抗にかかる電圧は，
8.0 [V] − 3.0 [V] = 5.0 [V]
25 Ω の抵抗を流れる電流は，
$\dfrac{5.0\ [\text{V}]}{25\ [\Omega]} = 0.20\ [\text{A}]$

(2) まず，並列に接続されている 60 Ω と 40Ω の抵抗にかかる電圧 V_1 [V] を求める。
60Ω と 40Ω の合成抵抗の抵抗値 R [Ω] は，
$\dfrac{1}{R} = \dfrac{1}{60\ [\Omega]} + \dfrac{1}{40\ [\Omega]}$ より，$R = 24$ [Ω]
この並列部分の合成抵抗 24Ω にも 0.075 A の電流が流れるので，
$V_1 = 24$ [Ω] × 0.075 [A] = 1.8 [V]
R_2 にかかる電圧は，3.0 [V] − 1.8 [V] = 1.2 [V]

(3) $\dfrac{1.8\ [\text{V}]}{40\ [\Omega]} = 0.045$ [A]　　0.045 A = 45 mA

(4) R_1 を流れる電流は，0.20 [A] − 0.075 [A] = 0.125 [A]
R_1 の抵抗値は，$\dfrac{3.0\,[\text{V}]}{0.125\,[\text{A}]} = 24$ [Ω]
また，R_2 の抵抗値は，$\dfrac{1.2\,[\text{V}]}{0.075\,[\text{A}]} = 16$ [Ω]

◀**問題10** (1) **0.60 V**　　(2) **ウ**　　(3) **0.60 A**

解説 (1) 電熱線 a と電熱線 c が直列に接続されているから，各抵抗にかかる電圧はそれぞれの抵抗値に比例する。
電熱線 a にかかる電圧は，$1.5\ [\text{V}] \times \dfrac{10\ [\Omega]}{10\ [\Omega] + 15\ [\Omega]} = 0.60$ [V]

(2) ア〜エの回路で，電熱線 a を流れる電流は次の通りである。

ア. 電熱線 c と電熱線 a が直列に接続されている。$\dfrac{12\ [\text{V}]}{15\ [\Omega] + 10\ [\Omega]} = 0.48$ [A]

イ. 電熱線 b と電熱線 a が直列に接続されている。$\dfrac{12\ [\text{V}]}{10\ [\Omega] + 10\ [\Omega]} = 0.60$ [A]

ウ. 電熱線 b と電熱線 c が並列に接続されているところへ電熱線 a が直列に接続されている。並列に接続されている電熱線 b と電熱線 c の合成抵抗 R [Ω] は，
$\dfrac{1}{R} = \dfrac{1}{10\ [\Omega]} + \dfrac{1}{15\ [\Omega]}$ より，$R = 6.0$ [Ω]
回路全体を流れる電流，すなわち電熱線 a を流れる電流は，
$\dfrac{12\ [\text{V}]}{6.0\ [\Omega] + 10\ [\Omega]} = 0.75$ [A]

エ. 電熱線 a と電熱線 c が並列に接続されているところへ電熱線 b が直列に接続されている。並列に接続されている電熱線 a と電熱線 c の合成抵抗はウと等しく 6.0Ω であり，回路全体を流れる電流も 0.75 A となる。しかし，ウとちがっ

て電熱線 a と電熱線 c は並列接続であるから，各抵抗を流れる電流の大きさ
はそれぞれの抵抗値の逆数に比例し，0.75 A を $\dfrac{1}{10\,[\Omega]}:\dfrac{1}{15\,[\Omega]}=3:2$ に分
けた電流が，電熱線 a と電熱線 c に流れる。
電熱線 a を流れる電流は，

$$0.75\,[\text{A}]\times\dfrac{3}{3+2}=0.45\,[\text{A}]$$

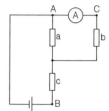

(3) 回路図を，右のようにかきかえることができる。す
なわち，電熱線 a と電熱線 b が並列に接続されてい
るところへ電熱線 c が直列に接続されている。電熱線
a，b はともに 10Ω であるから，電熱線 a にも 0.30 A
の電流が流れ，電熱線 c には 0.60 A の電流が流れる。

◀問題11 (1) ① ウ　　② エ，オ　　(2) 1.8 V　　(3) 0.30 A
**(4) X が Q から P に近づくにつれて明るくなるが，P の手前で電球が切れる。その
後は X が Q までもどっても再び電球がつくことはない。**
(5) 3.0 V

解説　(1)① 豆電球にかかる電圧を測定するためには，豆電球と並列に電圧計を
接続する。
② 電圧計を回路に直列に接続すると，回路にはほとんど電流が流れなくなるの
で，豆電球は点灯しない。
(2) 豆電球と電熱線 PQ は直列に接続されているので，PQ 間にかかる電圧は，
3.0 [V]−1.2 [V]＝1.8 [V]
(3) 電熱線 PQ 間の抵抗値が 6.0Ω で，1.8 V の電圧がかかっているから，
$\dfrac{1.8\,[\text{V}]}{6.0\,[\Omega]}=0.30\,[\text{A}]$
(4) クリップ X が Q にあるときは PX 間の電熱線の抵抗は 6.0Ω であり，X が P に
近づくにつれ PX 間の抵抗は小さくなり，X が P にきたときに 0Ω になる。この
とき，PX 間の電熱線にかかる電圧は 1.8 V から 0 V へと減っていき，それにと
もない豆電球にかかる電圧は 1.2 V から 3.0 V へとふえていく。豆電球は 2.5 V
以上の電圧がかかると切れるので，X が P に達する前に切れる。
(5) 豆電球は切れているので回路に電流は流れない。したがって，電熱線 PQ 間に
かかる電圧は，6.0 [Ω]×0 [A]＝0 [V] となる。この場合，AB 間に電圧計を接
続することは電池 E の電圧を測定していることになり，3.0 V となる。

★問題12 (1) 0 A　　(2) 3 A

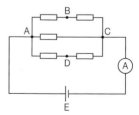

解説　(1) スイッチ S が開いている場合を考える。
問題の回路図を，右のようにかきかえることがで
きる。ABC 間は 2 個の 4Ω の抵抗が直列に接続
されており，両端の AC 間にかかる電圧が 6 V で
あるから，AB 間，BC 間にかかる電圧はともに 3
V である。同様に，AD 間，DC 間にかかる電圧
も 3 V である。B 点は A 点より 3 V 電圧が低く，
D 点は A 点より 3 V 電圧が低いので，スイッチ
S が開いた状態で BD 間に電圧計を接続すると，BD 間にかかる電圧は 0 V とい
うことになる。BD 間にかかる電圧が 0 V なので，スイッチ S を閉じても BD 間

に電流が流れることはない。

(2) BD 間に電流が流れないので，8Ω（ABC 間），4Ω（AC 間），8Ω（ADC 間）の
3 個の抵抗が並列に接続されていると考えればよい。

ABC 間に流れる電流は，$\dfrac{6\,[\text{V}]}{8\,[\Omega]}=0.75\,[\text{A}]$

AC 間に流れる電流は，$\dfrac{6\,[\text{V}]}{4\,[\Omega]}=1.5\,[\text{A}]$

ADC 間に流れる電流は，$\dfrac{6\,[\text{V}]}{8\,[\Omega]}=0.75\,[\text{A}]$

電流計に流れる電流は，$0.75\,[\text{A}]+1.5\,[\text{A}]+0.75\,[\text{A}]=3\,[\text{A}]$

＊問題13 　ア.B 　イ.B 　ウ.A 　エ.電流 　オ.大き 　カ.B 　キ.電圧 　ク.小さ
ケ.A

[発生する熱量と回路の関係]

直列回路

各抵抗を流れる電流の大きさ $I\,[\text{A}]$ は等しく，
時間 $t\,[$秒$]$ は共通なので，発生する熱量 $Q\,[\text{J}]$
は，各抵抗の大きさ $R\,[\Omega]$ に比例する。
$$Q=I^2Rt$$

並列回路

各抵抗にかかる電圧 $V\,[\text{V}]$ は等しく，時間
$t\,[$秒$]$ は共通なので，発生する熱量 $Q\,[\text{J}]$ は，
各抵抗の大きさ $R\,[\Omega]$ に反比例する。
$$Q=\dfrac{V^2}{R}t$$

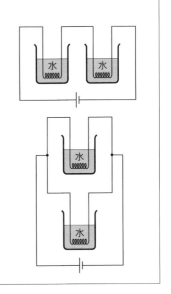

＊問題14 　(1) 1500 J, 360 cal 　　(2) 120 g
または，(1) 1.5×10^3 J, 3.6×10^2 cal 　　(2) 1.2×10^2 g
　解説　(1) ジュールの法則 $Q=IVt$ より，
　1.0 [A]×5.0 [V]×(5×60) [秒]＝1500 [J]＝1.5×10^3 [J]
　1500 [J]÷4.2＝357 [cal]≒360 [cal]＝3.6×10^2 [cal]
　(2) 水の質量を x [g] とすると，x [g]×4.2 [J/g·℃]×3.0 [℃]＝1500 [J]
　これを解いて，x＝119 [g]≒120 [g]＝1.2×10^2 [g]

＊問題15 　(1) 4.0 W 　　(2) 4.0 J
　解説　(1) $(0.40\,[\text{A}])^2\times25\,[\Omega]=4.0\,[\text{W}]$
　(2) 4.0 [W]×1 [秒]＝4.0 [J]

＊問題16 　(1) 6.00 A 　　(2)（熱量）720,000 J，または，7.2×10^5 J 　　（電力量）0.20 kWh

解説 (1) 電気ストーブに流れる電流は，$\dfrac{600 [\text{W}]}{100 [\text{V}]} = 6.00 [\text{A}]$

(2) 600 W の電気ストーブが1秒間に発生する熱量は，600 J である。
したがって，20分間使ったとき発生する熱量は，
600 [J/秒]×(20×60) [秒] = 720,000 [J] = 7.2×10^5 [J]
また，このときの電力量は，600 W = 0.600 kW から，

$0.600 [\text{kW}] \times \dfrac{20}{60} [\text{h}] = 0.20 [\text{kWh}]$

◀**問題17** **(1) 4.0 Ω** **(2) 4.0 Ω** **(3) 4.5 倍**

解説 (1) 1本の電熱線を切ってつくっているので，電熱線 P，Q，R は材質と太
さは同じであり，抵抗の大きさは長さに比例する。

$8.0 [\Omega] \times \dfrac{1}{2} = 4.0 [\Omega]$

(2) 電熱線 R にかかる電圧は，4.0 [Ω]×1.0 [A] = 4.0 [V]
電熱線 Q と電熱線 R は並列に接続されているから，電熱線 Q にも 4.0 V の電圧
がかかるので，電熱線 Q を流れる電流は，$\dfrac{4.0 [\text{V}]}{8.0 [\Omega]} = 0.50 [\text{A}]$

したがって，電熱線 P を流れる電流は，電熱線 Q と電熱線 R を流れる電流の合
計となり，0.50 [A]+1.0 [A] = 1.5 [A] となる。
電源の電圧が 10 V なので，電熱線 P にかかる電圧は，
10 [V]−4.0 [V] = 6.0 [V]

電熱線 P の抵抗値は，$\dfrac{6.0 [\text{V}]}{1.5 [\text{A}]} = 4.0 [\Omega]$

(3) 電熱線 P の消費電力は，1.5 [A]×6.0 [V] = 9.0 [W]
電熱線 Q の消費電力は，0.50 [A]×4.0 [V] = 2.0 [W]
したがって，9.0 [W]÷2.0 [W] = 4.5

◀**問題18** **(1) 15 Ω** **(2) 0.30 A** **(3) ウ** **(4) 3 倍** **(5) $\dfrac{2}{3}$ 倍**

解説 (1) 電熱線 a の抵抗値は，電圧が 4.0 V のとき 0.80 A の電流が流れている
ので，オームの法則より，$\dfrac{4.0 [\text{V}]}{0.80 [\text{A}]} = 5.0 [\Omega]$

電熱線 b の抵抗値は，5.0 [Ω]×3 = 15 [Ω]

(2) 電熱線 a にかかる電圧は，オームの法則より，5.0 [Ω]×0.90 [A] = 4.5 [V]
電熱線 a と電熱線 b は並列なので，電熱線 b にかかる電圧も 4.5 V である。

電熱線 b を流れる電流は，オームの法則より，$\dfrac{4.5 [\text{V}]}{15 [\Omega]} = 0.30 [\text{A}]$

(3) 抵抗値 R [Ω]の電熱線 a に V [V]の電圧をかけたとき，I [A]の電流が流れた
とすると，電熱線 a の電力 P [W]は，$P = IV$ と表される。
この式にオームの法則 $V = RI$ を代入すると，$P = I^2R$ となる。
単位時間の発熱量は電力に等しいので，**発熱量は電流の2乗に比例し，ウのよう
なグラフになる。**

(4) 電熱線 a を流れる電流が 0.90 A のとき，電熱線 b を流れる電流は 0.30 A で，
それぞれにかかる電圧はともに 4.5 V で等しい。したがって，$P = IV$ より，電
熱線 a の電力は，電熱線 b の 3 倍となる。すなわち，電熱線 a の発熱量は，電

熱線 b の 3 倍となる。

(5) 水の比熱は $4.2\,\mathrm{J/g\cdot{}^\circ C}$ であり，電熱線 b を入れた液体の比熱を $c\,[\mathrm{J/g\cdot{}^\circ C}]$，両方の液体の質量をそれぞれ $m\,[\mathrm{g}]$ とする。グラフより，電熱線 b を入れた液体の上昇温度を $t\,[^\circ C]$ とすると，水の上昇温度は $2t\,[^\circ C]$ となる。

電熱線 a の発熱量は，$m\,[\mathrm{g}]\times 4.2\,[\mathrm{J/g\cdot{}^\circ C}]\times 2t\,[^\circ C]=8.4mt\,[\mathrm{J}]$

電熱線 b の発熱量は，$m\,[\mathrm{g}]\times c\,[\mathrm{J/g\cdot{}^\circ C}]\times t\,[^\circ C]=cmt\,[\mathrm{J}]$

また，(4)より，電熱線 a と電熱線 b の発熱量の比は 3：1 である。

したがって，$8.4mt\,[\mathrm{J}]:cmt\,[\mathrm{J}]=3:1$　　これを解いて，$c=2.8\,[\mathrm{J/g\cdot{}^\circ C}]$

$2.8\,[\mathrm{J/g\cdot{}^\circ C}]\div 4.2\,[\mathrm{J/g\cdot{}^\circ C}]=\dfrac{2}{3}$

◀問題19 (1) 4：5：4：4　　(2) 120 g　　(3) 1.25 倍　　(4) 255 W

解説　28.0 cm のニクロム線の抵抗値は，$\dfrac{42.0\,[\mathrm{V}]}{1.50\,[\mathrm{A}]}=28\,[\Omega]$

電熱線の抵抗の大きさは電熱線の長さに比例する。

電熱線 R_a の抵抗値は，$28\,[\Omega]\times\dfrac{5}{5+4+3+2}=10\,[\Omega]$

電熱線 R_b の抵抗値は，$28\,[\Omega]\times\dfrac{4}{5+4+3+2}=8\,[\Omega]$

電熱線 R_c の抵抗値は，$28\,[\Omega]\times\dfrac{3}{5+4+3+2}=6\,[\Omega]$

電熱線 R_d の抵抗値は，$28\,[\Omega]\times\dfrac{2}{5+4+3+2}=4\,[\Omega]$

(1) この回路を，右のような回路図にかきかえることができる。

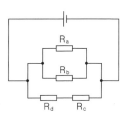

電熱線 R_a と電熱線 R_b の並列部分と，電熱線 R_c と電熱線 R_d の直列部分が並列に接続しているので，並列部分と直列部分にそれぞれ 28 V の電圧がかかる。したがって，電熱線 R_a と電熱線 R_b にはそれぞれ 28 V の電圧がかかり，例題 1 別解(3)のように電熱線 R_c と電熱線 R_d には 28 V の電圧を抵抗値の比に分けた電圧がかかる。

電熱線 R_c にかかる電圧は，$28\,[\mathrm{V}]\times\dfrac{6\,[\Omega]}{6\,[\Omega]+4\,[\Omega]}=16.8\,[\mathrm{V}]$

電熱線 R_d にかかる電圧は，$28\,[\mathrm{V}]\times\dfrac{4\,[\Omega]}{6\,[\Omega]+4\,[\Omega]}=11.2\,[\mathrm{V}]$

電熱線 R_a を流れる電流は，$\dfrac{28\,[\mathrm{V}]}{10\,[\Omega]}=2.8\,[\mathrm{A}]$

電熱線 R_b を流れる電流は，$\dfrac{28\,[\mathrm{V}]}{8\,[\Omega]}=3.5\,[\mathrm{A}]$

電熱線 R_c を流れる電流は，$\dfrac{16.8\,[\mathrm{V}]}{6\,[\Omega]}=2.8\,[\mathrm{A}]$

電熱線 R_d を流れる電流は，$\dfrac{11.2\,[\mathrm{V}]}{4\,[\Omega]}=2.8\,[\mathrm{A}]$

以上より，電熱線 R_a，R_b，R_c，R_d を流れる電流の比は，

2.8 [A]：3.5 [A]：2.8 [A]：2.8 [A]＝4：5：4：4

(2) 電熱線 R_a の消費電力は，2.8 [A]×28 [V]＝78.4 [W]

電熱線 R_c の消費電力は，2.8 [A]×16.8 [V]＝47.04 [W]

ビーカー C の上昇温度を t [℃] とすると，ビーカー A の上昇温度は $2t$ [℃] となる。

電熱線 R_a の発熱量は，100 [g]×4.2 [J/g・℃]×$2t$ [℃]＝$840t$ [J]

電熱線 R_c の発熱量は，X [g]×4.2 [J/g・℃]×t [℃]＝$4.2Xt$ [J]

電熱線 R_a と電熱線 R_c の発熱量の比は，電力の比に等しいから，

$840t$ [J]：$4.2Xt$ [J]＝78.4 [W]：47.04 [W]

すなわち，$200：X＝5：3$

これを解いて，$X＝120$ [g]

(3) ビーカー A とビーカー B は水の質量が等しいので，沸とうするのに必要な熱量も等しく，沸とうするのに必要な電力も等しい。

電熱線 R_b の消費電力は，3.5 [A]×28 [V]＝98 [W]

ビーカー A の水が沸とうするまでの時間を T_a [秒] とすると，

98 [W]×T [秒]＝78.4 [W]×T_a [秒]

この式を T_a [秒] について解いて，$T_a＝\dfrac{98\,[\mathrm{W}]×T\,[秒]}{78.4\,[\mathrm{W}]}＝1.25T$ [秒]

(4) 電熱線 R_a，R_b，R_c，R_d の消費電力を合計すればよい。

電熱線 R_d の消費電力は，2.8 [A]×11.2 [V]＝31.36 [W]

したがって，78.4 [W]＋98 [W]＋47.04 [W]＋31.36 [W]＝254.8 [W]≒255 [W]

*問題20 (1) A. ア　　B. イ

(2) **B 点**

解説 棒磁石の磁力線は N 極から出て，S 極に向かう。

(1) 右の図の X 点での磁力線にそって引いた矢印は，X 点での磁界の向きを表している。

(2) 棒磁石に近い A 点，C 点は磁力線の間隔がせまいので，磁界は強い。

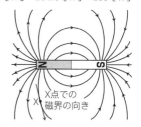

*問題21 (1) **磁界**

(2) **北と西の間に振れる。**

(3) **電流の大きさが大きくなるほど，磁針は大きく振れる。**

解説 (1) 導線に電流が流れると，導線のまわりに磁界ができる。

(2) このときの磁力線は，図Ⅰのように，導線に垂直な平面内で，導線を中心とする同心円状にでき，磁界の向きは，電流の向きを右ねじの進む向きに合わせたとき，ねじを回す向きと同じである（右ねじの法則）。

電流は A から B へ流れている。右ねじの法則から，電流がつくる磁界の向きは，次ページの図Ⅱのようになる。導線の真下に置かれた磁針は，電流がつくる磁界から西向きの力を受け，磁針の N 極は北と西の間に振れる。

(3) 磁針は地球の磁界（地磁気）からも力を受け
ているので，電流が小さいときは，北からわず
かだけ西のほうに振れる。電流が大きいときは，
磁針のN極はほぼ西のほうに振れる。

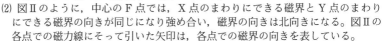

図Ⅱ

*問題22 (1) ウ

(2) A. ウ　　B. キ　　C. エ　　D. ウ　　E. ア
F. エ

解説　(1) コイルの各部分で右ねじの法則が成
り立つ。図Ⅰのように，X点では反時計回り
の磁界が，Y点では時計回りの磁界ができる。

(2) 図Ⅱのように，中心のF点では，X点のまわりにできる磁界とY点のまわり
にできる磁界の向きが同じになり強め合い，磁界の向きは北向きになる。図Ⅱの
各点での磁力線にそって引いた矢印は，各点での磁界の向きを表している。

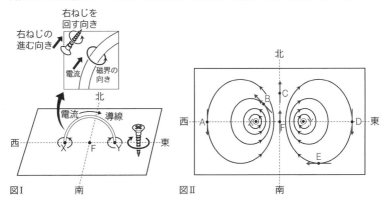

図Ⅰ　　　　南　　　　　図Ⅱ　　　　南

*問題23 図Ⅰ，N極

解説　図Ⅱのように，右手の法則より，
コイル内部を通る磁界の向きは，右手の
4本の指をコイルに流れる電流の向きに
合わせてにぎったときの，親指のさす向
きと同じである。このコイルに鉄心を入

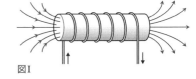

図Ⅰ

れると，コイルに流れる電流によって，鉄心が磁界をつくる。図Ⅲのように，コイ
ルがつくる磁界と，鉄心がつくる磁界が重なって強め合う。

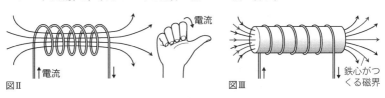

図Ⅱ　　　　　　　　　　　　　　図Ⅲ

*問題24 ① エ　　② ア　　③ C　　④ ア　　⑤ B　　⑥ ウ

＊問題25 (1) **イ**　　(2) **イ**

解説　フレミングの左手の法則を用
いる。

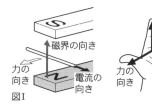

図I

(1) 図Iのように，左手の中指，人さ
し指，親指をたがいに直角になるよ
うに開き，中指を電流の向きに，人
さし指を磁界の向き（磁石のN極
からS極への向き）に合わせると，
親指の向きが，この導線を流れる電流が磁界から受ける力の向きである。すなわ
ち，イである。

(2) 図IIで，コイルのA点にフレミングの左手の法則を用いると，力の向きは上向
きになり，逆にB点では力の向きは下向きになるので，コイルは時計回りに半
回転し，図IIIのようになる。つぎに，図IIIのA点では，整流子が180°回転して
図IIと逆向きにコイルに電流が流れることになる。したがって，力の向きは下向
きになり，やはり時計回りに半回転する。したがって，回転が続くことになる。

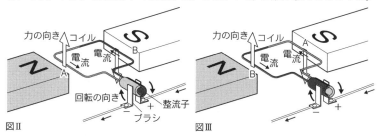

図II　　　　　　　　　　　　　図III

＊問題26 (1) **ア.磁界**　　**イ.電圧**　　**ウ.電磁誘導**　　**エ.誘導**　　**オ.磁界**　　**カ.巻き数**
(2) ① **ア**　　② **イ**　　③ **ア**　　④ **イ**　　(3) **ア**

解説　(2) コイルに流れる誘導電流の向きは，誘導電流による磁界が，磁石の運
動をさまたげる向きになる（レンツの法則）。

① 磁石のN極がコイルに近づくので，この運動をさまたげるように，コイルの
左側をN極にするような電流が流れる。したがって，右手の法則より，磁界
の向きを示す親指が左を向くとき，電流はアの向きに流れる。

② 1巻きのコイルと考える。磁石のS極がコイルに近づくので，コイルの上を
S極にするように，電流が流れる。右手の法則より，電流の向きはイとなる。

③ 磁石のN極が左側の鉄心から離れようとするので，左側の鉄心の右端をS極
にするように，電流が流れる。右手の法則より，電流の向きはアとなる。

④ ③と逆の現象なので，電流の向きはイとなる。

(3) スイッチを入れると，左側のコイルに電流が
流れ，右手の法則より，上向きの磁界が生じる。
鉄心には，外部から与えられた磁界を強め，鉄
心全体に磁界を伝えるはたらきがあるので，右
の図のような磁界が伝わっていく。右側のコイ
ルでは，下向きの磁界が強くなるのをさまたげ
るように誘導電流が流れる。したがって，右側
のコイルには上向きの磁界が生じて，アの向き

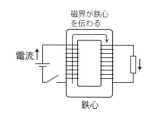

磁界が鉄心
を伝わる

電流

鉄心

に電流が流れる。

＊問題27（直流）イ　（交流）ウ

> **解説**　電源を直流にしたときには，図Ⅰのような回路になる。発光ダイオードA
> には電流が流れ点灯するが，発光ダイオードBには電流は流れず点灯しない。し
> たがって，発光ダイオードAだけが点灯し，発光ダイオードの装置を急速に動か
> すと，光は1本の線のように見える。
> 電源を交流にしたときには，図Ⅱのような回路になる。交流は，電流の大きさや向
> きがたえず変わり，振動している（図Ⅳ）。したがって，発光ダイオードA，Bは
> 電流の向きにより，交互に点灯するので，発光ダイオードの装置を動かすと，点々
> になって見える。

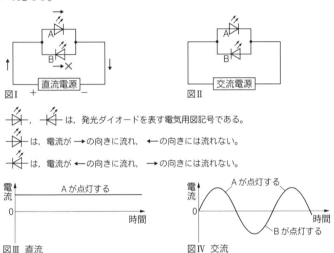

◀問題28(1) イ，エ　(2) ア，イ

> **解説**　(1) フレミングの左手の法則を用いる。図1の装置では，コイルは前方に
> 動く。受ける力が逆になるのは，電流が逆になった場合アと，磁界が逆になった
> 場合ウである。電流と磁界が同時に逆になると，力の向きは変わらない。
> イ. aとbを交換して接続しても，電流の向きは変わらない。
> エ. 図4のように磁石の向きを変えても，磁界は変わらない。
> (2) コイルに流れる電流が大きくなればよい。
> ア. 電源の電圧を大きくすると，コイルに流れる電流が大きくなる。
> イ. クリップをDに近づけると回路全体の抵抗が小さくなり，コイルに流れる電
> 　流が大きくなる。
> ウ. 100V 500W用の電熱線は，100Vの電圧をかけたときに5Aの電流が流れて
> 　消費電力が500Wになる。
>
> 　この電熱線の抵抗値は，$\dfrac{100\,[\text{V}]}{5\,[\text{A}]}=20\,[\Omega]$
>
> 　100V 100W用の電熱線の抵抗値は，$\dfrac{100\,[\text{V}]}{1\,[\text{A}]}=100\,[\Omega]$

20Ωの電熱線を100Ωの電熱線に変えると,コイルに流れる電流が小さくなる。

◀問題29 (1) N極　　(2) イ

(3)

	豆電球	発光ダイオード
①	光る	光る
②	光る	光らない

解説　(1) 磁石のN極がコイルの上から近づいてくるから,コイルの上部をN極にするような誘導電流が流れる。

(2) コイルの上部をN極にする電流の向きは,イの向きである。また,発光ダイオードが光ることから,長いほうのあしの＋極から,短いほうのあしの－極に電流が流れていることになるので,イの向きであることがわかる。

(3) 図1は豆電球と発光ダイオードが直列接続であり,図2は並列接続である。

　① 図2の発光ダイオードの＋極,－極のつなぎ方は図1と同じなので,図1と同じようにイの向きに電流が流れ,発光ダイオードは光る。豆電球も光る。

　② 磁石がコイルを通過した後は,磁石のS極がコイルの下から遠ざかっていくから,コイルの下部をN極にするような誘導電流が流れる。電流の向きはアの向きである。発光ダイオードはイの向きに電流が流れたときに光るので,アの向きに流れたときは光らない。豆電球は発光ダイオードと並列なので,発光ダイオードに電流が流れなくても光る。

◀問題30 (1) b　　(2) ア　　(3) 5Hz

解説　(1) N極がAのコイルから遠ざかるときは,Aのコイルの右端をS極にするような向きの誘導電流が生じる。すなわち,電流の向きはbである。

(2) N極がAのコイルに最も近い位置にあるとき,すなわち時間が0秒のとき,電流は0Aである。N極がAのコイルから遠ざかるときは,(1)より,b（－）の向きの誘導電流が流れる（下の図の①～③）。S極がAのコイルから遠ざかるときは,(1)とは逆にa（＋）の向きの誘導電流が流れる（下の図の③～⑤）。したがって,アのグラフとなる。

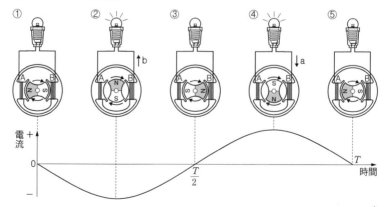

(3) 交流が電流の向きを1秒間あたりに変える回数を周波数という。周波数は $\dfrac{1}{T}$

[Hz]となる。磁石を1回転させると1周期になるので，毎秒5回転させると5 Hzの交流が発生する。

◀**問題31** **6〜8秒の間**

解説　導線Bと棒磁石との間に引力がはたらくときは，導線Bの下側をS極にするような誘導電流が生じるときであり，導線Bには，上から見て左回りの誘導電流が流れる。レンツの法則より，これは導線Aを上から見て左回りの電流が減少し，導線Aをつらぬく上向きの磁界が減少するときである。

◀**問題32** **(R_1) イ　(R_2) ケ　(R_3) コ**

解説　図7では，発光ダイオードが逆向きに並列に接続してあるので，この部分はどちら向きの電流も抵抗値0Ωで流れる。したがって，この回路は図1と同じになり，R_1を流れる電流はイのグラフとなる。

図8で，右向きに電流が流れるときは発光ダイオードが抵抗値0Ωで電流を流すのでR_2には電流は流れず，回路は図5と同じことになる。左向きに電流が流れるときは発光ダイオードに電流は流れないので，回路は図3と同じことになる。

以上のことより，R_2は右向きに電流が流れるときは0Aとなり，左向きに流れるときは図4のグラフとなるので，ケのグラフになる。

R_3は右向きに電流が流れるときは図6のグラフ，左向きに流れるときは図4のグラフとなるので，コのグラフとなる。

＊**問題33** **(1) 誘導コイル　(2) 真空放電**

解説　(1) 誘導コイルは，直流電源につないで，電磁誘導によって高い電圧を発生させる装置である。放電管の中の真空の度合いにより，放電のようすが変わる。

(2) 大気圧の数千分の一程度の真空状態では，管内に残っている空気が放電によって赤紫色に光り始める。

＊**問題34** **(1) 陰極線　(2) エ**

解説　(1) 大気圧の数十万分の一程度の真空状態では，特に＋極（C）近くのガラス壁が黄緑色に光る。

(2) 陰極線は－の電気をおびており，＋の電極Pのほうに引かれる。

＊**問題35** **(1) 自由電子，または，電子**

(2) イ

解説　原子は，中心に＋の電気をおびた原子核があり，そのまわりを－の電気をおびたいくつかの電子が回っている。金属の原子では，一部の電子が原子間を自由に動くことができる。これを特に自由電子という。

電池の＋極と－極を金属の導線で結ぶと，導線に電流が流れる。導線に電流が流れるのは，自由電子が導線の中を－極から＋極へ向かって移動するからである。電流の大きさは，1秒間にどれだけ自由電子が移動するかで決まり，抵抗の大きさは，自由電子の移動を，金属原子がどれだけさまたげるかで決まる。

◀**問題36** **(1) ＋極　(2) ウ**

(3) 陰極線は電子の流れである。

(4) 陰極線の進路をはさんで電極を置き，電圧をかける。

解説　(1) 陰極線は－極から＋極に向かって進む。

(2) 電流の向きは陰極線の向きと逆であり，電流は左から右に流れる。磁石のN極からS極に向かう磁界の中を，左から右に流れる電流は，下向きの力を受ける。

(4) 陰極線は，－の電気をおびた電子の移動なので，陰極線の進路をはさんで電極を置き，電圧をかけると＋極のほうに曲がる。

◀問題37 (1) 図Ⅰ
(2) 図Ⅱ（または，U字形磁石のN極を手前にして，陰極線を下に曲げてもよい）
(3) ① 右　　② 上　　③ 左　　④ 上
(4) ウ

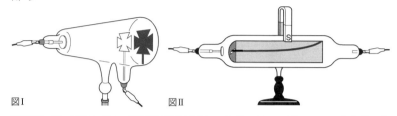

図Ⅰ　　　　　　　　　　　　　図Ⅱ

解説　(1) 右側のガラス壁は陰極線が当たると光るが，＋極につけた十字形の金属板の影がうつることから，陰極線は左側の－極から出ていることがわかる。
(2) 陰極線が左から右へ進んでいる場合，電流は右から左に流れている。
　放電管の後ろから前に向かう磁界の中では，上向きの力を受け，上に曲がる。図Ⅱとは逆に，N極を手前にして放電管の前から後ろに向かう磁界の中では，陰極線は下向きの力を受け，下に曲がる。
(3) ＋の粒子が移動するなら電流と同じ向き，－の粒子が移動するなら電流と逆の向きである。右向きの電流は放電管の前から後ろに向かう磁界の中では，上向きの力を受ける。
(4) 導線の中の自由電子は電圧をかけると，いっせいに＋極に向かって移動する。

6 運動とエネルギー

＊問題1 (1)（時速）**72km/時** （秒速）**20m/秒**
(2) **6.0m**

> **解説** (1) $\dfrac{180\,[\text{km}]}{2.5\,[\text{時}]}=72\,[\text{km/時}]$
>
> 時速（km/時）を秒速（m/秒）に換算する。
>
> $72\,\text{km/時}=(72\times1000)\,[\text{m}]\times\dfrac{1}{(60\times60)\,[\text{秒}]}=20\,\text{m/秒}$
>
> (2) $108\,\text{km/時}=(108\times1000)\,[\text{m}]\times\dfrac{1}{(60\times60)\,[\text{秒}]}=30\,\text{m/秒}$
>
> したがって，$30\,[\text{m/秒}]\times0.20\,[\text{秒}]=6.0\,[\text{m}]$

＊問題2 **5m/秒**

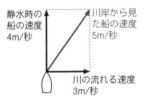

> **解説** 速度の合成は，力の合成と同じように，
> 平行四辺形をかいて求めることができる。
> 静水時の船の速度4m/秒と，川の流れる速度3
> m/秒を2辺とする平行四辺形をかくと，その対
> 角線が川岸から見た船の速度である。この平行四
> 辺形は長方形になる。直角をはさむ2辺の比が
> 4：3の直角三角形の3辺の比は3：4：5であるから，川岸から見た船の速度は，
> 5m/秒である。

＊問題3 （**AB**）**20cm/秒** （**BC**）**36cm/秒** （**CD**）**52cm/秒**

> **解説** 5打点する時間は，$\dfrac{1}{50}\,[\text{秒}]\times5=0.10\,[\text{秒}]$
>
> （AB）$\dfrac{2.0\,[\text{cm}]}{0.10\,[\text{秒}]}=20\,[\text{cm/秒}]$ （BC）$\dfrac{3.6\,[\text{cm}]}{0.10\,[\text{秒}]}=36\,[\text{cm/秒}]$
>
> （CD）$\dfrac{5.2\,[\text{cm}]}{0.10\,[\text{秒}]}=52\,[\text{cm/秒}]$

＊問題4 ア.**等速直線** イ.**比例**
＊問題5 **同じ大きさの，反対向き，加え続ける**
＊問題6 **2.0m/秒²**

> **解説** 加速度の大きさは，$\dfrac{14.0\,[\text{m/秒}]-10.0\,[\text{m/秒}]}{2.0\,[\text{秒}]}=2.0\,[\text{m/秒}^2]$

◀問題7 (1) **30m** (2) **図Ⅰ**

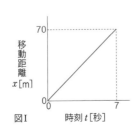

図Ⅰ

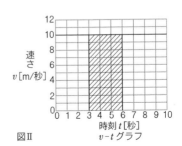

図Ⅱ v-tグラフ

解説 (1) 等速直線運動では，移動距離 [m]＝速さ [m/秒]×かかった時間 [秒]であり，v-t グラフでは，図Ⅱのように斜線部の面積となる。
したがって，10.0 [m/秒]×(6.0 [秒]－3.0 [秒])＝30 [m]

◀**問題8** 前にたおれそうになる。
(理由) 乗客のからだは慣性のため運動を続けようとするが，足は床面との摩擦のため車体といっしょに止まろうとする。

発進 乗客は静止の状態を続けようとして，後ろにたおれそうになる。

急停車 乗客は運動の状態を続けようとして，前にたおれそうになる。

◀**問題9** (1) イ　　(2) エ　　(3) 23.4cm
(4) (A の平均の速度) 0.4cm/打　　(平均の速度の増加) 0.6cm/打　　(5) イ

解説 (1) 台車を押しているときは台車の速度が増加する等加速度運動となり，はなした後は力が加わらないので等速直線運動になる。ウ，エでは，はなした後も摩擦力や重力の分力が加わるので，速度が変化し，特にエでは速度が減少する。
(2) テープ片の幅が3打の時間間隔を表している。
(3) テープ片 A〜E の長さを加えればよい。
1.2 [cm]＋3.0 [cm]＋4.8 [cm]＋6.6 [cm]＋7.8 [cm]＝23.4 [cm]

(4) テープ片 A の平均の速度は，$\dfrac{1.2 \, [cm]}{3 \, [打]}=0.4 \, [cm/打]$

同様に，テープ片 B，C，D の平均の速度は，1.0cm/打，1.6cm/打，2.2cm/打となるから，となり合ったテープ片における平均の速度はそれぞれ 0.6cm/打ずつ増加している。
(5) テープ片 D までは曲線（等加速度運動），テープ片 E 以後は直線（等速直線運動）となる。

◀**問題10** (1) (AB) イ　　(BC) ア　　(CD) ウ
(2) 台車の運動する向きと反対向き
(3) (移動距離) 1.5m　　(平均の速度) 1.0m/秒
(4) 7.5m　　(5) 2.6秒後

解説 (1) グラフより，AB 間では速度がしだいに速くなり（等加速度運動），BC 間では 2.0m/秒の速度で一定となる（等速直線運動）。さらに CD 間では速度は一定の割合でおそくなっている（等加速度運動）。
(2) 速度が減少するとき，台車の運動する向きと反対向きの力（ブレーキ）がはたらいている。

(3) グラフより，AB 間に移動した距離は，$\dfrac{1}{2}×2.0 \, [m/秒]×1.5 \, [秒]=1.5 \, [m]$

平均の速度は，$\dfrac{1.5 \, [m]}{1.5 \, [秒]}=1.0 \, [m/秒]$

(4) AD 間に移動した距離は台形 ABCD の面積となるので，
$\dfrac{1}{2}×(1.5 \, [秒]+6.0 \, [秒])×2.0 \, [m/秒]=7.5 \, [m]$

(5) AD 間の中間点は A 点から $\dfrac{7.5\,[\text{m}]}{2}=3.75\,[\text{m}]$ の点である。

AB=1.5 [m] であるから，B 点から 3.75 [m] −1.5 [m] =2.25 [m] の点になる。

B 点からの時間は，$\dfrac{2.25\,[\text{m}]}{2.0\,[\text{m/秒}]}=1.125\,[秒]$

したがって，A 点からの時間は，1.5 [秒] +1.125 [秒] =2.625 [秒] ≒2.6 [秒]

◀問題11 (1) **0.013 秒**　　(2) **0.10 m/秒**　　(3) **9.3 m/秒²**

解説　(1) 1 cm あたりの時間は，$\dfrac{0.10\,[秒]}{8.0\,[\text{cm}]}=0.0125\,[秒/\text{cm}]≒0.013\,[秒/\text{cm}]$

(2) 切り分けられた紙テープの 1 本ずつの長さは，0.10 秒間に移動した距離である。

$\dfrac{1\,[\text{cm}]}{0.10\,[秒]}=10\,[\text{cm/秒}]$　　10 cm/秒=0.10 m/秒

(3) 紙テープの上端の打点を結んだ直線を
ひく。直線が格子点（方眼の縦横の線が
交わる点）を通るところを探すと，右の
図のような 2 点があるので，加速度の大
きさは，

$\dfrac{4.4\,[\text{m/秒}]-1.6\,[\text{m/秒}]}{0.45\,[秒]-0.15\,[秒]}=9.33\,[\text{m/秒}^2]$

≒9.3 [m/秒²]

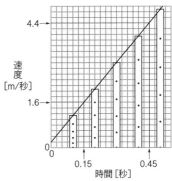

★問題12 (1) ① **4.9 m**　　② **4.9 m/秒**

(2) ① **2.0 秒**　　② **9.8 m/秒**

(3) ① **7.4 m/秒**　　② $\dfrac{8}{3}$ **倍**

(4) **9.8 m**

解説　(1)① 落下距離（移動距離）は v–t グラフの面積なので，

$\dfrac{1}{2}×9.8\,[\text{m/秒}]×1.0\,[秒]=4.9\,[\text{m}]$

② 平均の速度は，$\dfrac{4.9\,[\text{m}]}{1.0\,[秒]}=4.9\,[\text{m/秒}]$

(2)① 地面に達するまでにかかる時間を t [秒] とする。
瞬間の速度は時間に比例するから，t [秒] 後の速
度は $9.8t$ [m/秒] である。t [秒] 間の移動距離は
図 I の斜線部の面積であるから，斜線部の面積が
19.6 m になる t [秒] を求めればよい。

$\dfrac{1}{2}×9.8t\,[\text{m/秒}]×t\,[秒]=19.6\,[\text{m}]$

これを解いて，$t^2=4.0$　　$t=2.0\,[秒]$

② 平均の速度は，$\dfrac{19.6\,[\text{m}]}{2.0\,[秒]}=9.8\,[\text{m/秒}]$

図 I

(3)① (2)より，19.6 m 落下するのに 2.0 秒かかる。
水平方向の運動は等速運動であるから，初速度を v [m/秒] とすると，

$v\,[\text{m/秒}]×2.0\,[秒]=14.7\,[\text{m}]$

これを解いて，$v=7.35\,[\text{m/秒}]≒7.4\,[\text{m/秒}]$

② 本文の図1より，自由落下の加速度の大きさは，

$$\frac{9.8\,[\text{m}/秒]}{1.0\,[秒]}=9.8\,[\text{m}/秒^2]$$

2.0 秒後の鉛直方向の速度は，$9.8\,[\text{m}/秒^2]\times2.0\,[秒]=19.6\,[\text{m}/秒]$

したがって，$\dfrac{19.6\,[\text{m}/秒]}{7.35\,[\text{m}/秒]}=\dfrac{8}{3}$

(4) 水平方向の運動は等速運動であるから，

$$v\,[\text{m}/秒]\times t\,[秒]=14.7\,[\text{m}]\qquad v=\frac{14.7}{t}\ \cdots\cdots①$$

$t\,[秒]$ 後の鉛直方向の速度は $9.8\,t\,[\text{m}/秒]$，水平方向の速度は $v\,[\text{m}/秒]$ であるから，

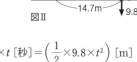

$$\frac{9.8\,t\,[\text{m}/秒]}{v\,[\text{m}/秒]}=\frac{4}{3}\qquad 9.8\,t=\frac{4}{3}v\ \cdots\cdots②$$

②式に①式を代入して，$9.8\,t=\dfrac{4}{3}\times\dfrac{14.7}{t}$

これを整理して，$t^2=2$

(2)より，投げた位置の高さは，$\dfrac{1}{2}\times9.8\,t\,[\text{m}/秒]\times t\,[秒]=\left(\dfrac{1}{2}\times9.8\times t^2\right)\,[\text{m}]$

$t^2=2$ であるから，$\left(\dfrac{1}{2}\times9.8\times t^2\right)\,[\text{m}]=\left(\dfrac{1}{2}\times9.8\times2\right)\,[\text{m}]=9.8\,[\text{m}]$

★問題13 (1) 台車に生じる加速度の大きさは，台車が受ける力の大きさに比例する。
(2) 台車に生じる加速度の大きさは，台車の質量に反比例する。
(3) イ

解説 (1) ゴムひもの本数は，台車が受ける力の大きさに比例している。紙テープをもとにして v–t グラフをつくると，図Ⅰのようになる。

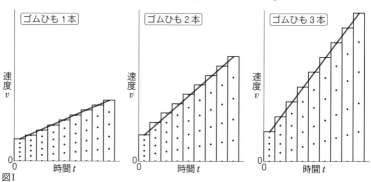

それぞれの直線の傾きが加速度になる。この結果より，本文の図4のグラフがつくられ，直線になることから，台車に生じる加速度の大きさはゴムひもの本数（台車が受ける力の大きさ）に比例している。
(2) 台車の台数は，台車の質量に比例している。(1)と同じように，v–t グラフをつくると，図Ⅱのようになる。

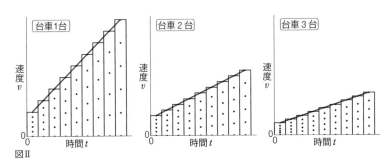

図Ⅱ

この結果より，本文の図5のグラフがつくられ，双曲線になることから，台車に生じる加速度の大きさは台車の台数（質量）に反比例している。

(3) (1)，(2)の関係を同時に満たすのはイである。

★問題14 (1) **9.8**

(2) ① **2.5 m/秒²**　② **10 m/秒**　③ **20 m**

解説　(1) $a=k\dfrac{F}{m}$ に，$m=1$ [kg]，$F=1$ [kg重]，$a=9.8$ [m/秒²] を代入すると，

$$9.8=k\times\dfrac{1}{1}$$

これを解いて，$k=9.8$

(2)① 力の単位として N（ニュートン）を用いているので，比例定数の値は $k=1$ になる。

運動の第2法則 $a=k\dfrac{F}{m}$ に，$k=1$ を代入すると，$a=1\times\dfrac{F}{m}$

これを整理すると，運動の第2法則は，$ma=F$
と表すことができる。この式を運動方程式という。

この運動方程式 $ma=F$ に $m=2.0$ [kg]，$F=5.0$ [N] を代入すると，

2.0 [kg]$\times a$ [m/秒²]$=5.0$ [N]

これを解いて，$a=2.5$ [m/秒²]

② 加速度 [m/秒²]$=\dfrac{速度の変化 [m/秒]}{時間 [秒]}$ なので，

速度の変化 [m/秒]＝加速度 [m/秒²]×時間 [秒] となる。

はじめの速度が 0 m/秒なので，

0 [m/秒]$+2.5$ [m/秒²]$\times4.0$ [秒]

$=10$ [m/秒]

③ v–t グラフは右の図のようになる。

物体が移動した距離は三角形の面積になるので，$\dfrac{1}{2}\times10$ [m/秒]$\times4.0$ [秒]$=20$ [m]

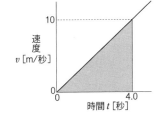

[落下運動における重力加速度]
　初速度 0m/秒で空気の抵抗などを考えないとき，落下運動はすべての物体について，その質量にかかわりなく同じであり，等加速度運動である（等加速度運動→本文 p.197，例題 4 解説(4)）。
　このとき，物体にはたらく力はつねに重力だけであり，加速度 9.8m/秒² が下向きに生じる。したがって，質量 1kg の物体にはたらく重力の大きさは，落下運動に運動方程式を適用して，
　　1 [kg]×9.8 [m/秒²]＝9.8 [N]
となる。すなわち，質量 1kg の物体にはたらく重力の大きさは，1kg重であり，9.8N である。

[ニュートンの運動の法則]
　ニュートンは，運動の基本法則として，運動の 3 法則を確立した。

慣性の法則(運動の第 1 法則)
　　物体が力を受けていないとき，または受けている力の合力が 0 になり，力がつり合っているとき，静止している物体は静止し続け，運動している物体は等速直線運動を続ける。

運動の法則(運動の第 2 法則)
　　物体が力 F を受けるとき，物体には力の向きに加速度 a が生じ，その加速度の大きさは，受ける力の大きさ F に比例し，物体の質量 m に反比例する。
　　$a=k\dfrac{F}{m}$　（k は比例定数）

作用反作用の法則(運動の第 3 法則)
　　2 つの物体の間で，一方の物体から他方の物体に力がはたらくとき，相手からその物体に同一作用線上で，大きさが等しく，向きが反対の力がはたらく。

*問題15　(1) 荷物に力を加えているが，荷物が動いた距離は 0 である。
　　　　(2) 人は荷物に対して上向きの力を加えているが，荷物は水平方向に動き，加えた力の向きに動いていない。

*問題16　(1) 100 N　　(2) 400 J，または，$4.0×10^2$ J
　　解説　(2) 重力にさからってする仕事であり，
　　　仕事＝力の大きさ×力の向きに動いた距離 なので，
　　　100 [N]×4.0 [m]＝400 [J]＝$4.0×10^2$ [J]

*問題17　(1) 摩擦力，1.50 N　　(2) 0.75 J
　　解説　(2) 人は摩擦力にさからって仕事をする。
　　　木片にした仕事は，1.50 [N]×0.50 [m]＝0.75 [J]

*問題18　ア．力　　イ．てこを押す距離　　ウ．仕事

*問題19　1 m
　　解説　てこを使わず，直接手でもち上げると，300 [N]×0.5 [m]＝150 [J] の仕事になる。仕事の原理から，てこを使うと力の大きさを小さくすることができるが，仕事は変わらない。てこを押す距離を x [m] とすると，

$150\,[\mathrm{N}]\times x\,[\mathrm{m}]=150\,[\mathrm{J}]$
これを解いて，$x=1\,[\mathrm{m}]$

[てこを使った仕事]
　てこを使って，重さ $W\,[\mathrm{N}]$ の物体を高さ $S\,[\mathrm{m}]$ までもち上げるときの仕事を求める。
　加える力の大きさを $F\,[\mathrm{N}]$，押す距離を $h\,[\mathrm{m}]$ とすると，

$$F\,[\mathrm{N}]=W\,[\mathrm{N}]\times\frac{a\,[\mathrm{m}]}{b\,[\mathrm{m}]}$$

$$h\,[\mathrm{m}]=S\,[\mathrm{m}]\times\frac{b\,[\mathrm{m}]}{a\,[\mathrm{m}]}$$

仕事 $=F\,[\mathrm{N}]\times h\,[\mathrm{m}]$
$$=\left(W\,[\mathrm{N}]\times\frac{a\,[\mathrm{m}]}{b\,[\mathrm{m}]}\right)\times\left(S\,[\mathrm{m}]\times\frac{b\,[\mathrm{m}]}{a\,[\mathrm{m}]}\right)$$
$$=W\,[\mathrm{N}]\times S\,[\mathrm{m}]$$
いっぱんに，てこを使っても仕事は変わらない。

＊問題20 **200 W，または，2.0×10² W**

解説　仕事率 $[\mathrm{W}]=\dfrac{\text{仕事}\,[\mathrm{J}]}{\text{かかった時間}\,[\text{秒}]}\times$ なので，

$$\frac{4500\,[\mathrm{N}]\times 4.0\,[\mathrm{m}]}{90\,[\text{秒}]}=200\,[\mathrm{W}]=2.0\times10^{2}\,[\mathrm{W}]$$

＊問題21 **(1) 2倍　　(2) 2倍　　(3) 比例**

解説　(1) 図2のグラフは原点を通る直線で，くいの移動距離は，おもりの高さに比例していることがわかる。
(2) 図3のグラフは原点を通る直線で，くいの移動距離は，おもりの質量に比例していることがわかる。
(3) おもりがくいにした仕事は，おもりの位置エネルギーに等しいので，くいの移動距離は，おもりの位置エネルギーに比例する。したがって，おもりの位置エネルギーはおもりの高さと質量に比例する。

＊問題22 **(1) ものさしを押しこむ仕事　　(2) 2倍　　(3) 4倍**

解説　(1) 台車がはじめにもっていた運動エネルギーが，ものさしを押しこむ仕事に変わっている。
(2) 図2のグラフから，台車の速さが200cm/秒において，ものさしの押しこまれた長さは，質量1kgのとき6cm，質量2kgのとき12cm，質量3kgのとき18cmとなり，ものさしの押しこまれた長さは質量に比例している。ものさしの押しこまれた長さがものさしを押しこむ仕事に比例していると考えて，台車の運動エネルギーは，台車とおもりの質量の和に比例している。
(3) 図2のグラフは放物線であり，台車の運動エネルギーは，台車の速さの2乗に比例している。
以上のことをまとめると，運動エネルギーは，物体の質量と，物体の速さの2乗に比例する。

＊問題23 **ア.位置　　イ.運動　　ウ.運動　　エ.位置　　オ.運動　　カ.位置　　キ.運動**
ク.位置　　ケ.位置　　コ.運動　　サ.位置

◀**問題24** (1) **20 J**　　(2) **10 N**　　(3) **2.0 m**　　(4) **20 J**

解説　(1) $50 \, [\text{N}] \times 0.40 \, [\text{m}] = 20 \, [\text{J}]$

(2) $50 \, [\text{N}] \times \dfrac{4.0 \, [\text{cm}]}{20.0 \, [\text{cm}]} = 10 \, [\text{N}]$

(3) $0.40 \, [\text{m}] \times \dfrac{20.0 \, [\text{cm}]}{4.0 \, [\text{cm}]} = 2.0 \, [\text{m}]$

(4) $10 \, [\text{N}] \times 2.0 \, [\text{m}] = 20 \, [\text{J}]$

［輪軸を使った仕事］

　輪軸を使って，重さ $W \, [\text{N}]$ の物体を高さ $S \, [\text{m}]$ まで引き上げる仕事を求める。

　綱を引く力の大きさを $F \, [\text{N}]$ とすると，てこのつり合いの関係から，$F \, [\text{N}] \times b \, [\text{m}] = W \, [\text{N}] \times a \, [\text{m}]$ なので，

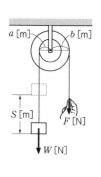
$a \, [\text{m}]$　$b \, [\text{m}]$
$S \, [\text{m}]$　$F \, [\text{N}]$　$W \, [\text{N}]$

$$F \, [\text{N}] = W \, [\text{N}] \times \frac{a \, [\text{m}]}{b \, [\text{m}]}$$

$$\text{綱を引く距離} = S \, [\text{m}] \times \frac{b \, [\text{m}]}{a \, [\text{m}]}$$

$$\text{仕事} = F \, [\text{N}] \times \left(S \, [\text{m}] \times \frac{b \, [\text{m}]}{a \, [\text{m}]} \right)$$

$$= \left(W \, [\text{N}] \times \frac{a \, [\text{m}]}{b \, [\text{m}]} \right) \times \left(S \, [\text{m}] \times \frac{b \, [\text{m}]}{a \, [\text{m}]} \right)$$

$$= W \, [\text{N}] \times S \, [\text{m}]$$

いっぱんに，輪軸を使っても仕事は変わらない。

◀**問題25** (1) **100 N**　　(2) **600 J**

(3) ① **イ**　　② **オ**

解説　(1) まず，重力の斜面に平行な分力を求める。

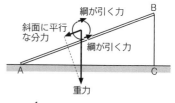
綱が引く力　B
斜面に平行な分力
綱が引く力
A　C
重力

$$600 \, [\text{N}] \times \frac{\text{高さ}}{\text{斜辺の長さ}}$$

$$= 600 \, [\text{N}] \times \frac{1 \, [\text{m}]}{3 \, [\text{m}]} = 200 \, [\text{N}]$$

つぎに，ドラム缶自体が動滑車のはたらきをするので，必要とする力の大きさは，さらに $\dfrac{1}{2}$ になる。

したがって，$200 \, [\text{N}] \times \dfrac{1}{2} = 100 \, [\text{N}]$

(2) 綱は 6 m 引かなくてはならない。

　したがって，$100 \, [\text{N}] \times 6 \, [\text{m}] = 600 \, [\text{J}]$

　（**別解**）仕事の原理より，道具を使わず，直接もち上げる仕事を計算してもよい。

　$600 \, [\text{N}] \times 1 \, [\text{m}] = 600 \, [\text{J}]$

(3)① 板が短くなれば，斜辺が短くなるので，距離は小さくなるが，重力の斜面に平行な分力は，$600 \, [\text{N}] \times \dfrac{\text{高さ}}{\text{斜辺の長さ}}$ なので，大きくなる。

② 板が長くなれば，斜辺が長くなるので，距離は大きくなるが，重力の斜面に平行な分力は，$600\,[\text{N}] \times \dfrac{\text{高さ}}{\text{斜辺の長さ}}$ なので，小さくなる。

①，②ともに仕事は変わらない。

◀**問題26** (1) (**仕事**) **4900 J**，または，**4.9×10³ J** （**仕事率**）**70 W** (2) **16 W**

解説 (1) $1\,\text{kg重} = 9.8\,\text{N}$ から，$50\,\text{kg重} = 490\,\text{N}$

10 m の階段をかけ上がる仕事は，$490\,[\text{N}] \times 10\,[\text{m}] = 4900\,[\text{J}] = 4.9 \times 10^3\,[\text{J}]$

したがって，仕事率は，$\dfrac{4900\,[\text{J}]}{70\,[秒]} = 70\,[\text{W}]$

(2) 物体は 1 秒間に 0.80 m 移動する。物体を 20 N の力で 0.80 m 動かす仕事は，

$20\,[\text{N}] \times 0.80\,[\text{m}] = 16\,[\text{J}]$

仕事率は，$\dfrac{16\,[\text{J}]}{1\,[秒]} = 16\,[\text{W}]$

㊟ 仕事率 $[\text{W}]$ ＝力の大きさ $[\text{N}]$ ×速さ $[\text{m/秒}]$ でも求めることができる。

$20\,[\text{N}] \times 0.80\,[\text{m/秒}] = 16\,[\text{W}]$

★**問題27** (1) **1.5 J** (2) **500 g**，または，**5.0×10² g** (3) **0.045 J** (4) **0.96 W**

解説 (1) 図2のグラフより，ばねののびが 3.0 cm のとき，ばねには 300 g 重の力がはたらいている。

$300\,\text{g重} = 3.00\,\text{N}$ から，ばねが台車を引く力が，AB 間で行った仕事は，

$3.00\,[\text{N}] \times 0.50\,[\text{m}] = 1.5\,[\text{J}]$

(2) 台車の質量を $x\,[\text{g}]$ とすると，仕事の原理より，$\dfrac{x}{100}\,[\text{N}] \times 0.30\,[\text{m}] = 1.5\,[\text{J}]$

これを解いて，$x = 500\,[\text{g}] = 5.0 \times 10^2\,[\text{g}]$

(3) ばねに加える力は，ばねを自然の長さから 1.0 cm のばしたとき 100 g 重，2.0 cm のばしたとき 200 g 重，3.0 cm のばしたとき 300 g 重と刻々と変化し，単純には計算できない。そこで，次のように考える。

仕事＝力の大きさ×力の向きに動いた距離 なので，次ページの図 I のグラフにあるように，ばねののび $x_1\,[\text{cm}]$ から $x_2\,[\text{cm}]$ までの平均の力の大きさが $f_1\,[\text{g重}]$ のとき，$x_1\,[\text{cm}]$ から $x_2\,[\text{cm}]$ までにばねに加える力がした仕事は，$f_1 \times (x_2 - x_1)\,[\text{g重·cm}]$ となるが，このかけ算は長方形の 横×縦 に相当するので，この値は長方形の面積と一致する。同様に，$x_3\,[\text{cm}]$ から $x_4\,[\text{cm}]$ までにばねに加える力がした仕事は，$f_2 \times (x_4 - x_3)\,[\text{g重·cm}]$ となり，この値も長方形の面積と一致する。

したがって，0 cm から $x_5\,[\text{cm}]$ までにばねに加える力がした仕事は，次ページの図 II のグラフのような長方形の面積の和となるが，長方形がグラフの直線からはみ出している部分の面積は，くぼんでいる部分の面積と等しいので，図 II のグラフの長方形の面積の和は，次ページの図 III のグラフの三角形の面積に等しい。すなわち，0 cm から $x_5\,[\text{cm}]$ までにばねに加える力がした仕事は，

$\dfrac{1}{2} \times f_3 \times x_5\,[\text{g重·cm}]$ となる。

したがって，0cm から 3.0cm までにばねに加える力がした仕事は，

$$\frac{1}{2}\times300 \text{ [g重]}\times3.0 \text{ [cm]}=\frac{1}{2}\times3.00 \text{ [N]}\times0.030 \text{ [m]}=0.045 \text{ [J]}$$

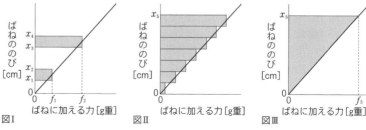

図Ⅰ　　　　　　　　図Ⅱ　　　　　　　　図Ⅲ

(4) 電力 [W]＝電流 [A]×電圧 [V] であるから，

0.320 [A]×3.0 [V]＝0.96 [W]

◀問題28 (1) 運動エネルギー

(2)（位置エネルギー）増加　　（運動エネルギー）減少

(3) 大きい。

（理由）A 点でボールに与えたエネルギーは運動エネルギーであり，C 点では水平方向の運動エネルギーと位置エネルギーとの和になっている。

◀問題29 (1) ① 6　　② 0　　③ 9　　④ ウ　　(2) イ

解説　(1)① 図Ⅰのように，重力と垂直抗力の合力が斜面に平行で下向きになる。

② 図Ⅱのように，重力と垂直抗力がつり合い，合力が 0 になる。物体 M が右向きにすべっているのは，慣性の法則による。

③ 図Ⅲのように，重力と垂直抗力の合力が斜面に平行で下向きになる。

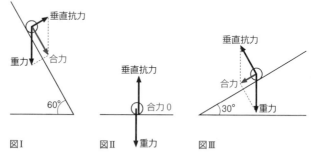

図Ⅰ　　　　　　図Ⅱ　　　　　図Ⅲ

④ 物体 M が D 点から飛び出し，最高点に達したとき，水平方向の運動エネルギーは 0 ではない。力学的エネルギー保存の法則より，物体 M は A 点と同じ高さまでは上がらない。したがって，ウとなる。

(2) D 点から飛び出した後の物体 M の経路が，実験 1 と実験 2 で同じであることから，物体 M のもつ力学的エネルギーは，実験 1 と実験 2 では等しい。B 点ではともに位置エネルギーは 0 なので，運動エネルギーが等しいことになり，

$V_1=V_2$ となる。

◀問題30 (1) ① イ，エ　　② 12J　　③ 3.9J

　　　　(2) ① 2.9J　　② 2.5J

解説　(1)① 物体 M_2 はゆるやかな落下運動をし，物体 M_1 は M_2 に引かれて右へ動き，その速度はしだいに増加し，等加速度運動になる。このとき，x-t グラフは曲線（放物線），v-t グラフは直線になる。

② 物体がもっているエネルギーの大きさは，その物体が行うことができる仕事の大きさで表すことができる。

2.0kg重＝19.6N から，物体 M_2 の位置エネルギーの減少は，

19.6 [N]×0.60 [m]＝11.76 [J]≒12 [J]

③ 力学的エネルギー保存の法則から，物体 M_2 の位置エネルギーの減少は物体 M_1，M_2 の運動エネルギーの増加になる。運動エネルギーは，物体の質量と，物体の速さの 2 乗に比例する。

物体 M_1，M_2 とも速度は同じであるから，M_1，M_2 の運動エネルギーはそれぞれの質量に比例し 1：2 となる。

物体 M_1 の運動エネルギーの増加は，$11.7 [J]×\dfrac{1}{1+2}＝3.9 [J]$

(2)① 物体 M_2 の位置エネルギーの減少は，物体 M_1 の位置エネルギーの増加と，M_1，M_2 の運動エネルギーの増加になる。

物体 M_2 が 0.60m 下がるとき，物体 M_1 は斜面上を 0.60m 移動するが，高さの差が 0.30m となる。

したがって，M_1 の位置エネルギーの増加は，

9.8 [N]×0.30 [m]＝2.94 [J]≒2.9 [J]

物体 M_1，M_2 の運動エネルギーの増加は，11.7 [J]－2.94 [J]＝8.76 [J]

物体 M_1 の運動エネルギーの増加は，(1)③と同様に，

$8.76 [J]×\dfrac{1}{1+2}＝2.92 [J]≒2.9 [J]$

② 物体 M_2 の位置エネルギーの減少で，①のほかに摩擦力にさからってする仕事もしなければならない。

摩擦力にさからってする仕事は，2.0 [N]×0.60 [m]＝1.2 [J]

したがって，物体 M_1，M_2 の運動エネルギーの増加は，

8.76 [J]－1.2 [J]＝7.56 [J]

物体 M_1 の運動エネルギーの増加は，$7.56 [J]×\dfrac{1}{1+2}＝2.52 [J]≒2.5 [J]$

7 エネルギーと環境

＊問題1　ア. 位置　　イ. 位置　　ウ. 運動　　エ. 運動　　オ. 電気　　カ. 化学　　キ. 電気
ク. 運動　　ケ. 熱　　コ. 光　　サ. 熱　　シ. 運動　　ス. 化学　　セ. 運動

　　解説　電気エネルギーは，送電線などによって，発電所から距離の離れた場所に供給でき，いろいろな電気器具を用いることによって，光エネルギーや熱エネルギー，運動エネルギーなどに変換しやすいので，多く利用されている。

＊問題2　(1) $2H_2 + O_2 \longrightarrow 2H_2O$　　(2) 燃料電池

＊問題3　エネルギー保存の法則

＊問題4　ア. 二酸化炭素，または，メタンなど　　イ. フロン　　ウ. 紫外　　エ. オゾン
オ. 硫黄　　カ. 窒素（オ，カ順不同）　　キ. 酸性雨

　　解説　太陽から大気を素通りし，地表に届いた光エネルギーは，地表から熱エネルギーとなって放射される。二酸化炭素，メタン，フロン，亜酸化窒素などの温室効果ガスはこの熱を吸収し，再び大気や地表をあたためる。もしも地球上に温室効果ガスがなかったとすれば，地球の平均気温は $-18℃$ 程度になってしまう。逆に，温室効果ガスの濃度が増加すると，地球規模での気温上昇が進行する。この現象を地球温暖化という。

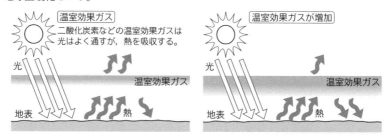

◀問題5　(1) 太陽光（ソーラー）発電，または，風力発電，波力発電，地熱発電など
(2) 高いところにあるダムにたくわえられた水を落下させて，水の位置エネルギーを運動エネルギーに変え，発電機を回転させて電気エネルギーを取り出している。

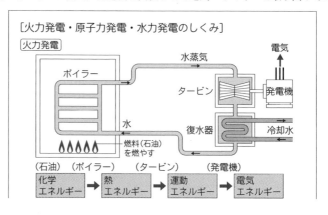

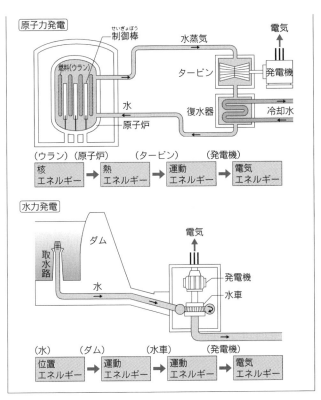

◀問題6　(1) $2H_2O \longrightarrow 2H_2 + O_2$
　　　　(2) ア. 運動　　イ. 電気
　　　　(3) ウ. 電気　　エ. 音
　　　　解説　(3) 音で物体は振動する。したがって，音もエネルギーと考えてよい。

◀問題7　A. 二酸化炭素　　B. フロン　　C. 窒素酸化物

◀問題8　(1) アルミニウム，鉄
　　　　(2) 省エネルギー
　　　　解説　(2) たとえば，アルミニウムは，原料のボー
　　　　キサイトから取り出すのに大量の電気エネルギー
　　　　を使う。空きかんをリサイクルして新しいかんを
　　　　つくり直すと，ボーキサイトからかんをつくると
　　　　きのエネルギーの約3％ですむ。

★問題9　(1) ① (仕事) 4.0 J　　(仕事率) 0.80 W
　　　　② (電力) 1.2 W　　(電力量) 6.0 J
　　　　③ 67 %
　　　　(2) 0.80 m/秒
　　　　(3) ① (ウ) 0.20 W　　(エ) 0.80 W　　② (ウ) 50 g　　(エ) 200 g

解説 (1)① 物体 M は AB 間を等速で運動するので，質量 100 g の物体 M にはたらく重力 1.00 N と等しい力で 4.0 m 上昇する。

物体 M がモーターからされた仕事は，1.00 [N]×4.0 [m]＝4.0 [J]

仕事率は，$\dfrac{4.0\,[\text{J}]}{5.0\,[\text{秒}]}=0.80\,[\text{W}]$

② 電力 [W]＝電流 [A]×電圧 [V] なので，0.40 [A]×3.0 [V]＝1.2 [W]

また，電力 [W] は仕事率 [W] を表すので，

電力量 [J]＝電力 [W]×時間 [秒] は，電気がする仕事 [J] を表している。

1.2 [W]×5.0 [秒]＝6.0 [J]

③ モーターに電流を流すと物体 M をもち上げる。このように，電気は物体に仕事をすることができるので，エネルギーをもつと考えてよく，これを電気エネルギーという。

$\dfrac{4.0\,[\text{J}]}{6.0\,[\text{J}]}\times100=66.6\,[\%]\fallingdotseq67\,[\%]$

(2) 物体 M が，A から B まで上昇するとき，位置エネルギーが 4.0 J 増加する。つぎに，物体 M を B から A まで落下させると，モーターの軸が回転し，これが発電機となる。このとき，位置エネルギーの 50 ％である 2.0 J が電気エネルギーに変換される。

電力 [W] は仕事率 [W] を表すので，0.20 [A]×2.0 [V]＝0.40 [W]

物体 M が B から A まで t [秒] で落下すると，$0.40\,[\text{W}]=\dfrac{2.0\,[\text{J}]}{t\,[\text{秒}]}$

これを解いて，t＝5.0 [秒]

したがって，$\dfrac{4.0\,[\text{m}]}{5.0\,[\text{秒}]}=0.80\,[\text{m/秒}]$

(3)① (ウ)は，抵抗が 2 倍になるので，電流は $\dfrac{1}{2}$ の 0.10 A である。

0.10 [A]×2.0 [V]＝0.20 [W]

(エ)は，抵抗が $\dfrac{1}{2}$ 倍なので，電流は 2 倍の 0.40 A である。

0.40 [A]×2.0 [V]＝0.80 [W]

② 実験 2 では，質量 100 g の物体 M で，消費電力が 0.40 W である。

(ウ)は，$100\,[\text{g}]\times\dfrac{0.20\,[\text{W}]}{0.40\,[\text{W}]}=50\,[\text{g}]$

(エ)は，$100\,[\text{g}]\times\dfrac{0.80\,[\text{W}]}{0.40\,[\text{W}]}=200\,[\text{g}]$